应用型本科高校建设示范教材

微积分（经管类）导学篇（上册）

主　编　王海棠　曹海军　周玲丽

副主编　马彦君　李　丽　于学光　张　鑫

中国水利水电出版社

www.waterpub.com.cn

·北京·

内 容 提 要

本书包括函数、极限与连续、导数与微分、微分中值定理与导数的应用、一元函数积分学、上册自测题等内容。本书内容按章节编写，与教程篇同步。每章开头是知识结构图、学习目标，每节包含知识点分析、典例解析、习题、习题详解四个部分，每章最后配有本章练习题及其答案。本书融入了编者多年来的教学经验，汲取了众多参考书的优点，注重概括总结、循序渐进、突出重点，充分考虑了学生的学习基础和学习能力，同时兼顾了教学要求。

本书是与中国水利水电出版社出版，曹海军等主编的《微积分教程篇》相配套的教材，主要面向使用该教材的教师和学生。本书可以单独使用，作为其他经管类学生学习微积分的参考书。

图书在版编目（CIP）数据

微积分：经管类. 导学篇. 上册 / 王海棠，曹海军，周玲丽主编. -- 北京：中国水利水电出版社，2022.5
应用型本科高校建设示范教材
ISBN 978-7-5226-0686-6

Ⅰ. ①微… Ⅱ. ①王… ②曹… ③周… Ⅲ. ①微积分－高等学校－教材 Ⅳ. ①O172

中国版本图书馆CIP数据核字（2022）第079526号

策划编辑：杜威　责任编辑：高辉　加工编辑：白绍昀　封面设计：梁燕

书　　名	应用型本科高校建设示范教材 微积分（经管类）导学篇（上册） WEIJIFEN (JINGGUAN LEI) DAOXUE PIAN
作　　者	主　编　王海棠　曹海军　周玲丽 副主编　马彦君　李丽　于学光　张鑫
出版发行	中国水利水电出版社 （北京市海淀区玉渊潭南路1号D座　100038） 网址：www.waterpub.com.cn E-mail：mchannel@263.net（万水） 　　　　sales@mwr.gov.cn 电话：（010）68545888（营销中心）、82562819（万水）
经　　售	北京科水图书销售有限公司 电话：（010）68545874、63202643 全国各地新华书店和相关出版物销售网点
排　　版	北京万水电子信息有限公司
印　　刷	三河市航远印刷有限公司
规　　格	170mm×240mm　16开本　14印张　259千字
版　　次	2022年5月第1版　2022年5月第1次印刷
印　　数	0001—2000册
定　　价	38.00元

前　　言

一、数学的发展

数学是研究现实世界的数量关系和空间形式的科学，简单来说，就是研究数和形的科学．

数学是一门古老而又年轻的科学．早在公元前两千多年，人们由于贸易、测量和航海的需要，整理了更远古的计算和测量方法，从而形成了数学．这一时期，数学知识还是片面的、零碎的，没有形成严谨的体系，称为数学的萌芽时期．

从公元前 6 世纪开始，古希腊的数学就已获得独立的地位，而数学作为一门完整的科学，是在公元前 3 世纪，由欧几里得的不朽之作《几何原本》确立的．公元前 6 世纪到 17 世纪中叶，称为初等数学时期；17 世纪，笛卡尔的解析几何与微积分的诞生成为变量数学的标志；18 世纪，由于物理学、天文学和数学本身的发展，出现许多新的数学分支，如级数、微分方程、微分几何、复变函数、实变函数和泛函分析等，因此 18 世纪是分析的世纪；19 世纪至今，产生了非欧几何，康托尔创立了集合论，由此产生了拓扑学、概率统计、运筹学、控制论、系统分析、经济数学和生物数学等．

二、微积分概述

在中学阶段学习的主要是初等数学（包括初等代数和初等几何），其研究对象基本是不变的量；微积分则是以函数（变量）、连续函数为研究对象，极限是其最基本的研究方法，微分与积分为其主要内容．

微积分对于高等院校经管类学生来说是一门面广、量大而影响深远的重要基础课程，概念难度偏大、理论性强、抽象性强．通过对微积分的学习，学生应当掌握微积分的基本概念、基本理论，培养数学运算能力、抽象思维能力、逻辑思维能力、自学能力和创新能力，提高数学修养和数学素质，为以后学习专业技术知识和从事科学技术研究打下坚实的基础．

微积分诞生于 300 多年以前，被科学家誉为人类思想的伟大成果之一．几百年来，微积分一直被各个大学作为重要的基础课来让学生学习，原因就是它非常有用，而且对于培养思维能力来说有积极作用．微积分来源于实践，也可应用于实践，在工程技术乃至社会科学领域都有非常重要的应用．下面举几个典型的例子. 比如, 在火箭的发射、升空、飞行过程中, 它做的是变速运动, 那么怎样定义火箭运动的瞬时速度? 怎样计算瞬时速度? 比如, 对一条任意形状的光滑曲线, 怎样求曲线上某一点处的切线? 比如, 一门大炮, 它的炮身和地面的夹角直接影响到炮弹的射程, 则它和地面的夹角为多少时炮弹的射程最远? 再比如, 对一块边缘不规则的田地, 怎样求出这块田地的面积? 这些问题都可以用微积分来解决. 实际上, 这四个例子对应着历史上著名的四大类问题, 即速度问题、切线问题、最大最小值问题、求面积和体积问题, 它们是微积分产生的源泉.

微积分是微分学和积分学的统称, 它的萌芽、诞生与发展经历了漫长的时期. 早在古希腊时期, 欧多克斯提出了穷竭法, 这是微积分的先驱. 而我国庄子的《天下篇》中也有"一尺之棰, 日取其半, 万世不竭"的极限思想; 公元 263 年, 刘徽为《九章算术》作注时提出了"割圆术", 用正多边形来逼近圆周, 这是极限思想的成功运用.

积分概念是从求某些面积、体积和弧长的问题中产生的. 古希腊数学家阿基米德在《抛物线求积法》中用穷竭法求出抛物线弓形的面积, 他没有用极限方法, 而是用"有限"开工的穷竭法, 这成为积分学的萌芽.

微分是从对曲线作切线的问题和求函数的极大值、极小值问题中产生的. 微分方法的第一个真正值得注意的先驱工作起源于 1629 年费马陈述的概念. 费马给出了如何确定极大值和极小值的方法. 其后英国剑桥大学三一学院的巴罗教授又给出了求切线的方法, 进一步推动了微分学概念的产生. 在前人工作的基础上, 牛顿和莱布尼茨在 17 世纪下半叶各自独立创立了微积分.

1665 年 5 月 20 日, 在牛顿手写的一份文件中开始有"流数术"的记载, 微积分的诞生不妨以这一天为标志. 牛顿关于微积分的著作很多写于 1665—1676 年, 但这些著作发表很迟. 他完整地提出微分与积分是一对互逆运算, 并且给出换算的公式, 就是后来著名的牛顿-莱布尼茨公式.

如果将整个数学比作一棵大树, 那么初等数学是树的根, 名目繁多的数学分支是树枝, 而树干的主要部分就是微积分. 从 17 世纪开始, 随着社会的进步和生产力的发展, 以及航海、天文、矿山建设等领域许多课题要解决, 数学也开始研究变化着的量, 由此数学进入了"变量数学"时代, 即微积分不断完善成为一门学科. 整个 17 世纪有数十位科学家为微积分的创立进行了开创性的研究, 但使微积分成为数学的一个重要分支的还是牛顿和莱布尼茨.

微积分的诞生一般分为三个阶段: 极限概念阶段、求积的无限小方法阶段、积分与微分的互逆关系阶段. 最后一个阶段是由牛顿和莱布尼茨完成的. 前两阶段的工作, 欧洲的大批数学家 (可追溯到古希腊的阿基米德) 都做出了各自的贡献. 追溯到公元前 3 世纪, 在古希腊的数学家、力学家阿基米德 (公元前 287—

公元前 212 年）的著作《圆的测量》和《论球与柱》中就已含有微积分的萌芽，他在抛物线下的弓形面积、球和球冠面积、螺线下的面积和旋转双曲线的体积问题的研究中就隐含着近代积分的思想．开普勒在 1615 年《测量酒桶体积的新科学》一书中，就把曲线看成边数无限增大的直线形，并提出圆的面积就是无穷多的三角形面积之和，这些都可视为极限思想的佳作．意大利数学家卡瓦列利在 1635 年出版的《连续不可分几何》一书中把曲线看成是无限多条线段（不可分量）拼成的．对于这方面的工作，古代中国毫不逊色于西方，微积分思想在中国早有萌芽，甚至是古希腊数学不能比拟的．公元前 7 世纪老庄哲学中就有无限可分性和极限思想；公元前 4 世纪《墨经》中有了有穷、无穷、无限小（最小无内）、无穷大（最大无外）的定义和极限、瞬时等概念．刘徽在公元 263 年首创了割圆求求圆面积和方锥体积，求得圆周率约等于 3.1416，他的极限思想和无穷小方法是世界古代极限思想的深刻体现．

微积分思想虽然可追溯至古希腊，但它的概念和法则却是 16 世纪下半叶，在开普勒、卡瓦列利等求积的不可分量思想和方法基础上产生和发展起来的．而这些思想和方法从刘徽对圆锥、圆台、圆柱的体积公式的证明到公元 5 世纪祖暅求球体积的方法中都可找到．北宋大科学家沈括在《梦溪笔谈》中独创了"隙积术""会圆术"和"棋局都数术"，开始了对高阶等差级数求和的研究．

上述科学家都为 17 世纪微积分成为一门科学奠定了基础，解析几何也为微积分的创立奠定了基础．16 世纪以后欧洲封建社会日趋没落，资本主义逐渐兴起，为科学技术的发展开创了美好前景．到了 17 世纪，许多著名的数学家、天文学家、物理学家都为解决上述四大类问题做了大量的研究工作．笛卡尔 1637 年发表了《科学中的正确运用理性和追求真理的方法论》（简称《方法论》），创立了解析几何，表明了几何问题不仅可以归结成代数形式，而且可以通过代数变换来发现、证明几何性质．他不仅用坐标表示点的位置，而且把点的坐标运用到曲线上．他认为点移动成线，所以方程不仅可表示已知数与未知数之间的关系、变量与变量之间的关系，还可以表示曲线．此外，笛卡尔还打破了表示体积、面积及长度的量之间不可进行加减的束缚．至此几何图形的各种量可以转化为代数量来进行表示，使得几何与代数在数量上统一了起来．就这样笛卡尔把相互对立的"数"与"形"统一起来，从而实现了数学史上的一次飞跃，为微积分的成熟提供了必要条件，开拓了变量数学的广阔空间．

三、关于本教材

本教材充分考虑高等教育大众化阶段的现实状况，以教育部非数学专业数学基础课教学指导分委员会制定的新的"经济管理类本科数学基础课程教学基本要求"为依据，结合经管类研究生入学考试的数学大纲进行编写．参加本教材编写的人员都是多年担任经济数学实际教学的教师，他们都有较高的理论造诣和较丰富的教学经验．本教材以培养应用型人才为目标，将数学基本知识与经济、管理学科中的实际应用有机结合起来，主要有以下几个特点：

（1）注重体现应用型本科院校特色．根据经济类和管理类各专业对数学知识的需求，本着"轻理论、重应用"的原则制定内容体系．

（2）注重理论联系实际．在内容安排上由浅入深，与中学数学进行了合理的衔接．在引入概念时，介绍了概念产生的实际背景，采用提出问题—讨论问题—解决问题的思路，逐步展开知识点，使学生能够从实际问题出发，激发学习兴趣；另外在微分学与积分学章节中，引入了经济、管理类的实际应用例题和课后练习题，以培养学生应用数学工具解决实际问题的意识和能力．

（3）本教材结构严谨、逻辑严密、语言准确、解析详细，易于学生阅读．由于弱化了抽象理论，突出了理论应用和方法介绍，内容深度广度适当，贴近教学实际，便于教师教与学生学．本教材内容分为教程篇（上、下册）和导学篇（上、下册），包括函数的极限、一元函数微积分学、微分方程、多元函数微积分学、无穷级数、数学实验、微积分在经济中的应用等内容．

（4）在教程篇每一章的结束部分，都增加了数学拓展，其中包含数学建模和有杰出贡献的数学家的生平简介．通过数学建模，可以使学生认识到所学的数学知识在经济、管理学中有着广泛的应用，同时能够利用所学知识对相应问题进行简单求解．通过介绍数学家的生平和事迹，可以使学生真正了解数学发展的基本过程，而且能让学生学习数学家追求真理、维护真理的坚韧不拔的科学精神．在导学篇每章的后面都配有单元练习，供学生学完一章后复习、总结、提高之用．其中的题目主要考查本章必须掌握的知识点，并强调知识点的综合运用，注重培养学生的解题思路和解题方法，便于学生自测．

（5）与中学数学衔接紧密．附录Ⅰ中对常用基本初等函数的定义域和图像进行全面总结，附录Ⅱ对常见的三角函数公式进行了全面总结，并在附录Ⅲ、Ⅳ、Ⅴ中分别介绍了二阶行列式、三阶行列式、一些常用的平面曲线及其图形、各种类型的不定积分公式，供学生查阅参考．

在编写过程中，我们借鉴同类院校经典教材的优点，注重教材改革中的一些成功案例，使得本教材更适合当代大学生人才培养和教学实践的需要．

本教材为了更好地实现与中学数学内容的衔接，对反三角函数的相关内容进行了详细描述；为保证教学内容更加系统，将微分方程调整到定积分之后；根据现有微积分课程课时要求，对空间解析几何的内容进行了适当精简合并，将其添加到多元函数微分学的第一节，同时增加了大量经济、管理数学模型的例题和习题.

参加教程篇编写的有曹海军（第 1—5 章），周玲丽（第 6、7、10 章），张鑫（第 8、9 章）. 教程篇由曹海军、周玲丽统稿及定稿. 参加导学篇编写的有王海棠（第 1、2、9、10 章），马彦君（第 3、4 章），李丽（第 5、6 章），于学光（第 7、8 章）. 导学篇由王海棠统稿及定稿. 在编写过程中，我们参考和借鉴了许多国内外有关文献资料，并得到了很多同行的帮助和指导，在此对所有关心支持本教材编写的教师表示衷心感谢.

限于编写水平，书中难免有错误和不足之处，敬请广大读者批评指正.

编 者

2022 年 3 月

目　录

第 1 章　函数

知识结构图

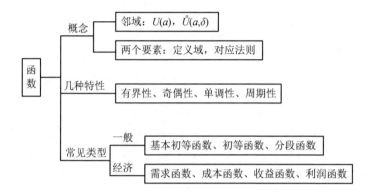

学习目标

● 理解函数的概念;

● 掌握函数的几种特性, 会建立简单实际问题的函数关系式;

● 熟练掌握基本初等函数, 掌握常用的经济函数.

1.1　预备知识

1.1.1　知识点分析

1. 邻域

设 a 与 δ 是实数且 $\delta>0$, 则称开区间 $(a-\delta,a+\delta)$ 为点 a 的 δ 邻域, 记作 $U(a,\delta)$, 即

$$U(a,\delta)=(a-\delta,a+\delta)=\left\{x\,|\,a-\delta<x<a+\delta\right\}=\left\{x\,|\,|x-a|<\delta\right\}$$

式中: 点 a 称为该邻域的中心; δ 称为该邻域的半径.

邻域 $U(a,\delta)$ 去掉中心 a 后，称为点 a 的去心 δ 邻域，记作 $\overset{\circ}{U}(a,\delta)$，即

$$\overset{\circ}{U}(a,\delta) = (a-\delta,a)\bigcup(a,a+\delta) = \left\{x\big|0<|x-a|<\delta\right\}$$

2. 函数概念

设 x 和 y 是两个变量，D 是一个给定的非空数集. 若对于 D 中每个确定的变量 x，按照一定的法则 f，总有唯一确定的数值 y 与之对应，则称 y 是 x 的函数，记作 $y=f(x)$，$x\in D$，其中 x 称为自变量，y 称为因变量，D 称为函数的定义域，全体函数值的集合 $R_f = \left\{y\big|y=f(x),x\in D\right\}$ 称为函数的值域.

注 构成函数的两要素：定义域 D_f 及对应法则 f. 当且仅当两个函数的定义域和对应法则完全相同时，两个函数才相同.

例如，函数 $f(x)=x+1$ 与 $g(x)=\dfrac{x^2-1}{x-1}$ 表示不同的函数，因为两个函数的定义域不相同，$g(x)$ 的定义域为 $x\neq 1$，$f(x)$ 的定义域为 $x\in R$.

3. 函数的几种特性

（1）有界性. 设函数 $f(x)$ 在区间 X 上有定义，若存在正数 M，使得对 $\forall x\in X$，恒有 $|f(x)|\leqslant M$，则称 $f(x)$ 在 X 上有界. 有界函数的图象在与横轴平行的两条直线之间（这样的平行线可以画无数条），如图 1.1 所示. 若 M 不存在，则称 $f(x)$ 在 X 上无界；也就是说，若对于 $\forall M>0$，总存在 $x_1\in X$，使得 $|f(x_1)|>M$，则 $f(x)$ 在 X 上无界，其图像如图 1.2 所示.

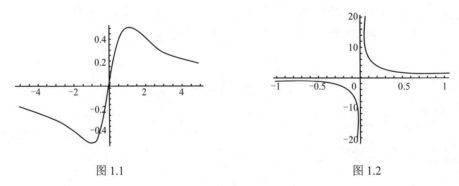

图 1.1   图 1.2

（2）单调性. 设函数 $f(x)$ 在区间 I 上有定义，若对于 $\forall x_1,x_2\in I$，当 $x_1<x_2$ 时，恒有

$$f(x_1)<f(x_2) \text{（或} f(x_1)>f(x_2)\text{）},$$

则称 $f(x)$ 在 I 区间上是单调增加（或单调减少）的. 单调增加和单调减少的函数统称为单调函数，I 区间称为单调区间.

（3）奇偶性. 设 $f(x)$ 的定义域 D 关于原点对称，若对于 $\forall x \in D$，恒有

$$f(-x) = f(x)（或 f(-x) = -f(x)）$$

则称 $f(x)$ 为偶函数（或奇函数）.

偶函数的图形关于 y 轴对称，奇函数的图形关于原点对称. 对于奇函数来说，若 $f(0)$ 存在，则 $f(0) = 0$.

奇偶函数的运算性质如下：

- 奇函数的代数和仍为奇函数，偶函数的代数和仍为偶函数.
- 偶数个奇函数之积为偶函数；奇数个奇函数之积为奇函数.
- 一个奇函数与一个偶函数之积为奇函数.

（4）周期性. 设函数 $f(x)$ 的定义域为 D，若存在一个正数 T，使得对 $\forall x \in D$，有 $x + T \in D$，且恒有 $f(x + T) = f(x)$，则称 $f(x)$ 为周期函数，T 称为 $f(x)$ 的一个周期.

一般将 $f(x)$ 的最小正周期简称为 $f(x)$ 的周期. 但周期函数不一定存在最小正周期，比如常数函数.

4. 反函数

设函数 $y = f(x)$ 的定义域为 D，值域为 R，如果对于 R 中的每一个 y，D 中总有唯一的 x，使 $f(x) = y$，则在 R 上确定了以 y 为自变量，x 为因变量的函数 $x = \varphi(y)$，称为 $y = f(x)$ 的反函数，记作 $x = f^{-1}(y)$，$y \in R$，或称 $y = f(x)$ 与 $x = f^{-1}(y)$ 互为反函数.

习惯上用 x 表示自变量，用 y 表示因变量，因此函数 $y = f(x)$，$x \in D$ 的反函数通常表示为

$$y = f^{-1}(x)，\quad x \in R$$

注　（1）$y = f(x)$ 的图像与其反函数 $x = f^{-1}(y)$ 的图像重合，而 $y = f(x)$ 的图像与其反函数 $y = f^{-1}(x)$ 的图像关于直线 $y = x$ 对称，如图 1.3 所示.

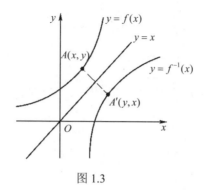

图 1.3

（2）$y = f(x)$ 的定义域是其反函数 $y = f^{-1}(x)$ 的值域.

（3）单调函数 $y = f(x)$ 必存在单调的反函数 $y = f^{-1}(x)$，且 $y = f(x)$ 与 $y = f^{-1}(x)$ 具有相同的单调性.

5. 复合函数

设函数 $y = f(u)$ 的定义域为 D_f，而 $u = \varphi(x)$ 的值域为 R_φ，若 $D_f \bigcap R_\varphi \neq \varnothing$，则称函数 $y = f[\varphi(x)]$ 是由 $y = f(u)$ 和 $u = \varphi(x)$ 复合而成的复合函数.其中 x 称为自变量，y 称为因变量，u 称为中间变量.

f 与 φ 能构成复合函数 $f \circ \varphi$ 的条件是 $D_f \bigcap R_\varphi \neq \varnothing$.

6. 分段函数

在自变量的不同变化范围内，对应法则用不同的式子来表示的函数，通常称为分段函数.

几个特殊的分段函数：

（1）绝对值函数：$y = |x| = \begin{cases} x, & x \geqslant 0 \\ -x, & x < 0 \end{cases}$.

（2）符号函数：$y = \text{sgn}\, x = \begin{cases} 1, & x > 0 \\ 0, & x = 0 \\ -1, & x < 0 \end{cases}$.

（3）取整函数：$y = [x]$，$[x]$ 表示不超过 x 的最大整数部分.

7. 初等函数

（1）基本初等函数：幂函数、指数函数、对数函数、三角函数、反三角函数.

（2）初等函数：由常数和基本初等函数经过有限次的四则运算和有限次的函数复合构成，并且可以用一个式子表示.

注　一般情况下，分段函数不是初等函数.

1.1.2　典例解析

例 1　求下列函数的定义域.

（1）$y = \sqrt{16 - x^2} + \ln \sin x$；　　　（2）$y = \arcsin \dfrac{2x}{x+1}$.

解　（1）要使函数有意义，需满足 $\begin{cases} 16 - x^2 \geqslant 0 \\ \sin x > 0 \end{cases}$，解得 $\begin{cases} -4 \leqslant x \leqslant 4 \\ 2n\pi < x < 2n\pi + \pi, \ n \in Z \end{cases}$，则所求函数定义域为 $[-4, -\pi) \bigcup (0, \pi)$；

（2）要使函数有意义，需满足 $\begin{cases}\left|\dfrac{2x}{x+1}\right|\leqslant 1 \\ 1+x\neq 0\end{cases}$，解得 $\begin{cases}-\dfrac{1}{3}\leqslant x\leqslant 1 \\ x\neq -1\end{cases}$，

则所求函数定义域为 $\left[-\dfrac{1}{3},1\right]$.

点拨　（1）求初等函数的定义域有下列原则：①分母不能为零；②偶次根式的被开方数须为非负数；③对数的真数须为正数；④ $\arcsin x$ 或 $\arccos x$ 的定义域为 $|x|\leqslant 1$.

（2）求复合函数的定义域，通常将复合函数看成一系列的初等函数的复合，然后考查每个初等函数的定义域和值域，得到对应的不等式组，通过联立求解不等式组，就可以得到复合函数的定义域.

例 2　设 $f(\mathrm{e}^x-1)=x^2+1$，求 $f(x)$.

解　用变量代换法. 令 $\mathrm{e}^x-1=t$，则 $x=\ln(1+t)$，代入原式得

$$f(t)=\ln^2(1+t)+1，从而 f(x)=\ln^2(1+x)+1.$$

点拨　由函数概念的两要素可知，函数的表示只与定义域和对应法则有关，而与用什么字母表示变量无关，这种特性被称为函数表示法的"无关特性".据此，求函数 $f(x)$ 表达式有两种方法：一种是拼凑法，将给出的表达式凑成对应符号 $f(\ )$ 内的中间变量的表达式，然后用"无关特性"即可得出 $f(x)$ 的表达式；另一种方法是先作变量代换，再用"无关特性"得出 $f(x)$ 的表达式.

例 3　已知 $f(x)=\dfrac{1-x}{1+x}(x\neq -1)$，$g(x)=1-x$，求 $f[g(x)]$，$g[f(x)]$.

解　用代入法. 由题意得，$f[g(x)]=\dfrac{1-g(x)}{1+g(x)}$，$g(x)\neq -1$，再将 $g(x)$ 代入得

$$f[g(x)]=\dfrac{1-(1-x)}{1+(1-x)}=\dfrac{x}{2-x}，(x\neq 2)$$

同理，$g[f(x)]=1-f(x)=1-\dfrac{1-x}{1+x}=\dfrac{2x}{1+x}$，$(x\neq -1)$.

点拨　复合函数求解的方法主要有两种：①代入法：将一个函数中的自变量用另一个函数的表达式来代替，此方法适用于求解初等函数的复合；②分析法：抓住最外层函数定义域的各区间段，结合中间变量的表达式及定义域进行分析，此方法适用于求解初等函数与分段函数的复合或两个分段函数的复合.

例 4　求 $y=\sqrt{\pi+4\arcsin x}$ 的反函数.

解　函数的定义域为 $\left[-\dfrac{\sqrt{2}}{2},1\right]$，值域为 $\left[0,\sqrt{3\pi}\right]$，由 $y=\sqrt{\pi+4\arcsin x}$ 解得

$x = \sin\dfrac{1}{4}(y^2 - \pi)$，故反函数为 $y = \sin\dfrac{1}{4}(x^2 - \pi)$，$x \in \left[0, \sqrt{3\pi}\right]$.

点拨 由函数 $y = f(x)$ 解出 x 的表达式，然后交换 x 与 y 的位置，即可求出反函数 $y = f^{-1}(x)$.

点拨 求分段函数的反函数，只要求出各区间段的反函数及定义域即可.

例 5 判定下列函数的奇偶性.

（1）$f(x) = \ln(x + \sqrt{x^2 + 1})$；（2）$f(x) = \varphi(x)\left(\dfrac{1}{e^x - 1} + \dfrac{1}{2}\right)$，其中 $\varphi(x)$ 为奇函数.

解 （1）$f(-x) = \ln(-x + \sqrt{x^2 + 1})$，从而

$$f(x) + f(-x) = \ln(x + \sqrt{x^2 + 1}) + \ln(-x + \sqrt{x^2 + 1}) = \ln(x + \sqrt{x^2 + 1})(-x + \sqrt{x^2 + 1})$$

$$= \ln 1 = 0，$$

所以 $f(x)$ 为奇函数；

（2）令 $F(x) = \dfrac{1}{e^x - 1} + \dfrac{1}{2}$，则 $F(-x) = \dfrac{1}{e^{-x} - 1} + \dfrac{1}{2} = \dfrac{-e^x}{e^x - 1} + \dfrac{1}{2}$，从而

$$F(x) + F(-x) = \dfrac{1}{e^x - 1} + \dfrac{1}{2} + \dfrac{-e^x}{e^x - 1} + \dfrac{1}{2} = 0，$$

所以 $F(x)$ 为奇函数，又因 $\varphi(x)$ 为奇函数，故 $f(x)$ 为偶函数.

例 6 下列函数中非奇非偶的函数是（   ）.

A．$f(x) = 3^x - 3^{-x}$ B．$f(x) = x(1 - x)$

C．$f(x) = \ln\dfrac{x + 1}{x - 1}$ D．$f(x) = x^2 \cos x$

解 易验证 A 项为奇函数，B 项为非奇非偶函数，C 项为奇函数，D 项为偶函数.

点拨 判定函数奇偶性常用的方法：①根据奇偶性的定义或者利用运算性质；②证明 $f(x) + f(-x) = 0$ 或者 $f(x) - f(-x) = 0$.

例 7 设 $g(x)$ 是以正数 T 为周期的函数，证明 $g(ax)$（$a > 0$）是以 $\dfrac{T}{a}$ 为周期的函数.

证明 令 $G(x) = g(ax)$，则

$$G\left(x + \dfrac{T}{a}\right) = g\left[a\left(x + \dfrac{T}{a}\right)\right] = g(ax + T) = g(ax) = G(x)，$$

故 $\dfrac{T}{a}$ 为 $g(ax)$ 的周期.

点拨 利用周期函数的定义及周期函数的运算性质求解或证明.

例 8 证明函数 $f(x) = \dfrac{x}{1 + x^2}$ 在其定义域内有界.

证明　$\forall x \in R$，$|f(x)| = \left| \dfrac{x}{1+x^2} \right| \leqslant \left| \dfrac{x}{2x} \right| = \dfrac{1}{2}$，

由有界性的定义可知，$f(x)$ 在其定义域内有界.

点拨　利用函数有界性的定义进行证明，首先对函数取绝对值，然后对不等式进行放缩处理；另外，后续章节还会讲到利用连续函数的性质和导数等方法证明函数的有界性.

1.1.3　习题

1．求下列函数的定义域.

（1）$y = \dfrac{\ln 3}{\sqrt{x^2 - 1}}$；

（2）$y = \ln(x^2 - 3x + 2)$；

（3）$y = \arcsin\sqrt{x^2 - 1}$；

（4）$y = \ln(x - 1) + \dfrac{1}{\sqrt{x + 1}}$.

2．已知 $f(x) = \begin{cases} -1, & x < 0 \\ 0, & x = 0 \\ 1, & x > 0 \end{cases}$，求 $f(x - 1)$，$f(x^2 - 1)$.

3．判断下列函数的单调性.

（1）$y = 2x + 1$；　　（2）$y = 1 + x^2$；　　（3）$y = \ln(x + 2)$.

4．判断下列函数的奇偶性.

（1）$y = x\sin x$；　　（2）$y = \dfrac{e^x + e^{-x}}{2}$；　　（3）$y = 2x - x^2$.

5．判断下列函数是否为周期函数，如果是周期函数，求其周期.

（1）$y = \cos(x - 2)$；

（2）$y = |\sin x|$；

（3）$y = \sin 3x + \tan\dfrac{x}{2}$；

（4）$y = x\cos x$.

6．设 $f\left(\dfrac{1}{x}\right) = x + \sqrt{1 + x^2}$（$x \neq 0$），求 $f(x)$.

7．求下列函数的反函数.

（1）$y = \sqrt[3]{x + 1}$；

（2）$y = \dfrac{x - 1}{x + 1}$；

（3）$y = 1 + \ln(x - 1)$；

（4）$y = \dfrac{1}{3}\sin 2x$ $\left(-\dfrac{\pi}{4} < x < \dfrac{\pi}{4}\right)$.

8．在下列各题中，求由所给函数复合而成的复合函数.

（1）$y = \sqrt{u}$，$u = 1 - x^2$；　　（2）$y = u^3$，$u = \ln v$，$v = x + 1$；

（3）$y = \arctan u$，$u = e^v$，$v = x^2$.

9. 写出复合成下列函数的简单函数.

（1） $y = \sin(x^n)$ ；

（2） $y = \left(\arcsin \dfrac{x}{2}\right)^2$ ；

（3） $y = \sin^5(3x)$ ；

（4） $y = \dfrac{1}{\sqrt{a^2 + x^2}}$.

1.1.4　习题详解

1. **解**　（1）由题意知 $x^2 - 1 > 0$ ，即 $|x| > 1 \Rightarrow (-\infty, -1) \bigcup (1, +\infty)$ ；

（2）由题意知 $x^2 - 3x + 2 > 0 \Rightarrow (x-1)(x-2) > 0 \Rightarrow (-\infty, 1) \bigcup (2, +\infty)$ ；

（3）由题意知 $0 \leqslant x^2 - 1 \leqslant 1$ ，即 $1 \leqslant x^2 \leqslant 2$ ，所以
$$1 \leqslant |x| \leqslant \sqrt{2} \Rightarrow [-\sqrt{2}, -1] \bigcup [1, \sqrt{2}]$$ ；

（4）由题意知 $\begin{cases} x - 1 > 0 \\ x + 1 > 0 \end{cases} \Rightarrow (1, +\infty)$.

2. **解**　$f(x-1) = \begin{cases} -1, & x < 1\,(x-1 < 0) \\ 0, & x = 1\,(x-1 = 0) \\ 1, & x > 1\,(x-1 > 0) \end{cases}$ 和 $f(x^2 - 1) = \begin{cases} 1, & |x| < 1\,(x^2 - 1 < 0) \\ 0, & |x| = 1\,(x^2 - 1 = 0) \\ 1, & |x| > 1\,(x^2 - 1 > 0) \end{cases}$.

3. **解**　（1）在 $(-\infty, +\infty)$ 上单调增加；

（2）在 $(-\infty, 0]$ 上单调减少，在 $[0, +\infty)$ 上单调增加；

（3）在 $(-2, +\infty)$ 上单调增加.

4. **解**　（1）偶函数，提示： $y(-x) = -x\sin(-x) = x\sin x = y(x)$ ；

（2）偶函数，提示： $y(-x) = \dfrac{e^{-x} + e^x}{2} = y(x)$ ；

（3）非奇非偶函数.

5. **解**（1）是周期函数，周期 $T = 2\pi$ ；

（2）是周期函数，周期 $T = \pi$ ；

（3）是周期函数，周期 $T = 2\pi$ ，

提示：因函数 $\sin x$ 的周期为 2π ，函数 $\tan x$ 的周期为 π ，所以 $\sin 3x$ 的周期为 $\dfrac{2\pi}{3}$ ， $\tan \dfrac{x}{2}$ 的周期为 2π ，因此函数 $y = \sin 3x + \tan \dfrac{x}{2}$ 的周期取这两个函数的周期的最小公倍数；

（4）不是周期函数.

6．**解**　令 $\dfrac{1}{x}=u$ ，则 $f(u)=\dfrac{1}{u}+\sqrt{1+\dfrac{1}{u^2}}=\begin{cases}\dfrac{1}{u}+\dfrac{\sqrt{1+u^2}}{u}, & u>0 \\[3mm] \dfrac{1}{u}-\dfrac{\sqrt{1+u^2}}{u}, & u<0\end{cases}$ ，

故 $f(x)=\begin{cases}\dfrac{1}{x}+\dfrac{\sqrt{1+x^2}}{x}, & x>0 \\[3mm] \dfrac{1}{x}-\dfrac{\sqrt{1+x^2}}{x}, & x<0\end{cases}$ ．

7．**解**　（1）解出 $x=y^3-1$ ，故反函数为 $y=x^3-1$ ；

（2）解出 $x=-\dfrac{y+1}{y-1}$ ，故反函数为 $y=-\dfrac{x+1}{x-1}$ ；

（3）由 $\ln(x-1)=y-1$ 解出 $x=\mathrm{e}^{y-1}+1$ ，故反函数为 $y=1+\mathrm{e}^{x-1}$ ；

（4）由 $\sin 2x=3y$ 解出 $x=\dfrac{1}{2}\arcsin 3y$ ，故反函数为 $y=\dfrac{1}{2}\arcsin 3x$ ．

8．**解**　（1）$y=\sqrt{1-x^2}$ ；

（2）$y=\ln^3(x+1)$ ；

（3）$y=\arctan\mathrm{e}^{x^2}$ ．

9．**解**　（1）函数可看作由 $y=\sin u,\ u=x^n$ 复合而成；

（2）函数可看作由 $y=u^2,\ u=\arcsin v,\ v=\dfrac{x}{2}$ 复合而成；

（3）函数可看作由 $y=u^5,\ u=\sin v,\ v=3x$ 复合而成；

（4）函数可看作由 $y=\dfrac{1}{u},\ u=\sqrt{v},\ v=a^2+x^2$ 复合而成，或者由 $y=u^{-\frac{1}{2}}$ ，$u=a^2+x^2$ 复合而成．

1.2　函数关系的建立与常用经济函数

1.2.1　知识点分析

1．建立函数关系的步骤

（1）分析哪些是常量，哪些是变量．

（2）确定选取自变量和因变量．

（3）根据题意建立起变量之间的函数关系，同时给出函数的定义域．

2. 常见的几种经济函数

（1）需求函数. 因价格是影响需求量的主要因素，所以，我们只讨论需求量与价格的关系.

设 P 为商品的价格、Q 为商品的需求量，则 $Q = f(P)$ 称为需求函数.

一般地，当商品的价格提高时，需求量就减少；当商品的价格降低时，需求量便增加. 因此，需求函数是单调递减函数.

（2）供给函数. 供给量主要受价格影响，因此，我们只讨论供给量与价格的关系.

设 P 为商品的价格、S 为商品的供给量，则 $S = f(P)$ 称为供给函数.

一般地，当商品的价格降低时，供给量就减少；当商品的价格提高时，供给量便增加. 因此，供给函数是单调增加函数.

（3）市场均衡. 对于同一种商品，当供给量等于需求量时，这种商品就达到了市场均衡. 此时，达到市场均衡的价格 P_0 称为该商品的市场均衡价格；将供给量（或需求量）称为市场均衡数量，记为 Q_0；将 (P_0, Q_0) 称为市场均衡点.

当市场价格高于均衡价格时，将出现供过于求的现象；当市场价格低于均衡价格时，将出现供不应求的现象.

（4）成本函数. 用成本函数表示费用与产量（或销售量）之间的关系.

一般总成本函数表示为 $C(x) = C_0 + C_1(x)$ $(x \geqslant 0)$，其中 C_0 为固定成本，$C_1(x)$ 为可变成本，x 为产量（或销售量）. 当 $x = 0$ 时，$C(0) = C_0$.

称 $\overline{C}(x) = \dfrac{C(x)}{x}$ $(x > 0)$ 为平均成本函数.

成本函数都是单调递增函数，其图像称为成本曲线.

（5）收益函数. 在不考虑一些次要因素的情况下，收益（收入）与其相应产品的产量（或销售量）有关.

一般地，总收益 $R(x)$ 是销售量 x 与销售单价 P 的乘积，即 $R(x) = Px$；

（6）利润函数. 在不考虑一些次要因素的情况下，利润 L 与其相应产品的产量（或销售量）有关.

一般地，总利润 $L(x)$ 等于总收入减去总成本（假设不计算税收），即

$$L(x) = R(x) - C(x).$$

当 $L(x) = R(x) - C(x) = 0$ 时，生产者盈亏平衡.使 $L(x) = 0$ 的点 x 称为保本生产量，亦称盈亏平衡点.

当 $L(x) = R(x) - C(x) > 0$ 时，生产者盈利；当 $L(x) = R(x) - C(x) < 0$ 时，生产者亏损.

一般地，利润并不总是随销售量的增加而增加.

1.2.2 典例解析

例 1　某商场以每件 a 元的价格出售某商品，若顾客一次购买 50 件以上，则超出 50 件的商品以每件 $0.8a$ 元的优惠价出售.

（1）试将一次成交的销售收入 R 表示成销售量 x 的函数；

（2）若每件商品的进价为 b 元，试写出一次成交的销售利润 L 与销售量 x 之间的函数关系式.

解　（1）由题意知，当 $0 \leqslant x \leqslant 50$ 时，售价为 a 元/件，故函数表达式为

$$R(x) = ax;$$

当 $x > 50$ 时，50 件内售价为 a 元/件，其余 $(x-50)$ 件售价为 $0.8a$ 元/件，故

$$R(x) = 50a + 0.8a(x-50) = 0.8ax + 10a.$$

即

$$R(x) = \begin{cases} ax, & 0 \leqslant x \leqslant 50 \\ 0.8ax + 10a, & x > 50 \end{cases}.$$

（2）易知销售 x 件商品的成本为 bx 元，故

$$L(x) = R(x) - bx = \begin{cases} ax - bx, & 0 \leqslant x \leqslant 50 \\ 0.8ax - bx + 10a, & x > 50 \end{cases}.$$

例 2　某厂生产的口罩，若以 1.5 元的单价出售，能卖掉全部生产的口罩. 该厂的生产能力为 5000 个/天，每天的总固定费用为 2000 元，每个口罩的可变成本为 0.5 元. 试建立利润函数，并求达到盈亏平衡时，该工厂的每天生产量.

解　设工厂每天的产量为 x 个，则总成本 $C(x) = 2000 + 0.5x$ $(0 \leqslant x \leqslant 5000)$，收入函数为 $R(x) = 1.5x$，利润函数

$$L(x) = R(x) - C(x) = 1.5x - 2000 - 0.5x = x - 2000，（0 \leqslant x \leqslant 5000），$$

令 $L(x) = 0$，得盈亏平衡点 $x = 2000$. 即达到盈亏平衡时，该工厂的每天生产量为 2000 个.

例 3　某厂为了给一种新产品定价，需要结合生产成本和各消费单位出价而定. 根据调查得出需求函数为 $Q = -90P + 4500$. 生产该产品的固定成本为 27000 元，每个产品的可变成本为 10 元. 求出厂价格为多少时，该厂能获得最大利润.

解　由题意可知，需求的量即为生产量，设 P 为出厂价格，则有

成本函数　　　　　　　　　$C = 10Q + 27000，$

将需求函数代入后得

$$C(P) = -900P + 72000，$$

收益函数为

$$R(P) = P(-90P+4500) = -90P^2 + 4500P，$$

利润函数为

$$L(P) = R(P) - C(P) = -90(P^2 - 60P + 800) = -90(P-30)^2 + 9000．$$

由此可知，当 $P = 30$ 时，即出厂价格为 30 元时，利润 $L = 9000$ 元为该厂能获得的最大利润．

1.2.3　习题

1. 每台收音机售价为 90 元，成本为 60 元，厂商为鼓励销售商大量采购，决定凡是订购量超过 100 台以上的，每多订购 1 台，售价就降低 1 分，但最低价为每台 75 元．

（1）将每台的实际售价 p 表示成订购量 x 的函数．

（2）将厂方所获得的利润 L 表示成订购量 x 的函数．

（3）某一销售商订购了 1000 台，厂方可获多少利润？

2. 某产品的成本函数是线性函数，固定成本是 100 元，产量为 100 时成本为 400 元，求产量为 200 时该产品的总成本和平均成本．

3. 已知某产品的成本函数和收入函数分别如下：

$$C(x) = 7 + 2x + x^2，\quad R(x) = 10x，$$

试求：

（1）该产品的利润函数．

（2）判断销量为 10 时产品处于盈利状态还是亏损状态．

1.2.4　习题详解

1. **解**　设订购 x 台，实际售价为每台 p 元．则按题意有

当 $x \in [0,100]$ 时，$p = 90$，

当 $x > 100$ 时，超过 100 台的订购量为 $x - 100$，售价降低 $0.01(x-100)$，但最低价为 75，即降价不超过 $90 - 75 = 15$ 元，故 $0.01(x-100) \leqslant 15 \Rightarrow x \leqslant 1600$．由此可知，当订购量超过 1600 台时，不能再降阶．

当 $x \in [100,1600]$ 时，$p = 90 - 0.01(x-100) = 91 - 0.01x$；

当 $x \in (1600,+\infty)$ 时，$p = 75$．

因此有

（1）每台的实际售价 $p = \begin{cases} 90, & 0 \leqslant x \leqslant 100 \\ 91 - 0.01x, & 100 < x < 1600 \\ 75, & x \geqslant 1600 \end{cases}$；

（2）厂方所获得的利润 $L = (p-60)x = \begin{cases} 30x, & 0 \le x \le 100 \\ 15x, 31x - 0.01x^2, & 100 < x < 1600 \\ & x \ge 1600 \end{cases}$；

（3） $x = 1000$，$P = 91 - 0.01*1000$，故利润

$$L = 31 \times 1000 - 0.01 \times 1000^2 = 21000 \text{（元）}.$$

2．**解** 设产量为 x，当产量是 100 时成本为 400 元，其中固定成本为 100 元，则每个产品的可变成本为 $\dfrac{400-100}{100} = 3$（元），故成本函数和平均成本函数分别是

$$C(x) = 100 + 3x, \qquad \overline{C}(x) = \frac{C(x)}{x}.$$

当产量为 200 时，总成本为 $C(200) = 100 + 3 \times 200 = 700$（元），平均成本为

$$\overline{C}(200) = \frac{700}{200} = 3.5 \text{（元）}.$$

3．**解** （1）设产品销售量为 x，则利润函数为

$$L(x) = R(x) - C(x) = 8x - 7 - x^2;$$

（2）因 $L(10) = 8 \times 10 - 7 - 10^2 = -27 < 0$，所以生产者是亏损的.

本章练习 A

1．填空题.

（1）若 $f(x) = \dfrac{1}{1-x}$，则 $f[f(x)] = $ _____ .

（2）函数 $y = \sqrt{3-x} + \arctan\dfrac{1}{x}$ 的定义域为 _____ .

（3）函数 $y = \ln\sqrt[3]{x^2-4} + \tan x$ 的定义域为 _____ .

（4）函数 $y = 2x+1$ 与函数 $x = 2y+1$ _____ （填"相同"或"不同"）.

（5）函数 $y = \dfrac{2x+1}{1-2x}$ 的反函数为 _____ .

2．单项选择题.

（1）函数 $y = \dfrac{1}{x}\ln\dfrac{1-x}{1+x}$ 的定义域是（   ）.

    A．$x \ne 0$ 且 $x \ne 1$ B．$x > 0$

    C．$0 < |x| < 1$ D．$(-1,0)$ 或 $(0,+\infty)$

（2）函数 $y = \tan x + \sec x - 1$ 是（   ）.

A．奇函数　　　　　　　　　　　B．偶函数

C．非奇非偶　　　　　　　　　　D．无法确定

（3）若函数 $y = f(x)$ 的定义域为 $[0,1]$，则函数 $y = f(\ln x)$ 的定义域为（　　）.

A．$[1,e]$　　　　　B．$[1,+\infty)$　　　　C．$(0,+\infty)$　　　　D．$[0,1]$

（4）下列函数中有界函数是（　　）.

A．$y = x$　　　　　　　　　　　B．$y = \sin\dfrac{1}{x}$

C．$y = \tan\dfrac{1}{x}$　　　　　　　　D．$y = x + \sin\dfrac{1}{x}$

（5）下列各组函数能进行复合的是（　　）.

A．$y = \arcsin u,\ u = x^2 + 2$　　　　B．$y = \sqrt{1-u},\ u = x^4 + e$

C．$y = \ln u,\ u = -x^2$　　　　　　　D．$y = \arcsin u,\ u = 1 - x^2$

3．计算及证明题.

（1）设函数 $f(x)$ 的定义域是 $[0,1)$，求 $f\left(\dfrac{x}{x-1}\right)$ 的定义域.

（2）证明函数 $f(x) = \dfrac{\sqrt{1+x^2}+x-1}{\sqrt{1+x^2}+x+1}$ （$x \in \mathbf{R}$）是奇函数.

（3）某电子厂生产产品 100 个，定价为 8 元/个.总销售 80 个以内（含 80 个）时按定价出售，超过 80 个时，超出部分打 8 折出售，试将销售收入作为销售量的函数列出函数关系.

（4）设某商品的价格为 P，商品的需求函数为

$$Q(P) = 1000 - 5P,$$

试求销量为 200 件时的总收入.

（5）一个池塘现有鱼苗 a 条，若以年增长率 1.2% 均匀增长，求 t 年时，这个鱼塘里共有多少条鱼.

本章练习 B

1．填空题.

（1）函数 $f(x) = \sqrt{\arcsin(2x-1)} + \ln(1-x)$ 的定义域是_____.

（2）函数 $y = \sqrt{4-x^2} - \arccos\dfrac{x+1}{2}$ 的定义域是_____.

（3）函数 $y = \sqrt{1-x^2}$ （$-1 \leqslant x < 0$）的反函数为_____.

（4）周期函数 $y = \sin\dfrac{x}{3} + \cos\dfrac{x}{2}$ 的周期为_____.

2．单项选择题.

（1）函数 $y = 1 + \sin x$ 是（　　）.

A．无界函数　　　　　　　　　　B．有界函数

C．单调增加函数　　　　　　　　D．单调减少函数

（2）设 $g(x) = \begin{cases} 2-x, & x \leqslant 0 \\ x+2, & x > 0 \end{cases}$，$f(x) = \begin{cases} x^2, & x < 0 \\ -x, & x \geqslant 0 \end{cases}$ 则 $g[f(x)] = $（　　）.

A．$\begin{cases} 2+x^2, & x < 0 \\ 2-x, & x \geqslant 0 \end{cases}$　　　　　　B．$\begin{cases} 2-x^2, & x < 0 \\ 2+x, & x \geqslant 0 \end{cases}$

C．$\begin{cases} 2-x^2, & x < 0 \\ 2-x, & x \geqslant 0 \end{cases}$　　　　　　D．$\begin{cases} 2+x^2, & x < 0 \\ 2+x, & x \geqslant 0 \end{cases}$

（3）函数 $y = |x\sin x|$ 是（　　）.

A．有界函数　　　　　　　　　　B．偶函数

C．单调函数　　　　　　　　　　D．周期函数

（4）已知 $f\left(x + \dfrac{1}{x}\right) = x^2 + \dfrac{1}{x^2}$，则 $f(x) = $（　　）.

A．$f(x) = x^2$　　　　　　　　　B．$f(x) = x^2 + 2$

C．$f(x) = x^2 - 1$　　　　　　　D．$f(x) = x^2 - 2$

（5）函数 $f(x) = \dfrac{x}{2 + x^2}$ 在定义域内为（　　）.

A．有上界无下界　　　　　　　　B．有下界无上界

C．有界，且 $-\dfrac{\sqrt{2}}{4} \leqslant f(x) \leqslant \dfrac{\sqrt{2}}{4}$　　　　D．有界，且 $-\dfrac{1}{4} \leqslant f(x) \leqslant \dfrac{1}{4}$

3．计算及证明题.

（1）设函数 $\varphi(x+1) = \begin{cases} x^2, & 0 \leqslant x \leqslant 1 \\ 2x, & 1 < x \leqslant 2 \end{cases}$，求 $\varphi(x)$.

（2）设 $f(x) = e^{x^2}$，$f[\varphi(x)] = 1 - x$，且 $\varphi(x) \geqslant 0$，求 $\varphi(x)$ 及其定义域.

（3）证明函数 $f(x) = x\sin x$ 在 $(0, +\infty)$ 上是无界函数.

（4）某产品以 1.75 元的单价出售，能全部卖掉每天生产的产品. 工厂每天的生产能力为 5000 个产品，每天的总固定费用是 2000 元，每个产品的可变成本是 0.5 元，试求达到盈亏平衡时，该工厂每天的生产量.

本章练习 A 答案

1. 填空题.

解　（1）$\dfrac{x-1}{x}$．提示：$\because f(x)=\dfrac{1}{1-x}$，$\therefore f[f(x)]=\dfrac{1}{1-\dfrac{1}{1-x}}=\dfrac{x-1}{x}$．

（2）$(-\infty,0)\cup(0,3]$．提示：$\begin{cases}3-x\geqslant 0\\ x\neq 0\end{cases}$，解得 $(-\infty,0)\cup(0,3]$．

（3）$\left\{x\mid |x|>2,\ x\neq n\pi+\dfrac{\pi}{2},\ n\in Z\right\}$．

提示：$\begin{cases}\sqrt[3]{x^2-4}>0\\ x\neq n\pi+\dfrac{\pi}{2},\ n\in Z\end{cases}\Rightarrow \left\{x\mid |x|>2,\ x\neq n\pi+\dfrac{\pi}{2},\ n\in Z\right\}$．

（4）相同．提示：两个函数的定义域、值域、对应法则分别相同．

（5）$y=\dfrac{x-1}{2+2x}$．提示：由 $y=\dfrac{2x+1}{1-2x}$（$x\neq\dfrac{1}{2}$）得 $(1-2x)y=2x+1$，解得 $x=\dfrac{y-1}{2+2y}$，故反函数为 $y=\dfrac{x-1}{2+2x}$（$x\neq -1$）．

2. 单项选择题.

解　（1）C．（2）C．（3）A．提示：因为函数 $y=f(x)$ 的定义域为 $[0,1]$，所以 $0\leqslant\ln x\leqslant 1$，故 $1\leqslant x\leqslant e$．

（4）B．提示：$\left|\sin\dfrac{1}{x}\right|\leqslant 1$．

（5）D．提示：A 项中函数 $y=\arcsin u$ 的定义域为 $u\in[-1,1]$，而 $u=x^2+2\geqslant 2$；B 项中函数 $y=\sqrt{1-u}$ 的定义域为 $u\in(-\infty,1]$，而 $u=x^4+e\geqslant e$；C 项中函数 $y=\ln u$ 的定义域为 $u\in(0,+\infty)$，而 $u=-x^2\leqslant 0$．

3. 计算及证明题.

解　（1）因为函数 $f(x)$ 的定义域是 $[0,1)$，所以 $0\leqslant\dfrac{x}{x-1}<1$，即 $0\leqslant 1+\dfrac{1}{x-1}<1$，得 $-1\leqslant\dfrac{1}{x-1}<0$，从而有 $x\leqslant 0$，故 $f\left(\dfrac{x}{x-1}\right)$ 的定义域为 $x\leqslant 0$．

（2）当 $x\neq 0$ 时，$f(x)=\dfrac{\sqrt{1+x^2}+x-1}{\sqrt{1+x^2}+x+1}=\dfrac{(\sqrt{1+x^2}+x-1)(\sqrt{1+x^2}-x-1)}{(\sqrt{1+x^2}+x+1)(\sqrt{1+x^2}-x-1)}$

$$= \frac{2\sqrt{1+x^2}-2}{2x} = \frac{\sqrt{1+x^2}-1}{x},$$

且 $f(0)=0$，所以 $f(-x) = -\frac{\sqrt{1+x^2}-1}{x} = -f(x)$ $(x \neq 0)$，故 $f(x)$ 是奇函数.

（3）设销售量为 x，则收益函数为

$$R(x) = \begin{cases} 8x, & 0 \leqslant x \leqslant 80 \\ 6.4(x-80)+640, & x > 80 \end{cases}.$$

即

$$R(x) = \begin{cases} 8x, & 0 \leqslant x \leqslant 80 \\ 6.4x+128, & x > 80 \end{cases}.$$

（4）产品收益函数为

$$R(P) = Q(P) \cdot P = (1000-5P) \cdot P$$

当销量为 200 时，即 $200 = 1000-5P$，得价格为 $P = 160$，从而总收入为

$$R(160) = (1000-5 \times 160) \times 160 = 32000.$$

（5）鱼塘鱼的条数为：$a(1+0.012)^t$.

本章练习 B 答案

1. 填空题

解 （1）$\left[\frac{1}{2}, 1\right)$. 提示：由 $\sqrt{\arcsin(2x-1)}$ 可得 $0 \leqslant 2x-1 \leqslant 1$，即 $\frac{1}{2} \leqslant x \leqslant 1$；由 $\ln(1-x)$ 可得 $1-x > 0$，即 $x < 1$，故原函数的定义域为两部分的交集，即 $\left[\frac{1}{2}, 1\right)$.

（2）$[-2, 1]$. 提示：由 $\sqrt{4-x^2}$ 可得 $4-x^2 \geqslant 0$，即 $-2 \leqslant x \leqslant 2$；由 $\arccos \frac{x+1}{2}$ 可得 $-1 \leqslant \frac{x+1}{2} \leqslant 1$，即 $-3 \leqslant x \leqslant 1$，故原函数的定义域为两部分的交集，即 $[-2, 1]$.

（3）$y = -\sqrt{1-x^2}$ $(0 \leqslant x < 1)$. 提示：由 $y = \sqrt{1-x^2}$ 得 $x^2 = 1-y^2$ $(0 \leqslant y < 1)$，又因为 $-1 \leqslant x < 0$，所以 $x = -\sqrt{1-y^2}$，故反函数为 $y = -\sqrt{1-x^2}$ $(0 \leqslant x < 1)$；

（4）12π. 提示：因函数 $\sin x, \cos x$ 都是周期为 2π 的周期函数，所以 $\sin \frac{x}{3}$ 是周期为 6π 的函数，$\cos \frac{x}{2}$ 是周期为 4π 的函数，函数 $y = \sin \frac{x}{3} + \cos \frac{x}{2}$ 的周期取这两个函数周期的最小公倍数.

2. 单项选择题.

解 （1）B. 提示：$|1+\sin x| \leqslant 2$. （2）D. （3）B.

（4）D. 提示：根据题意知 $f\left(x+\dfrac{1}{x}\right)=\left(x+\dfrac{1}{x}\right)^2-2$，故 $f(x)=x^2-2$.

（5）C. 提示：$|f(x)|=\dfrac{|x|}{2+x^2}\leqslant\dfrac{|x|}{2\sqrt{2}\,|x|}=\dfrac{\sqrt{2}}{4}$.

3. 计算及证明题.

解　（1）令 $t=x+1$，则 $x=t-1$，所以 $\varphi(t)=\begin{cases}(t-1)^2, & 0\leqslant t-1\leqslant 1 \\ 2(t-1), & 1<t-1\leqslant 2\end{cases}$，即

$$\varphi(x)=\begin{cases}(x-1)^2, & 1\leqslant x\leqslant 2 \\ 2(x-1), & 2<x\leqslant 3\end{cases};$$

（2）由 $f(x)=\mathrm{e}^{x^2}$ 知 $f[\varphi(x)]=\mathrm{e}^{\varphi^2(x)}=1-x$，两边取对数得 $\varphi^2(x)=\ln(1-x)$，又因为 $\mathrm{e}^{\varphi^2(x)}=1-x\geqslant 1$ 且 $\varphi(x)\geqslant 0$，所以得 $\varphi(x)=\sqrt{\ln(1-x)}$（$x\leqslant 0$）.

（3）对 $\forall M>0$，总存在自然数 k，使 $k\pi+\dfrac{\pi}{2}>M$，且

$$\left|f\left(k\pi+\dfrac{\pi}{2}\right)\right|=\left(k\pi+\dfrac{\pi}{2}\right)\left|\sin\left(k\pi+\dfrac{\pi}{2}\right)\right|=k\pi+\dfrac{\pi}{2}>M,$$

所以函数 $f(x)=x\sin x$ 在 $(0,+\infty)$ 上是无界函数.

（4）设工厂的每天生产量为 x 个，则成本函数为

$$C(x)=2000+0.5x;$$

利润函数为

$$L(x)=1.75x-(2000+0.5x)=1.25x-2000.$$

要使盈亏平衡，即 $L(x)=1.25x-2000=0$，得 $x=1600$（个）.

即达到盈亏平衡时，该工厂每天的生产量为 1600 个.

第2章 极限与连续

知识结构图

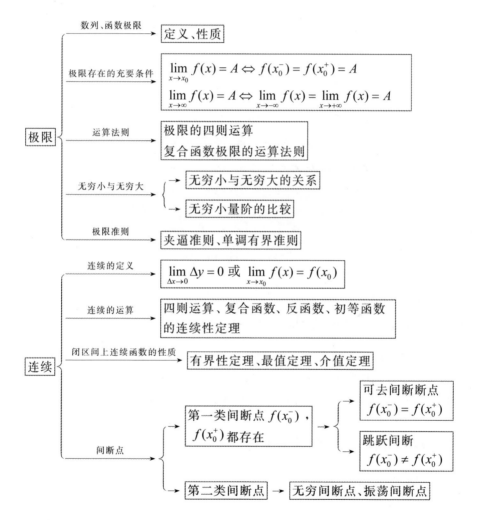

本章学习目标

● 了解极限的概念，掌握简单的极限运算法则；

- 理解无穷小与无穷大的概念，掌握无穷小量的比较；
- 理解函数连续的概念，理解初等函数的连续性和闭区间上连续函数的性质（介值定理和最大、最小值定理）.

2.1　数列的极限

2.1.1　知识点分析

1. 数列的概念

如果按照某一法则，每个 $n \in \mathbf{N}_+$，并对应着一个确定的实数 u_n，这些实数 u_n 按照下标 n 从小到大排列得到一个序列

$$u_1, u_2, u_3, \cdots, u_n, \cdots$$

称为数列，简记为 $\{u_n\}$.

数列中的每一个数称为数列的项，第 n 项 u_n 称为数列的一般项或通项.

注　数列 $\{u_n\}$ 又可以理解为定义在正整数集合上的函数 $u_n = f(n)$，$n \in \mathbf{N}_+$.

2. 数列极限的概念

设 $\{u_n\}$ 为一数列，如果当 n 无限增大时，u_n 无限接近于某个确定的常数 a，则称 a 为数列 $\{u_n\}$ 的极限，记作

$$\lim_{n \to \infty} u_n = a \text{ 或 } u_n \to a \ (n \to \infty),$$

此时也称数列 $\{u_n\}$ 收敛.

如果当 n 无限增大时，u_n 不接近于任一常数，则称数列 $\{u_n\}$ 没有极限，或者说数列 $\{u_n\}$ 发散，习惯上也称 $\lim\limits_{n \to \infty} u_n$ 不存在.

注　该定义的描述缺少了数学的严谨性与精确性.

下面给出数列极限的精确定义.

$\varepsilon - N$ 定义　设 $\{u_n\}$ 为一数列，如果存在常数 a，对于任意给定的正数 ε（不论它多么小），总存在正整数 N，当 $n > N$ 时，不等式 $|u_n - a| < \varepsilon$ 恒成立，则称常数 a 为数列 $\{u_n\}$ 的极限，或者称数列 $\{u_n\}$ 收敛于 a，记作

$$\lim_{n \to \infty} u_n = a \text{ 或 } u_n \to a \ (n \to \infty).$$

如果不存在这样的常数 a，则称数列 $\{u_n\}$ 发散，也称 $\lim\limits_{n \to \infty} u_n$ 不存在.

注　（1）定义中的正整数 N 是与任意给定的正数 ε 有关的，它随 ε 的给定而选定.

（2）$\lim\limits_{n \to \infty} u_n = a \Leftrightarrow \forall \varepsilon > 0$，$\exists$正整数 N，当 $n > N$ 时，有 $|u_n - a| < \varepsilon$.

3．收敛数列的性质

性质 1（极限的唯一性）　如果数列 $\{u_n\}$ 收敛，则其极限必唯一.

性质 2（收敛数列的有界性）　如果数列 $\{u_n\}$ 收敛，则 $\{u_n\}$ 一定有界.

注　（1）若数列 $\{u_n\}$ 无界，则数列 $\{u_n\}$ 一定发散.

（2）数列有界仅是数列收敛的必要条件，而不是充分条件.

例如，数列 $\{(-1)^{n-1}\}$ 有界，但却是发散的.

性质 3（收敛数列的保号性）　如果 $\lim\limits_{n \to \infty} u_n = a$，且 $a > 0$（或 $a < 0$），则存在正整数 N，当 $n > N$ 时，有 $u_n > 0$（或 $u_n < 0$）.

性质 4（收敛数列与其子数列间的关系）　如果数列 $\{u_n\}$ 收敛于 a，则其任一子数列也收敛，且极限也是 a.

注　常用此定理的逆否命题证明原数列发散.

推论　$\lim\limits_{n \to \infty} u_n = a \Leftrightarrow \lim\limits_{k \to \infty} u_{2k-1} = \lim\limits_{k \to \infty} u_{2k} = a$，其中数列 $\{u_{2k-1}\}$、$\{u_{2k}\}$ 分别是数列 $\{u_n\}$ 的奇子列和偶子列.

例如，数列 $\{(-1)^{n-1}\}$ 的子数列 $\{u_{2k-1}\}$ 收敛于 1，而子数列 $\{u_{2k}\}$ 收敛于 -1，因此数列 $\{(-1)^{n-1}\}$ 是发散的.

2.1.2　典例解析

例 1　根据数列极限的定义证明下列极限.

（1）$\lim\limits_{n \to \infty} \dfrac{3n+1}{2n+1} = \dfrac{3}{2}$；　　　　（2）$\lim\limits_{n \to \infty} \dfrac{2n-1}{n^2+n-4} = 0$.

解　（1）对 $\forall \varepsilon > 0$，找 N，使得 $\left| \dfrac{3n+1}{2n+1} - \dfrac{3}{2} \right| < \varepsilon$，即 $\dfrac{1}{2(2n+1)} < \varepsilon$，故 $2(2n+1) > \dfrac{1}{\varepsilon}$，即 $n > \dfrac{1}{2}\left(\dfrac{1}{2\varepsilon} - 1 \right)$，取 $N = \left[\dfrac{1}{2}\left(\dfrac{1}{2\varepsilon} - 1 \right) \right]$.

$\forall \varepsilon > 0$，取 $N = \left[\dfrac{1}{2}\left(\dfrac{1}{2\varepsilon} - 1 \right) \right]$，当 $n > N$ 时，有 $\left| \dfrac{3n+1}{2n+1} - \dfrac{3}{2} \right| < \varepsilon$，所以 $\lim\limits_{n \to \infty} \dfrac{3n+1}{2n+1} = \dfrac{3}{2}$；

（2）对 $\forall \varepsilon > 0$，找 N，使得 $\left| \dfrac{2n-1}{n^2+n-4} - 0 \right| < \varepsilon$，而 $\left| \dfrac{2n-1}{n^2+n-4} \right| < \dfrac{2n}{n^2+n-4}$，限制 $n > 4$，则 $\dfrac{2n}{n^2+n-4} < \dfrac{2n}{n^2} = \dfrac{2}{n} < \varepsilon$，取 $N = \left[\dfrac{2}{\varepsilon} \right]$.

$\forall \varepsilon > 0$，取 $N = \max\left\{ 4, \left[\dfrac{2}{\varepsilon} \right] \right\}$，当 $n > N$ 时，有 $\left| \dfrac{2n-1}{n^2+n-4} - 0 \right| < \varepsilon$，所以

$$\lim_{n\to\infty} \frac{2n-1}{n^2+n-4} = 0 .$$

点拨 验证数列极限的方法一般为：给定任意的 $\varepsilon > 0$，找 N，使得当 $n > N$ 时，$|u_n - a| < \varepsilon$．而一般都是通过放大求解不等式 $|u_n - a| < \varepsilon$ 或加限制条件来求 N，因为定义中只需要存在这样的 N 即可．

例2 判定数列 $0, 1, 0, 1, \cdots, \dfrac{1+(-1)^n}{2}, \cdots$ 是否收敛．

解 由奇数项列构成的子列 $\{u_{2k-1}\}$ 每项全是 0，因此收敛于 0；由偶数项构成的子列 $\{u_{2k}\}$ 每项全是 1．由于两个子列具有不同极限，因而原数列发散．

2.1.3 习题

1. 观察下列数列的变化趋势，如果有极限，写出其极限．

（1） $u_n = \dfrac{1}{2^n}$;

（2） $u_n = \dfrac{n-1}{n+1}$;

（3） $u_n = 2(-1)^n$;

（4） $u_n = (-1)^{n-1}\dfrac{1}{n}$;

（5） $u_n = \dfrac{\sin n\pi}{n}$;

（6） $u_n = \ln\dfrac{1}{n}$.

2. 用数列极限的定义证明下列极限．

（1） $\lim\limits_{n\to\infty} \dfrac{2n+3}{n+1} = 2$;

（2） $\lim\limits_{n\to\infty} \dfrac{1}{\sqrt{n}} = 0$.

3. 如果 $\lim\limits_{n\to\infty} u_n = a$，证明：$\lim\limits_{n\to\infty} |u_n| = |a|$，举例说明反之未必成立．

2.1.4 习题详解

1. **解** （1） $u_n \to 0$;

（2） $u_n \to 1$;

（3） 不存在;

（4） $u_n \to 0$;

（5） $u_n \to 0$;

（6） $u_n \to -\infty$.

2. **证** （1） $\left| \dfrac{2n+3}{n+1} - 2 \right| = \dfrac{1}{n+1} < \varepsilon \Leftrightarrow n+1 > \dfrac{1}{\varepsilon}$.

对 $\forall \varepsilon > 0$，$\exists N = \left[\dfrac{1}{\varepsilon}\right] - 1$，使得 $n > N$ 时，有 $\left| \dfrac{2n+3}{n+1} - 2 \right| = \dfrac{1}{n+1} < \varepsilon$，即

$$\lim_{n \to \infty} \frac{2n+3}{n+1} = 2 \; ;$$

（2） $\left| \dfrac{1}{\sqrt{n}} - 0 \right| = \dfrac{1}{\sqrt{n}} < \varepsilon \Leftrightarrow n > \dfrac{1}{\varepsilon^2}$.

对 $\forall \varepsilon > 0$，$\exists N = \left[\dfrac{1}{\varepsilon^2} \right]$，使得 $n > N$ 时，有 $\left| \dfrac{1}{\sqrt{n}} - 0 \right| = \sqrt{\dfrac{1}{n}} < \varepsilon$，即 $\lim\limits_{n \to \infty} \dfrac{1}{\sqrt{n}} = 0$.

3．证 若 $\lim\limits_{n \to \infty} u_n = a$，则对 $\forall \varepsilon > 0$，$\exists$ 正整数 N，使得 $n > N$ 时，$|u_n - a| < \varepsilon$.

而 $\big| |u_n| - |a| \big| \leqslant |u_n - a| < \varepsilon$，即 $\lim\limits_{n \to \infty} |u_n| = |a|$. 反之，若 $\lim\limits_{n \to \infty} |u_n| = |a|$，不一定有

$\lim\limits_{n \to \infty} u_n = a$.

例如 $u_n = (-1)^n$，$\lim\limits_{n \to \infty} |u_n| = 1$，但 $\lim\limits_{n \to \infty} u_n$ 不存在.

2.2 函数的极限

2.2.1 知识点分析

1．自变量趋于无穷大时函数的极限

给定函数 $y = f(x)$，当 $|x|$ 无限增大时，如果函数 $f(x)$ 无限接近于某个确定的常数 A，则称 A 为 $x \to \infty$ 时函数 $f(x)$ 的极限，记作

$$\lim_{x \to \infty} f(x) = A \text{ 或 } f(x) \to A (x \to \infty)$$

注 $\lim\limits_{x \to \infty} f(x) = A$ 成立的充要条件是 $\lim\limits_{x \to +\infty} f(x) = \lim\limits_{x \to -\infty} f(x) = A$.

$\varepsilon - X$ 定义 设函数 $f(x)$ 当 $|x|$ 大于某一正数时有定义，如果存在常数 A，对于任意给定的正数 ε（不论它多么小），总存在着正数 X，使得当 $|x| > X$ 时，不等式

$$|f(x) - A| < \varepsilon$$

恒成立，则称 A 为 $f(x)$ 当 $x \to \infty$ 时的极限，记作

$$\lim_{x \to \infty} f(x) = A \text{ 或 } f(x) \to A (x \to \infty).$$

注 该定义可以简单地表达为 $\lim\limits_{x \to \infty} f(x) = A \Leftrightarrow \forall \varepsilon > 0$，$\exists X > 0$，当 $|x| > X$ 时，有

$$|f(x) - A| < \varepsilon.$$

2．水平渐近线

若 $\lim\limits_{x \to \infty} f(x) = A$（或 $\lim\limits_{x \to +\infty} f(x) = A$，或 $\lim\limits_{x \to -\infty} f(x) = A$），则称直线 $y = A$ 为曲线 $y = f(x)$ 的水平渐近线.

3. 自变量趋于有限值时函数的极限

设函数 $f(x)$ 在 x_0 的某去心邻域内有定义，如果存在常数 A，当 x 无限接近于 x_0 时，函数 $f(x)$ 无限接近于 A，则称 A 为 $f(x)$ 当 x 趋向于 x_0 时的极限，记作

$$\lim_{x \to x_0} f(x) = A \ 或 \ f(x) \to A \ (x \to x_0)$$

注 由极限定义可知：函数 $f(x)$ 在 x_0 处极限存在与否与函数在该点处有无定义无关.

ε-δ 定义 设函数 $f(x)$ 在 x_0 的某去心邻域内有定义，如果存在常数 A，对于任意给定的正数 ε（$\varepsilon > 0$），总存在 $\delta > 0$，使当 $0 < |x - x_0| < \delta$ 时，不等式

$$|f(x) - A| < \varepsilon$$

恒成立，则称 A 为函数 $f(x)$ 当 $x \to x_0$ 时的极限，记作

$$\lim_{x \to x_0} f(x) = A \ 或 \ f(x) \to A \ (x \to x_0).$$

注 （1）正数 δ 并不是由 ε 唯一确定的，但通常 ε 越小，δ 越小.

（2）该定义可以简单地表达为

$$\lim_{x \to x_0} f(x) = A \Leftrightarrow \forall \varepsilon > 0, \ \exists \delta > 0, \ 当 \ 0 < |x - x_0| < \delta \ 时，有 \ |f(x) - A| < \varepsilon.$$

（3）$\lim\limits_{x \to x_0} f(x) = A \Leftrightarrow \lim\limits_{x \to x_0^-} f(x) = \lim\limits_{x \to x_0^+} f(x) = A$（该结论常用于判定分段函数在分段点处极限的存在性）.

4. 函数极限的性质

性质 1（函数极限的唯一性） 如果 $\lim\limits_{x \to x_0} f(x)$ 存在，则其极限必唯一.

性质 2（函数极限的局部有界性） 如果 $\lim\limits_{x \to x_0} f(x) = A$，则存在常数 $M > 0$ 和 $\delta > 0$，使得当 $0 < |x - x_0| < \delta$ 时，有 $|f(x)| \leqslant M$.

性质 3（函数极限的局部保号性） 如果 $\lim\limits_{x \to x_0} f(x) = A (A \neq 0)$ 且 $A > 0$（或 $A < 0$），则存在常数 $\delta > 0$，使得当 $0 < |x - x_0| < \delta$ 时，有 $f(x) > 0$（或 $f(x) < 0$）.

2.2.2　典例解析

例 1 根据函数极限的定义证明下列极限.

（1）$\lim\limits_{x \to 1}(3x - 1) = 2$；　　　　　　　　（2）$\lim\limits_{x \to 4}\sqrt{x} = 2$；

（3）$\lim\limits_{x \to \infty}\dfrac{\sin x}{x} = 0$；　　　　　　　　（4）$\lim\limits_{x \to \infty}\dfrac{1-x}{x+1} = -1$.

解 （1）对 $\forall \varepsilon > 0$，找 $\delta > 0$，使得当 $0 < |x - 1| < \delta$ 时，有 $|(3x-1) - 2| < \varepsilon$，即 $|3(x-1)| < \varepsilon$，$|x - 1| < \dfrac{\varepsilon}{3}$，故取 $\delta = \dfrac{\varepsilon}{3}$.

$\forall \varepsilon > 0$，取 $\delta = \dfrac{\varepsilon}{3}$，当 $0 < |x-1| < \delta$ 时，有 $|(3x-1)-2| < \varepsilon$，所以 $\lim\limits_{x \to 1}(3x-1) = 2$．

（2）对 $\forall \varepsilon > 0$，找 δ，使得当 $0 < |x-4| < \delta$ 时，有 $|\sqrt{x}-2| < \varepsilon$，而

$|\sqrt{x}-2| = \left| \dfrac{x-4}{\sqrt{x}+2} \right| < \dfrac{|x-4|}{2} < \varepsilon$，即 $|x-4| < 2\varepsilon$，故取 $\delta = 2\varepsilon$．

$\forall \varepsilon > 0$，取 $\delta = 2\varepsilon$，当 $0 < |x-4| < \delta$ 时，有 $|\sqrt{x}-2| < \varepsilon$，所以 $\lim\limits_{x \to 4}\sqrt{x} = 2$．

（3）对 $\forall \varepsilon > 0$，找 X，使得当 $|x| > X$ 时，有 $\left| \dfrac{\sin x}{x}-0 \right| < \varepsilon$，而 $\left| \dfrac{\sin x}{x} \right| < \dfrac{1}{|x|} < \varepsilon$，

即 $|x| > \dfrac{1}{\varepsilon}$，故取 $X = \dfrac{1}{\varepsilon}$．

$\forall \varepsilon > 0$，取 $X = \dfrac{1}{\varepsilon}$，当 $|x| > X$ 时，有 $\left| \dfrac{\sin x}{x}-0 \right| < \varepsilon$，所以 $\lim\limits_{x \to \infty} \dfrac{\sin x}{x} = 0$．

（4）对 $\forall \varepsilon > 0$，找 X，使得当 $|x| > X$ 时，有 $\left| \dfrac{1-x}{x+1}-(-1) \right| < \varepsilon$，而 $\left| \dfrac{1-x}{x+1}+1 \right| = \left| \dfrac{2}{x+1} \right|$，

限制 $|x| > 1$，则 $\left| \dfrac{2}{x+1} \right| \leqslant \dfrac{2}{|x|-1} < \varepsilon$，即 $|x| > \dfrac{2}{\varepsilon}+1$，故取 $X = \dfrac{2}{\varepsilon}+1$．

$\forall \varepsilon > 0$，取 $X = \max\left\{ 1, \dfrac{2}{\varepsilon}+1 \right\} = \dfrac{2}{\varepsilon}+1$，当 $|x| > X$ 时，有 $\left| \dfrac{1-x}{x+1}-(-1) \right| < \varepsilon$，所以

$\lim\limits_{x \to \infty} \dfrac{1-x}{x+1} = -1$．

点拨　证明函数极限存在也有类似的"放大""加限制条件"等方法．

例 2　设 $f(x) = \begin{cases} -x+1, & 0 \leqslant x < 1 \\ 1, & x = 1 \\ -x+3, & 1 < x \leqslant 2 \end{cases}$，问 $\lim\limits_{x \to 1} f(x)$ 是否存在？

解　$\lim\limits_{x \to 1^-} f(x) = \lim\limits_{x \to 1^-}(-x+1) = 0$，$\lim\limits_{x \to 1^+} f(x) = \lim\limits_{x \to 1^+}(-x+3) = 2$，故 $\lim\limits_{x \to 1} f(x)$ 不存在．

点拨　分段函数在分段点处的极限是否存在常用该函数在分段点处的左右极限是否存在且相等来判断．

2.2.3　习题

1. 对图 2.1 所示的函数 $f(x)$，下列陈述中哪些是对的，哪些是错的？

（1）$\lim\limits_{x \to 0} f(x)$ 不存在；　　　　　（2）$\lim\limits_{x \to 1} f(x) = 0$；

（3）$\lim\limits_{x \to 2^-} f(x) = 1$；　　　　　　（4）$\lim\limits_{x \to -1^+} f(x)$ 不存在；

（5）对每个 $x_0 \in (-1,1)$，$\lim\limits_{x \to x_0} f(x)$ 存在；

（6）对每个 $x_0 \in (1, 2)$ ，$\lim\limits_{x \to x_0} f(x)$ 存在．

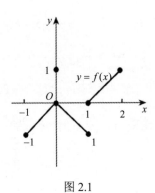

图 2.1

2．用函数极限的定义证明下列极限．

（1）$\lim\limits_{x \to \infty} \dfrac{1}{x^2} = 0$ ；　　　　　　（2）$\lim\limits_{x \to 3}(3x - 1) = 8$ ．

3．设函数 $f(x) = \begin{cases} \dfrac{1}{x-1}, & x < 0 \\ x, & 0 \leqslant x \leqslant 1 \\ 1, & x > 1 \end{cases}$ ，极限 $\lim\limits_{x \to 0} f(x)$ 与 $\lim\limits_{x \to 1} f(x)$ 是否存在？

4．已知函数 $f(x) = \begin{cases} x^3, & x \leqslant 1 \\ x - 5k, & x > 1 \end{cases}$ ，确定常数 k 的值，使极限 $\lim\limits_{x \to 1} f(x)$ 存在．

5．证明：$\lim\limits_{x \to 0} \dfrac{|x|}{x}$ 不存在．

2.2.4　习题详解

1．**解**　（1）错；（2）错；（3）对；（4）错；（5）对；（6）对．

2．**证**　（1）$\left| \dfrac{1}{x^2} - 0 \right| = \dfrac{1}{x^2} < \varepsilon \Leftrightarrow |x| > \dfrac{1}{\sqrt{\varepsilon}}$ ．

对 $\forall \varepsilon > 0$ ，总 $\exists X = \sqrt{\dfrac{1}{\varepsilon}}$ ，使得当 $|x| > X$ 时，有 $\left| \dfrac{1}{x^2} - 0 \right| = \dfrac{1}{x^2} < \varepsilon$ ，即 $\lim\limits_{x \to \infty} \dfrac{1}{x^2} = 0$ ．

（2）$|3x - 1 - 8| = 3|x - 3| < \varepsilon \Leftrightarrow |x - 3| < \dfrac{\varepsilon}{3}$ ．

对 $\forall \varepsilon > 0$ ，总 $\exists \delta = \dfrac{\varepsilon}{3}$ ，使得当 $0 < |x - 3| < \delta$ 时，$|3x - 1 - 8| < \varepsilon$ ，即 $\lim\limits_{x \to 3}(3x - 1) = 8$ ．

3．**解**　$\lim\limits_{x \to 0} f(x)$ 不存在．提示：$\lim\limits_{x \to 0^-} f(x) = \lim\limits_{x \to 0^-} \dfrac{1}{x - 1} = -1, \lim\limits_{x \to 0^+} f(x) = \lim\limits_{x \to 0^+} x = 0$ ．

$\lim\limits_{x \to 1} f(x) = 1$. 提示：$\lim\limits_{x \to 1^-} f(x) = \lim\limits_{x \to 1^-} x = 1$，$\lim\limits_{x \to 1^+} f(x) = \lim\limits_{x \to 1^+} 1 = 1$.

4. 解　$\lim\limits_{x \to 1^-} f(x) = \lim\limits_{x \to 1^-} x^3 = 1$，$\lim\limits_{x \to 1^+} f(x) = \lim\limits_{x \to 1^+}(x - 5k) = 1 - 5k$，因为 $\lim\limits_{x \to 1} f(x)$ 存在，故 $1 - 5k = 1$，即 $k = 0$.

5. 证　$\lim\limits_{x \to 0^-} \dfrac{|x|}{x} = \lim\limits_{x \to 0^-} \dfrac{-x}{x} = -1$，$\lim\limits_{x \to 0^+} \dfrac{|x|}{x} = \lim\limits_{x \to 0^+} \dfrac{x}{x} = 1$，因为 $\lim\limits_{x \to 0^-} \dfrac{|x|}{x} \neq \lim\limits_{x \to 0^+} \dfrac{|x|}{x}$，故 $\lim\limits_{x \to 0} \dfrac{|x|}{x}$ 不存在.

2.3　无穷小与无穷大

2.3.1　知识点分析

1. 无穷小的概念

如果函数 $f(x)$ 在自变量 x 的某一变化过程中的极限为零，则称函数 $f(x)$ 为该变化过程中的无穷小量，简称无穷小，记作 $\lim f(x) = 0$.

注　（1）无穷小是极限为零的变量；

（2）无穷小是相对于自变量的某一变化过程而言的；

例如：$x \to \infty$ 时，$\dfrac{1}{x}$ 是无穷小，而 $x \to 1$ 时，$\dfrac{1}{x}$ 就不是无穷小.

（3）"0"是无穷小的唯一常数.

2. 无穷小的性质

性质 1　有限个无穷小的代数和仍是无穷小.

性质 2　有限个无穷小的乘积仍是无穷小.

性质 3　无穷小与有界变量的乘积仍是无穷小.

注　（1）两个无穷小的商未必是无穷小.

（2）任意多个无穷小的和、差、乘积未必是无穷小.

（3）常量与无穷小的乘积仍是无穷小.

3. 无穷大的概念

在自变量的某一变化过程中，如果 $|f(x)|$ 无限增大，则称函数 $f(x)$ 为该变化过程中的无穷大量，简称无穷大，记作 $\lim f(x) = \infty$. 特别地，如果当 $n \to \infty$ 时，$|u_n|$ 无限增大，则称数列 $\{u_n\}$ 为 $n \to \infty$ 时的无穷大.

注　（1）无穷大是变量而不是常数.

（2）当 $x \to x_0$（或 $x \to \infty$）时的无穷大函数 $f(x)$，按照函数极限的定义，

极限是不存在的，但为了便于叙述函数的这种形态，也说"函数的极限是无穷大"．

（3）两个无穷大的和不一定是无穷大．例如 $\lim\limits_{n\to\infty}[n+(-n)]=0$．

4. 垂直渐近线

如果 $\lim\limits_{x\to x_0}f(x)=\infty$（或 $\lim\limits_{x\to x_0^+}f(x)=\infty$，或 $\lim\limits_{x\to x_0^-}f(x)=\infty$），则称直线 $x=x_0$ 是曲线 $y=f(x)$ 的垂直渐近线．

5. 无穷小与无穷大的关系

在自变量的同一变化过程中，如果 $f(x)$ 为无穷大，则 $\dfrac{1}{f(x)}$ 为无穷小；反之，如果 $f(x)$ 为无穷小且 $f(x)\neq 0$，则 $\dfrac{1}{f(x)}$ 为无穷大．

注　根据该定理，我们可将对无穷大的研究转化为对无穷小的研究．

2.3.2　典例解析

例 1　求极限 $\lim\limits_{x\to 0}x^2\arctan\dfrac{1}{x}$．

解　因为 $\left|\arctan\dfrac{1}{x}\right|\leqslant\dfrac{\pi}{2}$，即 $\arctan\dfrac{1}{x}$ 有界，且 $\lim\limits_{x\to 0}x^2=0$，即 $x\to 0$ 时，x^2 是无穷小量，由于有界变量与无穷小量的乘积仍是无穷小量，故 $\lim\limits_{x\to 0}x^2\arctan\dfrac{1}{x}=0$．

点拨　利用无穷小性质 3 可求得极限．

例 2　函数 $y=e^x$ 在什么变化过程中是无穷小，在什么变化过程中是无穷大？

解　因为 $\lim\limits_{x\to-\infty}e^x=0$，$\lim\limits_{x\to+\infty}e^x=+\infty$，所以函数 $y=e^x$ 当 $x\to-\infty$ 时是无穷小，当 $x\to+\infty$ 时是无穷大．

2.3.3　习题

1．举例说明两个无穷小的商是否一定是无穷小．

2．下列函数在什么变化过程中是无穷小，在什么变化过程中是无穷大．

（1）$y=\dfrac{1}{x^2}$；　　　　　（2）$y=\ln x$；　　　　　（3）$y=\dfrac{x+2}{x^2-1}$．

3．判断下列各题中，哪些是无穷小，哪些是无穷大．

（1）$\ln x$，当 $x\to 0^+$ 时；　　　　（2）$\dfrac{1+(-1)^n}{n^2}$，当 $n\to\infty$ 时；

（3）$\dfrac{1}{\sqrt{x-2}}$，当 $x\to 2^+$ 时．

4．求下列函数的极限．

（1）$\lim\limits_{x \to \infty} \dfrac{1 + \sin x}{2x}$；

（2）$\lim\limits_{x \to 0}(x^4 + 10x)\cos x$．

2.3.4　习题详解

1．**解**　否，例如：$\alpha = 4x$，$\beta = 2x$，当 $x \to 0$ 时都是无穷小，但当 $x \to 0$ 时 $\dfrac{\alpha}{\beta}$ 不是无穷小．

2．**解**　（1）因为 $\lim\limits_{x \to \infty} \dfrac{1}{x^2} = 0$，$\lim\limits_{x \to 0} \dfrac{1}{x^2} = \infty$，所以 $y = \dfrac{1}{x^2}$ 当 $x \to \infty$ 时是无穷小，当 $x \to 0$ 时是无穷大；

（2）因为 $\lim\limits_{x \to 1}\ln x = 0$，$\lim\limits_{x \to 0^+}\ln x = -\infty$，$\lim\limits_{x \to +\infty}\ln x = +\infty$，所以 $y = \ln x$ 当 $x \to 1$ 时是无穷小，当 $x \to 0^+$ 和 $x \to +\infty$ 时是无穷大；

（3）因为 $\lim\limits_{x \to -2} \dfrac{x+2}{x^2-1} = 0$，$\lim\limits_{x \to \pm 1} \dfrac{x+2}{x^2-1} = \infty$，所以 $y = \dfrac{x+2}{x^2-1}$ 当 $x \to -2$ 时是无穷小，当 $x \to \pm 1$ 时是无穷大．

3．**解**　（1）因为 $\lim\limits_{x \to 0^+}\ln x = -\infty$，所以 $\ln x$ 当 $x \to 0^+$ 时是无穷大；

（2）因为 $\lim\limits_{n \to \infty} \dfrac{(-1)^n + 1}{n^2 - 1} = 0$，所以 $\dfrac{1 + (-1)^n}{n^2}$ 当 $n \to \infty$ 时是无穷小；

（3）因为 $\lim\limits_{x \to 2^+} \dfrac{1}{\sqrt{x-2}} = +\infty$，所以 $\dfrac{1}{\sqrt{x-2}}$ 当 $x \to 2^+$ 时是无穷大．

4．**解**　（1）因为 $\lim\limits_{x \to \infty} \dfrac{1}{2x} = 0$，$|1 + \sin x| \leqslant 2$，所以 $\lim\limits_{x \to \infty} \dfrac{1 + \sin x}{2x} = 0$；

（2）因为 $\lim\limits_{x \to 0}(x^4 + 10x) = 0$，$|\cos x| \leqslant 1$，所以 $\lim\limits_{x \to 0}(x^4 + 10x)\cos x = 0$．

2.4　极限的运算法则及两个重要极限

2.4.1　知识点分析

1．极限的四则运算法则

在自变量同一变化过程中，设 $\lim f(x) = A$，$\lim g(x) = B$，那么

（1）$\lim[f(x) \pm g(x)] = \lim f(x) \pm \lim g(x) = A \pm B$；

（2）$\lim[f(x) \cdot g(x)] = \lim f(x) \cdot \lim g(x) = A \cdot B$；

（3）若 $B \neq 0$ ，则 $\lim \dfrac{f(x)}{g(x)} = \dfrac{\lim f(x)}{\lim g(x)} = \dfrac{A}{B}$.

注　定理中的（1）、（2）可以推广到有限个函数的情形，即若极限 $\lim f_1(x)$ ，$\lim f_2(x), \cdots, \lim f_n(x)$ 均存在，则有以下变形成立：

- $\lim[f_1(x) \pm f_2(x) \pm \cdots \pm f_n(x)] = \lim f_1(x) \pm \lim f_2(x) \pm \cdots \pm \lim f_n(x)$ ；
- $\lim[f_1(x) \cdot f_2(x) \cdots f_n(x)] = \lim f_1(x) \cdot \lim f_2(x) \cdots \lim f_n(x)$.

推论 1　如果 $\lim f(x)$ 存在，C 为常数，则 $\lim[Cf(x)] = C\lim f(x)$.

推论 2　如果 $\lim f(x)$ 存在，$n \in \mathbf{N}_+$ ，则有 $\lim[f(x)]^n = [\lim f(x)]^n$.

2. 复合函数极限的运算法则

设函数 $y = f[\varphi(x)]$ 是由 $y = f(u)$ ，$u = \varphi(x)$ 复合而成，$f[\varphi(x)]$ 在点 x_0 的某去心邻域内有定义，若 $\lim\limits_{x \to x_0} \varphi(x) = u_0$ ，$\lim\limits_{u \to u_0} f(u) = A$ ，且当 $x \in \overset{o}{U}(x_0)$ 时，$\varphi(x) \neq u_0$ ，则 $\lim\limits_{x \to x_0} f[\varphi(x)] = \lim\limits_{u \to u_0} f(u) = A$.

注　计算复合函数的极限 $\lim\limits_{x \to x_0} f[\varphi(x)]$ 时，可令 $u = \varphi(x)$ ，先求中间变量的极限 $\lim\limits_{x \to x_0} \varphi(x) = u_0$ ，再求 $\lim\limits_{u \to u_0} f(u)$ 即可.

3. 夹逼准则

准则 I　如果数列 $\{x_n\}$ ，$\{y_n\}$ ，$\{z_n\}$ 满足以下两个条件：

（1）$y_n \leqslant x_n \leqslant z_n \ (n = 1, 2, 3, \cdots)$ ；

（2）$\lim\limits_{n \to \infty} y_n = \lim\limits_{n \to \infty} z_n = a$.

则数列 $\{x_n\}$ 的极限存在，且 $\lim\limits_{n \to \infty} x_n = a$.

准则 I′　在自变量的同一变化过程中，设函数 $f(x)$ ，$g(x)$ ，$h(x)$ 满足以下两个条件：

（1）$g(x) \leqslant f(x) \leqslant h(x)$ ，$x \in \overset{o}{U}(x_0)$ （或 $|x| > M$ ）时；

（2）$\lim g(x) = \lim h(x) = A$.

则 $f(x)$ 的极限存在，且 $\lim f(x) = A$.

准则 I 和准则 I′ 合称为极限的夹逼准则.

第一个重要极限　$\lim\limits_{x \to 0} \dfrac{\sin x}{x} = 1$.

注　此极限可引申为 $\lim\limits_{\varphi(x) \to 0} \dfrac{\sin \varphi(x)}{\varphi(x)} = 1$.

4. 单调有界收敛准则

准则 II　单调有界数列必有极限.

通过前面的学习我们知道，收敛数列一定有界，但有界数列却不一定收敛. 现在准则 II 表明：如果数列不仅有界，并且是单调的，则该数列的极限必定存在，即该数列一定收敛.

准则 II 包含了以下两个结论：

（1）若数列 $\{x_n\}$ 单调增加且有上界，则该数列必有极限.

（2）若数列 $\{x_n\}$ 单调减少且有下界，则该数列必有极限.

准则 II 称为极限的单调有界收敛准则.

注　（1）单增+有上界 $\Rightarrow$ 收敛，单减+有下界 $\Rightarrow$ 收敛；

（2）证明单调时常用的方法：作差、作商、数学归纳法

第二个重要极限　$\lim\limits_{x \to \infty}\left(1+\dfrac{1}{x}\right)^x = \mathrm{e}$.

注　（1）对于数列有　$\lim\limits_{n \to \infty}\left(1+\dfrac{1}{n}\right)^n = \mathrm{e}$.

（2）此极限可推广为　$\lim\limits_{f(x) \to \infty}\left(1+\dfrac{1}{f(x)}\right)^{f(x)} = \mathrm{e}$.

（3）第二个重要极限可写成另外一种形式：$\lim\limits_{z \to 0}(1+z)^{\frac{1}{z}} = \mathrm{e}$.

2.4.2　典例解析

例 1　求下列函数的极限.

（1）$\lim\limits_{x \to 0}\left[\dfrac{\ln(x+\mathrm{e}^2)}{a^x + \sin x}\right]^{\frac{1}{2}}$；　　　　　（2）$\lim\limits_{x \to 4}\dfrac{\sqrt{2x+1}-3}{\sqrt{x-2}-\sqrt{2}}$；

（3）$\lim\limits_{n \to \infty}\dfrac{2^n + 3^n}{2^{n+1} + 3^{n+1}}$；　　　　　（4）$\lim\limits_{n \to \infty}\left(1+\dfrac{1}{2}\right)\left(1+\dfrac{1}{2^2}\right)\left(1+\dfrac{1}{2^4}\right)\cdots\left(1+\dfrac{1}{2^{2^n}}\right)$.

解　（1）因为 $\lim\limits_{x \to 0}\ln(x+\mathrm{e}^2) = \ln \mathrm{e}^2 = 2$，且 $\lim\limits_{x \to 0}(a^x + \sin x) = 1$，

$$故原式 = \lim\limits_{x \to 0}\left(\dfrac{2}{1}\right)^{\frac{1}{2}} = \sqrt{2}.$$

点拨　指数是常数，只需看分子和分母，只要分母极限不为 0，便可直接计算极限.

（2）$\lim\limits_{x \to 4}\dfrac{\sqrt{2x+1}-3}{\sqrt{x-2}-\sqrt{2}} = \lim\limits_{x \to 4}\dfrac{2(x-4)(\sqrt{x-2}+\sqrt{2})}{(x-4)(\sqrt{2x+1}+3)} = \dfrac{2(\sqrt{2}+\sqrt{2})}{(3+3)} = \dfrac{2\sqrt{2}}{3}$.

点拨　分母趋于 0，且分子分母都有根号，使用分子分母同时进行有理化计算.

（3）$\lim\limits_{n\to\infty}\dfrac{2^n+3^n}{2^{n+1}+3^{n+1}}=\lim\limits_{n\to\infty}\dfrac{\left(\dfrac{2}{3}\right)^n+1}{2\left(\dfrac{2}{3}\right)^n+3}=\dfrac{1}{3}$.

点拨　分子分母均为无穷大量，使用生成无穷小量法进行计算.

（4）原式$=\lim\limits_{n\to\infty}\dfrac{1}{1-\dfrac{1}{2}}\left(1-\dfrac{1}{2}\right)\left(1+\dfrac{1}{2}\right)\left(1+\dfrac{1}{2^2}\right)\left(1+\dfrac{1}{2^4}\right)\cdots\left(1+\dfrac{1}{2^{2^n}}\right)$

$=\lim\limits_{n\to\infty}2\left(1-\dfrac{1}{2^{2^{n+1}}}\right)=2$.

例2　利用极限存在准则证明 $\lim\limits_{n\to\infty}\left(\dfrac{1}{\sqrt{n^2+1}}+\dfrac{1}{\sqrt{n^2+2}}+\cdots+\dfrac{1}{\sqrt{n^2+n}}\right)=1$.

解　因为 $\dfrac{1}{\sqrt{n^2+1}}+\dfrac{1}{\sqrt{n^2+2}}+\cdots+\dfrac{1}{\sqrt{n^2+n}}\geqslant\dfrac{n}{\sqrt{n^2+n}}$ ，

且　$\dfrac{1}{\sqrt{n^2+1}}+\dfrac{1}{\sqrt{n^2+2}}+\cdots+\dfrac{1}{\sqrt{n^2+n}}\leqslant\dfrac{n}{\sqrt{n^2+1}}$ ，

而 $\lim\limits_{n\to\infty}\dfrac{n}{\sqrt{n^2+n}}=1$, $\lim\limits_{n\to\infty}\dfrac{n}{\sqrt{n^2+1}}=1$，故由夹逼准则证得

$$\lim\limits_{n\to\infty}\left(\dfrac{1}{\sqrt{n^2+1}}+\dfrac{1}{\sqrt{n^2+2}}+\cdots+\dfrac{1}{\sqrt{n^2+n}}\right)=1.$$

例3　求下列函数的极限.

（1）$\lim\limits_{x\to0}\dfrac{1-\cos2x}{x\sin x}$ ；　　（2）$\lim\limits_{x\to\infty}\dfrac{3x^2+5}{5x+3}\sin\dfrac{2}{x}$；

（3）$\lim\limits_{x\to\infty}\left(1+\dfrac{2}{x}\right)^x$；　　（4）$\lim\limits_{x\to\infty}\left(\dfrac{x+a}{x-a}\right)^x$；　　（5）$\lim\limits_{x\to0}(1-2x)^{\frac{2}{x}}$ $(x\neq0)$.

解　（1）$\lim\limits_{x\to0}\dfrac{1-\cos2x}{x\sin x}=\lim\limits_{x\to0}\dfrac{2\sin^2x}{x\sin x}=\lim\limits_{x\to0}\dfrac{2\sin x}{x}=2$.

（2）$\lim\limits_{x\to\infty}\dfrac{3x^2+5}{5x+3}\sin\dfrac{2}{x}=\lim\limits_{x\to\infty}\dfrac{3x^2+5}{5x+3}\cdot\dfrac{2}{x}\cdot\dfrac{\sin\dfrac{2}{x}}{\dfrac{2}{x}}=\lim\limits_{x\to\infty}\dfrac{6x^2+10}{5x^2+3x}\cdot\lim\limits_{x\to\infty}\dfrac{\sin\dfrac{2}{x}}{\dfrac{2}{x}}=\dfrac{6}{5}\cdot1=\dfrac{6}{5}$.

点拨　第一个重要极限可推广为 $\lim\limits_{x\to0}\dfrac{\sin x}{x}=1$.

（3）$\lim\limits_{x\to\infty}\left(1+\dfrac{2}{x}\right)^{x}=\lim\limits_{x\to\infty}\left[\left(1+\dfrac{2}{x}\right)^{\frac{x}{2}}\right]^{2}=\mathrm{e}^{2}$.

（4）$\lim\limits_{x\to\infty}\left(\dfrac{x+a}{x-a}\right)^{x}=\lim\limits_{x\to\infty}\left(1+\dfrac{2a}{x-a}\right)^{x}=\lim\limits_{x\to\infty}\left[\left(1+\dfrac{2a}{x-a}\right)^{\frac{x-a}{2a}}\right]^{\frac{2ax}{x-a}}=\mathrm{e}^{\lim\limits_{x\to\infty}\frac{2ax}{x-a}}=\mathrm{e}^{2a}$.

（5）$\lim\limits_{x\to0}(1-2x)^{\frac{2}{x}}=\lim\limits_{x\to0}\left[(1-2x)^{\frac{1}{-2x}}\right]^{-4}=\mathrm{e}^{-4}$.

点拨　第二个重要极限可推广为 $\lim\limits_{x\to\infty}\left(1+\dfrac{1}{x}\right)^{x}=\mathrm{e}$ 或 $\lim\limits_{z\to0}(1+z)^{\frac{1}{z}}=\mathrm{e}$.

2.4.3　习题

1．求下列函数的极限.

（1）$\lim\limits_{n\to\infty}\dfrac{n}{\sqrt{2n^{2}-n}}$；

（2）$\lim\limits_{x\to\infty}\dfrac{2x^{2}-3x-1}{4x^{2}+10x+1}$；

（3）$\lim\limits_{x\to1}\dfrac{x^{2}-3x+2}{1-x^{2}}$；

（4）$\lim\limits_{x\to0}\dfrac{x^{2}}{1-\sqrt{1+x^{2}}}$；

（5）$\lim\limits_{x\to\infty}\dfrac{x-100}{x^{2}+10x+9}$；

（6）$\lim\limits_{x\to-3}(9-6x-x^{2})$；

（7）$\lim\limits_{x\to1}\left(\dfrac{3}{1-x^{3}}-\dfrac{1}{1-x}\right)$；

（8）$\lim\limits_{x\to\infty}\dfrac{2x-\cos x}{x}$；

（9）$\lim\limits_{x\to1}\dfrac{\sqrt{x+2}-\sqrt{3}}{x-1}$；

（10）$\lim\limits_{x\to+\infty}x(\sqrt{1+x^{2}}-x)$；

（11）$\lim\limits_{x\to0}x\cot3x$；

（12）$\lim\limits_{n\to\infty}2^{n}\sin\dfrac{\pi}{2^{n}}$；

（13）$\lim\limits_{x\to1}\dfrac{\sin(x-1)}{x^{2}-1}$；

（14）$\lim\limits_{x\to+\infty}\dfrac{x^{2}\sin\dfrac{1}{x}}{\sqrt{x^{2}-1}}$；

（15）$\lim\limits_{x\to0}\dfrac{x-\sin2x}{x+\sin3x}$；

（16）$\lim\limits_{x\to0}\dfrac{\tan x-\sin x}{x}$；

（17）$\lim\limits_{x\to0}\dfrac{\sin2x}{\sin5x}$；

（18）$\lim\limits_{x\to0}\dfrac{1-\sqrt{1+x^{2}}}{\tan^{2}x}$；

（19）$\lim\limits_{x\to\infty}\left(1-\dfrac{3}{x}\right)^{x}$；

（20）$\lim\limits_{x\to\infty}\left(\dfrac{2x+1}{2x-1}\right)^{x}$；

（21）$\lim\limits_{x\to\infty}(1-\dfrac{1}{x^2})^x$；　　　　　　（22）$\lim\limits_{x\to\infty}(1-\dfrac{4}{x})^{\sqrt{x}}$．

2．若极限 $\lim\limits_{x\to1}\dfrac{x^2+ax-b}{1-x}=5$，求常数 a，b 的值.

3．下列陈述中，哪些是对的，哪些是错的？如果是对的，说明理由；如果是错的，试举出一个反例.

（1）如果 $\lim\limits_{x\to x_0}f(x)$ 存在，$\lim\limits_{x\to x_0}g(x)$ 不存在，那么 $\lim\limits_{x\to x_0}[f(x)+g(x)]$ 不存在；

（2）如果 $\lim\limits_{x\to x_0}f(x)$ 和 $\lim\limits_{x\to x_0}g(x)$ 都不存在，那么 $\lim\limits_{x\to x_0}[f(x)+g(x)]$ 不存在；

（3）如果 $\lim\limits_{x\to x_0}f(x)$ 存在，但 $\lim\limits_{x\to x_0}g(x)$ 不存在，那么 $\lim\limits_{x\to x_0}f(x)g(x)$ 不存在.

4．利用极限的夹逼准则求下列极限.

（1）$\lim\limits_{n\to\infty}\left(\dfrac{n}{n^2+1}+\dfrac{n}{n^2+2}+\cdots+\dfrac{n}{n^2+n}\right)$；

（2）$\lim\limits_{n\to\infty}(1+2^n+3^n+4^n+5^n)^{\frac{1}{n}}$．

5．设某人把 15 万元人民币存入银行，若银行的年利率为 2.25%，如果按照连续复利计算，问到 20 年时的本息和是多少？

2.4.4　习题详解

1．**解**　（1）$\lim\limits_{n\to\infty}\dfrac{n}{\sqrt{2n^2-n}}=\lim\limits_{n\to\infty}\dfrac{1}{\sqrt{2-\dfrac{1}{n}}}=\dfrac{\sqrt{2}}{2}$；

（2）$\lim\limits_{x\to\infty}\dfrac{2x^2-3x-1}{4x^2+10x+1}=\lim\limits_{x\to\infty}\dfrac{2-\dfrac{3}{x}-\dfrac{1}{x^2}}{4+\dfrac{10}{x}+\dfrac{1}{x^2}}=\dfrac{1}{2}$；

（3）$\lim\limits_{x\to1}\dfrac{x^2-3x+2}{1-x^2}=\lim\limits_{x\to1}\dfrac{(x-1)(x-2)}{(1-x)(1+x)}=-\lim\limits_{x\to1}\dfrac{x-2}{1+x}=\dfrac{1}{2}$；

（4）$\lim\limits_{x\to0}\dfrac{x^2}{1-\sqrt{1+x^2}}=\lim\limits_{x\to0}\dfrac{x^2(1+\sqrt{1+x^2})}{(1-\sqrt{1+x^2})(1+\sqrt{1+x^2})}=\lim\limits_{x\to0}\dfrac{x^2(1+\sqrt{1+x^2})}{-x^2}$

$\qquad\qquad\qquad =-\lim\limits_{x\to0}(1+\sqrt{1+x^2})=-2$；

（5）$\lim\limits_{x\to\infty}\dfrac{x-100}{x^2+10x+9}=\lim\limits_{x\to\infty}\dfrac{\dfrac{1}{x}-\dfrac{100}{x^2}}{1+\dfrac{10}{x}+\dfrac{9}{x^2}}=0$；

（6）　$\lim\limits_{x \to -3}(9-6x-x^2)=18$ ；

（7）　$\lim\limits_{x \to 1}\left(\dfrac{3}{1-x^3}-\dfrac{1}{1-x}\right)=\lim\limits_{x \to 1}\dfrac{2-x-x^2}{1-x^3}=\lim\limits_{x \to 1}\dfrac{(1-x)(x+2)}{(1-x)(1+x+x^2)}=\lim\limits_{x \to 1}\dfrac{x+2}{1+x+x^2}=1$ ；

（8）　$\lim\limits_{x \to \infty}\dfrac{2x-\cos x}{x}=\lim\limits_{x \to \infty}\left(2-\dfrac{\cos x}{x}\right)=2$ ；

（9）　$\lim\limits_{x \to 1}\dfrac{\sqrt{x+2}-\sqrt{3}}{x-1}=\lim\limits_{x \to 1}\dfrac{(\sqrt{x+2}-\sqrt{3})(\sqrt{x+2}+\sqrt{3})}{(x-1)(\sqrt{x+2}+\sqrt{3})}$

$$=\lim\limits_{x \to 1}\dfrac{x-1}{(x-1)(\sqrt{x+2}+\sqrt{3})}=\lim\limits_{x \to 1}\dfrac{1}{(\sqrt{x+2}+\sqrt{3})}=\dfrac{\sqrt{3}}{6}$$ ；

（10）　$\lim\limits_{x \to +\infty}x(\sqrt{1+x^2}-x)=\lim\limits_{x \to +\infty}\dfrac{x(\sqrt{1+x^2}-x)(\sqrt{1+x^2}+x)}{\sqrt{1+x^2}+x}$

$$=\lim\limits_{x \to +\infty}\dfrac{x}{\sqrt{1+x^2}+x}=\lim\limits_{x \to +\infty}\dfrac{1}{\sqrt{\dfrac{1}{x^2}+1}+1}=\dfrac{1}{2}$$ ；

（11）　$\lim\limits_{x \to 0}x\cot 3x=\lim\limits_{x \to 0}\dfrac{x}{\tan 3x}=\dfrac{1}{3}\lim\limits_{x \to 0}\dfrac{3x}{\sin 3x}\cdot\cos 3x=\dfrac{1}{3}$ ；

（12）　$\lim\limits_{n \to \infty}2^n\sin\dfrac{\pi}{2^n}=\pi\lim\limits_{n \to \infty}\dfrac{\sin\dfrac{\pi}{2^n}}{\dfrac{\pi}{2^n}}=\pi$ ；

（13）　$\lim\limits_{x \to 1}\dfrac{\sin(x-1)}{x^2-1}=\lim\limits_{x \to 1}\dfrac{\sin(x-1)}{x-1}\cdot\dfrac{1}{x+1}=\dfrac{1}{2}$ ；

（14）　$\lim\limits_{x \to +\infty}\dfrac{x^2\sin\dfrac{1}{x}}{\sqrt{x^2-1}}=\lim\limits_{x \to +\infty}\dfrac{\dfrac{\sin\dfrac{1}{x}}{\dfrac{1}{x}}}{\sqrt{1-\dfrac{1}{x^2}}}=1$ ；

（15）　$\lim\limits_{x \to 0}\dfrac{x-\sin 2x}{x+\sin 3x}=\lim\limits_{x \to 0}\dfrac{1-2\dfrac{\sin 2x}{2x}}{1+3\dfrac{\sin 3x}{3x}}=\dfrac{1-2}{1+3}=-\dfrac{1}{4}$ ；

（16）　$\lim\limits_{x \to 0}\dfrac{\tan x-\sin x}{x}=\lim\limits_{x \to 0}\dfrac{\tan x(1-\cos x)}{x}=\lim\limits_{x \to 0}\dfrac{\sin x}{x}\cdot\dfrac{(1-\cos x)}{\cos x}$

$$=\lim\limits_{x \to 0}\dfrac{(1-\cos x)}{\cos x}=\dfrac{0}{1}=0$$ ；

（17）$\lim\limits_{x\to 0}\dfrac{\sin 2x}{\sin 5x}=\dfrac{2}{5}\lim\limits_{x\to 0}\dfrac{\sin 2x}{2x}\cdot\dfrac{5x}{\sin 5x}=\dfrac{2}{5}$；

（18）$\lim\limits_{x\to 0}\dfrac{1-\sqrt{1+x^2}}{\tan^2 x}=\lim\limits_{x\to 0}\dfrac{1-\sqrt{1+x^2}}{\tan^2 x}\cdot\dfrac{1+\sqrt{1+x^2}}{1+\sqrt{1+x^2}}=\lim\limits_{x\to 0}\dfrac{-x^2}{\sin^2 x}\cdot\dfrac{\cos^2 x}{1+\sqrt{1+x^2}}$

$\qquad\qquad =\lim\limits_{x\to 0}\dfrac{-1}{1+\sqrt{1+x^2}}=-\dfrac{1}{2}$；

（19）$\lim\limits_{x\to\infty}\left(1-\dfrac{3}{x}\right)^x=\lim\limits_{x\to\infty}\left[\left(1-\dfrac{3}{x}\right)^{\frac{x}{-3}}\right]^{-3}=\mathrm{e}^{-3}$；

（20）$\lim\limits_{x\to\infty}\left(\dfrac{2x+1}{2x-1}\right)^x=\lim\limits_{x\to\infty}\left[\left(1+\dfrac{2}{2x-1}\right)^{\frac{2x-1}{2}}\right]^{\frac{2x}{2x-1}}=\mathrm{e}^{\lim\limits_{x\to\infty}\frac{2x}{2x-1}}=\mathrm{e}$；

（21）$\lim\limits_{x\to\infty}\left(1-\dfrac{1}{x^2}\right)^x=\lim\limits_{x\to\infty}\left[\left(1-\dfrac{1}{x^2}\right)^{-x^2}\right]^{-\frac{1}{x}}=\mathrm{e}^{-\lim\limits_{x\to\infty}\frac{1}{x}}=\mathrm{e}^0=1$；

（22）$\lim\limits_{x\to\infty}\left(1-\dfrac{4}{x}\right)^{\sqrt{x}}=\lim\limits_{x\to\infty}\left[\left(1-\dfrac{4}{x}\right)^{-\frac{x}{4}}\right]^{-\frac{4}{\sqrt{x}}}=\mathrm{e}^{\lim\limits_{x\to\infty}-\frac{4}{\sqrt{x}}}=\mathrm{e}^0=1$.

2. **解**　设 $x^2+ax-b=(x-1)(x+t)$，故 $\lim\limits_{x\to 1}\dfrac{x^2+ax-b}{1-x}=\lim\limits_{x\to 1}-(x+t)=-1-t=5$，

即 $t=-6$，将 $t=-6$ 代入 $x^2+ax-b=(x-1)(x+t)$，得 $x^2+ax-b=x^2-7x+6$，故 $a=-7$，
$b=-6$.

3. **解**　（1）对. 利用反证法，假设 $\lim\limits_{x\to x_0}[f(x)+g(x)]$ 存在，又因为 $\lim\limits_{x\to x_0}f(x)$ 存在，所以根据极限的性质，极限 $\lim\limits_{x\to x_0}\{[f(x)+g(x)]-f(x)\}=\lim\limits_{x\to x_0}g(x)$ 存在，与已知矛盾，故假设不成立.

（2）错. 例如：$f(x)=\dfrac{1}{x}$，$g(x)=-\dfrac{1}{x}$，$\lim\limits_{x\to 0}f(x)$ 和 $\lim\limits_{x\to 0}g(x)$ 都不存在，而

$$\lim\limits_{x\to 0}[f(x)+g(x)]=0.$$

（3）错. 例如：$f(x)=x$，$g(x)=\dfrac{1}{2x}$，$\lim\limits_{x\to 0}f(x)=0$，$\lim\limits_{x\to 0}g(x)$ 不存在，而

$$\lim\limits_{x\to x_0}f(x)g(x)=\dfrac{1}{2}.$$

4. **解**　（1）因为

$$\frac{n^2}{n^2+n} = n\cdot\frac{n}{n^2+n} \leqslant \left(\frac{n}{n^2+1}+\frac{n}{n^2+2}+\cdots+\frac{n}{n^2+n}\right) \leqslant n\cdot\frac{n}{n^2+1},$$

且 $\lim\limits_{n\to\infty}\dfrac{n^2}{n^2+n}=1$，$\lim\limits_{n\to\infty}\dfrac{n^2}{n^2+1}=1$，故由夹逼准则得 $\lim\limits_{n\to\infty}\left(\dfrac{n}{n^2+1}+\dfrac{n}{n^2+2}+\cdots+\dfrac{n}{n^2+n}\right)=1$；

（2）因为 $5=(5^n)^{\frac{1}{n}} \leqslant (1+2^n+3^n+4^n+5^n)^{\frac{1}{n}} \leqslant (5\cdot5^n)^{\frac{1}{n}}=5\cdot5^{\frac{1}{n}}$，且 $\lim\limits_{n\to\infty}5\cdot5^{\frac{1}{n}}=5$，

故由夹逼准则得 $\lim\limits_{n\to\infty}(1+2^n+3^n+4^n+5^n)^{\frac{1}{n}}=5$．

5．**解**　$f(x)=15\cdot\mathrm{e}^{0.0225x}$，则 $f(20)=15\cdot\mathrm{e}^{0.0225\cdot20}\approx23.52$（万元）.

2.5　无穷小的比较

2.5.1　知识点分析

1. 无穷小的比较

设无穷小 α，β 及极限 $\lim\dfrac{\beta}{\alpha}$ 都是对于同一个自变量的变化过程而言的，且 $\alpha\neq0$，有以下定义.

（1）如果 $\lim\dfrac{\beta}{\alpha}=0$，则称 β 是比 α 高阶的无穷小，记作 $\beta=o(\alpha)$．

（2）如果 $\lim\dfrac{\beta}{\alpha}=\infty$，则称 β 是比 α 低阶的无穷小．

（3）如果 $\lim\dfrac{\beta}{\alpha}=c\ (c\neq0)$，则称 β 与 α 是同阶的无穷小．特别地，如果 $\lim\dfrac{\beta}{\alpha}=1$，则称 β 与 α 是等价无穷小，记作 $\alpha\sim\beta$．

（4）如果 $\lim\dfrac{\beta}{\alpha^k}=c\neq0$，则称 β 是 α 的 k 阶无穷小．

2. 常用的等价无穷小

当 $x\to0$ 时，有以下等价成立

$\sin x\sim x$，$\tan x\sim x$，$\arcsin x\sim x$，$\arctan x\sim x$，$\mathrm{e}^x-1\sim x$，$a^x-1\sim x\ln a$，

$1-\cos x\sim\dfrac{x^2}{2}$，$(1+x)^{\alpha}-1\sim\alpha x$（$\alpha$ 为常数），$\ln(1+x)\sim x$，$\log_a(1+x)\sim\dfrac{x}{\ln a}$．

3. α 与 β 是等价无穷小的条件

α 与 β 是等价无穷小的充要条件为 $\beta=\alpha+o(\alpha)$．因此，若 α 是 β 的高阶无穷小，则 $\alpha+\beta\sim\beta$．

4. 等价无穷小替换

设 α，β，α'，β' 均为 x 的同一变化过程中的无穷小，且 $\alpha \sim \alpha'$，$\beta \sim \beta'$，则

$$\lim \frac{\beta}{\alpha} = \lim \frac{\beta'}{\alpha'}.$$

设 α，α' 均为 x 的同一变化过程中的无穷小，且 $\alpha \cdot \alpha'$，若 $\lim[\alpha' \cdot f(x)]$ 存在，则

$$\lim[\alpha \cdot f(x)] = \lim[\alpha' \cdot f(x)].$$

2.5.2 典例解析

例 1　求 $\lim\limits_{x \to 0} \dfrac{1 - \cos x}{(e^{2x} - 1)\ln(1-x)}$.

解　当 $x \to 0$ 时，$1 - \cos x \sim \dfrac{1}{2}x^2$，$e^{2x} - 1 \sim 2x$，$\ln(1-x) \sim -x$.

所以　$\lim\limits_{x \to 0} \dfrac{1 - \cos x}{(e^{2x} - 1)\ln(1-x)} = \lim\limits_{x \to 0} \dfrac{\frac{1}{2}x^2}{2x \cdot (-x)} = -\dfrac{1}{4}$.

例 2　求 $\lim\limits_{x \to 0} \dfrac{\sqrt{1+x} - 1}{1 - \cos\sqrt{x}}$.

解　当 $x \to 0$ 时，$\sqrt{1+x} - 1 \sim \dfrac{1}{2}x$，$1 - \cos\sqrt{x} \sim \dfrac{1}{2}(\sqrt{x})^2$.

所以　$\lim\limits_{x \to 0} \dfrac{\sqrt{1+x} - 1}{1 - \cos\sqrt{x}} = \lim\limits_{x \to 0} \dfrac{\frac{1}{2}x}{\frac{1}{2}(\sqrt{x})^2} = 1$.

点拨　在作极限的乘除运算时可使用等价代换，而在作极限的加减运算时要谨慎使用，否则可能会得到错误的答案.如 $\lim\limits_{x \to 0} \dfrac{2\sin x - \sin 2x}{x^3} = \lim\limits_{x \to 0} \dfrac{2x - 2x}{x^3}$，此时该极限已无法继续运算，但可将原式拆分作如下运算：

$$\lim\limits_{x \to 0} \frac{2\sin x - \sin 2x}{x^3} = \lim\limits_{x \to 0} \frac{2\sin x}{x} \cdot \frac{1 - \cos x}{x^2} = \lim\limits_{x \to 0} \frac{2x}{x} \cdot \frac{\frac{x^2}{2}}{x^2} = 2 \cdot \frac{1}{2} = 1.$$

2.5.3 习题

1. 当 $x \to 0$ 时，下列函数都是无穷小，试确定哪些是 x 的高阶无穷小、同阶无穷小、等价无穷小？

（1）$x - \sin x$；　　　　　　　　（2）$x^3 + x$；

（3）$\sqrt{1+x}-\sqrt{1-x}$；　　　　（4）$1-\cos 2x$；

（5）$\arcsin x^2$；　　　　　　　（6）$\tan 2x$．

2. 证明当 $x\to 0$ 时，有以下等价成立．

（1）$\sec x-1\sim\dfrac{1}{2}x^2$；　　　（2）$\sqrt{1+x\sin x}-1\sim\dfrac{1}{2}x^2$．

3. 利用无穷小的等价代换，求下列极限．

（1）$\lim\limits_{x\to 0}\dfrac{\sin(x^n)}{(\sin x)^m}$（$m$，$n$ 为正整数）；　　（2）$\lim\limits_{x\to 0}\dfrac{\sin 2x}{\arcsin 3x}$；

（3）$\lim\limits_{x\to 0}\dfrac{1-\cos mx}{x^2}$；　　　　（4）$\lim\limits_{x\to 0}\dfrac{\tan x-\sin x}{\sin^3 x}$．

4. 证明无穷小的等价关系具有下列性质．

（1）自反性：$\alpha\sim\alpha$；

（2）对称性：若 $\alpha\sim\beta$，则 $\beta\sim\alpha$；

（3）传递性：若 $\alpha\sim\beta$，$\beta\sim\gamma$，则 $\alpha\sim\gamma$．

2.5.4　习题详解

1. **解**　（1）高阶．提示：$\lim\limits_{x\to 0}\dfrac{x-\sin x}{x}=\lim\limits_{x\to 0}\left(1-\dfrac{\sin x}{x}\right)=0$；

（2）等价．提示：$\lim\limits_{x\to 0}\dfrac{x^3+x}{x}=\lim\limits_{x\to 0}(x^2+1)=1$；

（3）等价．提示：$\lim\limits_{x\to 0}\dfrac{\sqrt{1+x}-\sqrt{1-x}}{x}=\lim\limits_{x\to 0}\dfrac{(\sqrt{1+x}-\sqrt{1-x})(\sqrt{1+x}+\sqrt{1-x})}{x(\sqrt{1+x}+\sqrt{1-x})}$

$=\lim\limits_{x\to 0}\dfrac{2}{\sqrt{1+x}+\sqrt{1-x}}=1$；

（4）高阶．提示：$\lim\limits_{x\to 0}\dfrac{1-\cos 2x}{x}=\lim\limits_{x\to 0}\dfrac{\frac{1}{2}(2x)^2}{x}=\lim\limits_{x\to 0}2x=0$；

（5）高阶．提示：$\lim\limits_{x\to 0}\dfrac{\arcsin x^2}{x}=\lim\limits_{x\to 0}\dfrac{x^2}{x}=0$；

（6）同阶．提示：$\lim\limits_{x\to 0}\dfrac{\tan 2x}{x}=\lim\limits_{x\to 0}\dfrac{2x}{x}=2$．

2. **证**　（1）$\lim\limits_{x\to 0}\dfrac{\sec x-1}{\frac{1}{2}x^2}=\lim\limits_{x\to 0}\dfrac{\frac{1}{\cos x}-1}{\frac{1}{2}x^2}=\lim\limits_{x\to 0}\dfrac{\frac{1-\cos x}{\cos x}}{\frac{1}{2}x^2}=\lim\limits_{x\to 0}\dfrac{1}{\cos x}\cdot\dfrac{\frac{1}{2}x^2}{\frac{1}{2}x^2}=1$；

（2）$\lim\limits_{x\to 0}\dfrac{\sqrt{1+x\sin x}-1}{\dfrac{1}{2}x^2}=\lim\limits_{x\to 0}\dfrac{\dfrac{1}{2}x\sin x}{\dfrac{1}{2}x^2}=1.$

3. 解　（1）$\lim\limits_{x\to 0}\dfrac{\sin(x^n)}{(\sin x)^m}=\lim\limits_{x\to 0}\dfrac{x^n}{x^m}=\begin{cases}0, & n>m \\ 1, & n=m \\ \infty, & n<m\end{cases};$

（2）$\lim\limits_{x\to 0}\dfrac{\sin 2x}{\arcsin 3x}=\lim\limits_{x\to 0}\dfrac{2x}{3x}=\dfrac{2}{3};$

（3）$\lim\limits_{x\to 0}\dfrac{1-\cos mx}{x^2}=\lim\limits_{x\to 0}\dfrac{\dfrac{1}{2}m^2x^2}{x^2}=\dfrac{1}{2}m^2;$

（4）$\lim\limits_{x\to 0}\dfrac{\tan x-\sin x}{\sin^3 x}=\lim\limits_{x\to 0}\dfrac{\tan x(1-\cos x)}{\sin^3 x}=\lim\limits_{x\to 0}\dfrac{x\cdot\dfrac{1}{2}x^2}{x^3}=\dfrac{1}{2}.$

4. 证（1）若 $\lim\alpha=0$，则 $\lim\dfrac{\alpha}{\alpha}=1$，所以 $\alpha\sim\alpha$；

（2）若 $\lim\alpha=0$，$\lim\beta=0$ 且 $\lim\dfrac{\alpha}{\beta}=1$，则 $\lim\dfrac{\beta}{\alpha}=\lim\dfrac{1}{\dfrac{\alpha}{\beta}}=\dfrac{1}{\lim\dfrac{\alpha}{\beta}}=\dfrac{1}{1}=1$，所

以 $\beta\sim\alpha$；

（3）若 $\lim\alpha=0$，$\lim\beta=0$，$\lim\gamma=0$，则 $\lim\dfrac{\alpha}{\gamma}=\lim\dfrac{\alpha}{\beta}\cdot\dfrac{\beta}{\gamma}=\lim\dfrac{\alpha}{\beta}\cdot\lim\dfrac{\beta}{\gamma}=1,$

所以 $\alpha\sim\gamma$.

2.6　函数的连续性与间断点

2.6.1　知识点分析

1. 函数的连续性

设函数 $y=f(x)$ 在 x_0 的某邻域内有定义，如果

$$\lim\limits_{\Delta x\to 0}\Delta y=\lim\limits_{\Delta x\to 0}\big[f(x_0+\Delta x)-f(x_0)\big]=0,$$

则称函数 $y=f(x)$ 在点 x_0 连续，并称点 x_0 为 $f(x)$ 的连续点.

函数在点 x_0 连续的等价定义　设函数 $y=f(x)$ 在 x_0 的某邻域内有定义，如果

$$\lim\limits_{x\to x_0}f(x)=f(x_0),$$

则称函数 $y=f(x)$ 在点 x_0 连续.

2. 左连续、右连续

当 $\lim_{x \to x_0^-} f(x) = f(x_0)$ 时，称 $f(x)$ 在点 x_0 左连续；

当 $\lim_{x \to x_0^+} f(x) = f(x_0)$ 时，称 $f(x)$ 在点 x_0 右连续．

注 （1）函数 $f(x)$ 在点 x_0 连续的充要条件是 $f(x)$ 在点 x_0 既左连续又右连续．

（2）如果函数 $y = f(x)$ 在 (a,b) 内每一点都连续，则称函数 $f(x)$ 在 (a,b) 内连续；如果 $f(x)$ 在 (a,b) 内连续，且在 a 点右连续，在 b 点左连续，则称 $f(x)$ 在 $[a,b]$ 上连续．

3. 函数的间断点

设函数 $f(x)$ 在 x_0 的某去心邻域内有定义，如果 $f(x)$ 满足下列条件之一：

（1） $f(x)$ 在 x_0 处无定义；

（2） $f(x)$ 在 x_0 处有定义， $\lim_{x \to x_0} f(x)$ 不存在；

（3） $f(x)$ 在 x_0 处有定义，且 $\lim_{x \to x_0} f(x)$ 存在，但 $\lim_{x \to x_0} f(x) \neq f(x_0)$，则称 $f(x)$ 在 x_0 不连续． x_0 称为 $f(x)$ 的间断点．

4. 间断点的几种常见类型

（1）可去间断点．若 $\lim_{x \to x_0^-} f(x) = \lim_{x \to x_0^+} f(x)$， $x = x_0$ 为可去间断点．

（2）跳跃间断点．若 $\lim_{x \to x_0^-} f(x) \neq \lim_{x \to x_0^+} f(x)$， $x = x_0$ 为跳跃间断点．

注 可去间断点和跳跃间断点统称为第一类间断点．

（3）无穷间断点．若 $\lim_{x \to x_0^-} f(x)$ 或 $\lim_{x \to x_0^+} f(x)$ 至少有一个为无穷大， $x = x_0$ 为无穷间断点．

（4）振荡间断点．若 $\lim_{x \to x_0^-} f(x)$ 或 $\lim_{x \to x_0^+} f(x)$ 至少有一个为振荡不存在， $x = x_0$ 为振荡间断点．

注 无穷间断点和振荡间断点属于第二类间断点．

5. 连续函数的运算法则

如果函数 $f(x)$，$g(x)$ 均在点 x_0 处连续，则函数 $f(x) \pm g(x)$， $f(x) \cdot g(x)$， $\dfrac{f(x)}{g(x)}$ （$g(x) \neq 0$）也在点 x_0 处连续．

6. 复合函数和反函数的连续性

（1）复合函数的连续性．设函数 $y = f[\varphi(x)]$ 是由 $y = f(u)$， $u = \varphi(x)$ 复合而成，函数 $\varphi(x)$ 在 $x = x_0$ 处连续，函数 $y = f(u)$ 在 $u = u_0$ 处连续，则 $y = f[\varphi(x)]$ 在 $x = x_0$ 处连续．

（2）反函数的连续性. 如果函数 $y = f(x)$ 在区间 I_x 上单调增加（或减少）且连续，则其反函数 $x = \varphi(y)$ 在相应的区间 $I_y = \{y \mid y = f(x), x \in I_x\}$ 上也单调增加（或减少）且连续.

7. 幂指函数的极限

对于幂指函数 $[f(x)]^{g(x)}$ ，如果 $\lim f(x) = A > 0$ ， $\lim g(x) = B$ ，则可以证明

$$\lim [f(x)]^{g(x)} = A^B .$$

8. 初等函数的连续性

（1）基本初等函数在其定义域内都是连续的.

（2）初等函数在其定义区间内都是连续的，定义区间是包含在定义域内的区间.

9. 闭区间上连续函数的性质

（1）最大值与最小值. 设函数 $f(x)$ 在区间 I 上有定义，如果存在 $x_0 \in I$ ，使对于任一 $x \in I$ ，都有

$$f(x) \leqslant f(x_0) \quad （或 f(x) \geqslant f(x_0)），$$

则称 $f(x)$ 在 x_0 处取得最大值（或最小值）， $f(x_0)$ 称为 $f(x)$ 在区间 I 上的最大值（或最小值）， x_0 称为 $f(x)$ 在区间 I 上的最大值点（或最小值点）.

（2）最大值与最小值定理与有界性定理. 闭区间上的连续函数在该区间上一定能取得最大值和最小值.

注　闭区间 $[a,b]$ 及函数 $f(x)$ 在 $[a,b]$ 上连续这两个条件缺少一个都可能导致结论不成立.

例如， $y = x$ 在区间 $(-1,1)$ 内连续，但在 $(-1,1)$ 内既无最大值也无最小值；

又如，函数 $f(x) = \begin{cases} 1-x, & 0 \leqslant x < 1 \\ 1, & x = 1 \\ 3-x, & 1 < x \leqslant 2 \end{cases}$ ，在闭区间 $[0,2]$ 上有间断点 $x = 1$ ，该函数

在 $[0,2]$ 上同样既无最大值又无最小值.

推论（有界性定理）　闭区间上的连续函数在该区间上一定有界.

注　该推论的两个条件仍是缺一不可.

（3）零点定理与介值定理. 如果 $x = x_0$ 时 $f(x_0) = 0$ ，则称 x_0 为函数 $f(x)$ 的零点.

零点定理　设 $f(x)$ 在闭区间 $[a,b]$ 上连续，且 $f(a)$ 与 $f(b)$ 异号（即 $f(a) \cdot f(b) < 0$ ），那么在开区间 (a,b) 内至少存在一点 ξ ，使 $f(\xi) = 0$.

注　零点定理的几何解释为：如果连续曲线弧 $y = f(x)$ 的两个端点位于 x 轴的不同侧，那么该曲线弧与 x 轴至少有一个交点.

介值定理 设函数 $f(x)$ 在闭区间 $[a,b]$ 上连续，且 $f(a) \neq f(b)$，则对于 $f(a)$ 与 $f(b)$ 之间的任意一个数 C，在 (a,b) 内至少存在一点 ξ，使得

$$f(\xi) = C.$$

注 闭区间上的连续函数必取得到介于最大值与最小值之间的任何值.

2.6.2 典例解析

例 1 确定常数 a，b，使函数 $f(x) = \begin{cases} \dfrac{\sin ax}{\sqrt{1-\cos x}}, & x < 0 \\ -1, & x = 0 \\ \dfrac{1}{x}\ln\dfrac{1}{1+bx}, & x > 0 \end{cases}$，在 $x = 0$ 处连续.

解 $\displaystyle\lim_{x\to 0^-} f(x) = \lim_{x\to 0^-} \frac{\sin ax}{\sqrt{1-\cos x}} = \lim_{x\to 0^-} \frac{ax}{\sqrt{\dfrac{x^2}{2}}} = \lim_{x\to 0^-} \frac{\sqrt{2}ax}{-x} = -\sqrt{2}a$，

$\displaystyle\lim_{x\to 0^+} f(x) = \lim_{x\to 0^+} \frac{1}{x}\ln\frac{1}{1+bx} = \lim_{x\to 0^+} \frac{-\ln(1+bx)}{x} = \lim_{x\to 0^+} \frac{-bx}{x} = -b$，

由于 $f(0) = -1$，故 $-\sqrt{2}a = -1$，$-b = -1$，得 $a = \dfrac{\sqrt{2}}{2}$，$b = 1$，

所以当 $a = \dfrac{\sqrt{2}}{2}$，$b = 1$ 时，函数 $f(x)$ 在 $x = 0$ 处连续.

点拨 讨论分段函数的连续，仅需讨论其分段点处的连续性，往往需讨论该点的左、右连续性.

例 2 讨论函数 $f(x) = \dfrac{1}{1-e^{\frac{x}{1-x}}}$ 的连续性，若有间断点，判断其类型.

解 $f(x) = \dfrac{1}{1-e^{\frac{x}{1-x}}}$ 在 $x = 1$，$x = 0$ 处均无定义，故 $x = 1$，$x = 0$ 为间断点，而

$\displaystyle\lim_{x\to 0} f(x) = \lim_{x\to 0} \frac{1}{1-e^{\frac{x}{1-x}}} = \infty$，所以 $x = 0$ 是无穷间断点，属于第二类间断点.

又因为 $\displaystyle\lim_{x\to 1^-} f(x) = \lim_{x\to 1^-} \frac{1}{1-e^{\frac{x}{1-x}}} = 0$，$\displaystyle\lim_{x\to 1^+} f(x) = \lim_{x\to 1^+} \frac{1}{1-e^{\frac{x}{1-x}}} = 1$，所以 $x = 1$ 为跳跃间断点，属于第一类间断点.

点拨 常见错误：$\displaystyle\lim_{x\to\infty} e^x = \infty$，应为 $\displaystyle\lim_{x\to+\infty} e^x = +\infty$，$\displaystyle\lim_{x\to-\infty} e^x = 0$.

例 3　求 $\lim\limits_{x\to 3}\dfrac{e^x+5}{x^2+\ln x}$.

解　显然 $f(x)=\dfrac{e^x+5}{x^2+\ln x}$ 在 $x=3$ 处连续，故 $\lim\limits_{x\to 3}\dfrac{e^x+5}{x^2+\ln x}=\dfrac{e^3+5}{3^2+\ln 3}=\dfrac{e^3+5}{9+\ln 3}$.

例 4　求 $\lim\limits_{x\to 1}\sin\dfrac{x^2-1}{x-1}$.

解　$\lim\limits_{x\to 1}\sin\dfrac{x^2-1}{x-1}=\sin\left(\lim\limits_{x\to 1}\dfrac{x^2-1}{x-1}\right)=\sin 2$.

例 5　证明方程 $x^5-3x=1$ 在 $(-1,1)$ 之间至少有一个根.

证　令 $f(x)=x^5-3x-1$，则 $f(x)$ 在 $[-1,1]$ 上连续，且 $f(-1)=1>0$，$f(1)=-3<0$.

根据零点定理，在 $(-1,1)$ 内至少存在一点 ξ，使 $f(\xi)=0$，即 $\xi^5-3\xi-1=0$. 这说明方程 $x^5-3x=1$ 在 $(-1,1)$ 内至少有一个根 ξ.

例 6　设 $f(x)$ 在 $[0,2a]$ 上连续，且 $f(0)=f(2a)$，证明：在 $[0,a]$ 内至少存在一点 ξ，使得 $f(\xi)=f(a+\xi)$.

证　令 $F(x)=f(x)-f(x+a)$，由于 $f(x)$ 在 $[0,2a]$ 上连续，所以 $F(x)$ 在 $[0,a]$ 上连续.

因为 $f(0)=f(2a)$，所以 $F(0)=f(0)-f(a)$，$F(a)=f(a)-f(2a)=-[f(0)-f(a)]$.

当 $f(0)=f(a)$ 时，有 $f(0)=f(a)=f(2a)$，所以取 $\xi=0$，$\xi=a$ 满足结论；

当 $f(0)\neq f(a)$ 时，有 $F(0)\cdot F(a)<0$，由零点定理知，至少存在一点 $\xi\in(0,a)$，使得 $F(\xi)=0$，即 $f(\xi)=f(a+\xi)$.

综上所知，在 $[0,a]$ 内至少存在一点 ξ，使得 $f(\xi)=f(a+\xi)$.

点拨　先构造辅助函数，再对辅助函数使用零点定理.

2.6.3　习题

1. 讨论下列函数的连续区间.

（1）$f(x)=\begin{cases} x, & -1\leqslant x\leqslant 1 \\ 1, & x<-1\ \text{或}\ x>1 \end{cases}$；　　（2）$f(x)=\sqrt{x-4}+\sqrt{6-x}$；

（3）$f(x)=\begin{cases} 3x+2, & x<0 \\ x^2+1, & 0\leqslant x\leqslant 1 \\ \dfrac{2}{x}, & x>1 \end{cases}$；　　（4）$f(x)=\dfrac{x^2-1}{x^2-3x+2}$.

2. 求下列函数的间断点，并指出其类型. 如果是可去间断点，则补充或改变函数的定义使其连续.

（1）$f(x) = x\sin\dfrac{1}{x}$；

（2）$f(x) = \begin{cases} \dfrac{x^2 - x}{x^2 - 1}, & x \neq 1 \\ 1, & x = 1 \end{cases}$.

3．确定常数 a，使下列函数在其定义域内连续.

（1）$f(x) = \begin{cases} \dfrac{\tan ax}{x}, & x \neq 0 \\ 2, & x = 0 \end{cases}$；

（2）$f(x) = \begin{cases} \mathrm{e}^x, & x < 0 \\ a + x, & x \geqslant 0 \end{cases}$；

（3）$f(x) = \begin{cases} \dfrac{\sin 2x}{x}, & x < 0 \\ 3x^2 - 2x + a, & x \geqslant 0 \end{cases}$.

4．求下列函数的极限.

（1）$\lim\limits_{x \to 0} \ln\dfrac{\sin x}{x}$；

（2）$\lim\limits_{x \to \pi} \tan\left(\dfrac{x}{4} + \sin x\right)$；

（3）$\lim\limits_{x \to 5} \dfrac{\sqrt{x - 1} - 2}{x - 5}$；

（4）$\lim\limits_{x \to 0} \dfrac{\ln(1 + 2x)}{\sin 3x}$.

5．已知 $f(x)$ 连续，$f(2) = 3$，求 $\lim\limits_{x \to 0} \dfrac{\sin 3x}{x} f\left(\dfrac{\sin 2x}{x}\right)$.

6．证明：方程 $x^3 - 4x^2 + 1 = 0$ 在区间 $(0,1)$ 内至少有一个根.

7．设函数 $f(x)$ 在 $[a,b]$ 上连续，且 $f(a) < a$, $f(b) > b$，证明：在 (a,b) 内至少有一点 ξ，使得 $f(\xi) = \xi$.

8．一个登山运动员从早晨 7:00 开始攀登某座山峰，在 19:00 到达山顶，第二天早晨 7:00 再从山顶沿着原路下山，19:00 到达山脚，请利用介值定理说明，这个运动员必在这两天的某一相同时刻经过登山路线的同一地点.

2.6.4　习题详解

1．**解**　（1）显然 $(-\infty,-1) \cup (-1,1) \cup (1,+\infty)$ 内的点均为连续点，故只需判断 $x = \pm 1$ 这两点的连续性.

因为 $\lim\limits_{x \to -1^-} f(x) = \lim\limits_{x \to -1^-} 1 = 1$, $\lim\limits_{x \to -1^+} f(x) = \lim\limits_{x \to -1^+} x = -1$，故 $x = -1$ 为间断点，又 $\lim\limits_{x \to 1^-} f(x) = \lim\limits_{x \to 1^-} x = 1$, $\lim\limits_{x \to 1^+} f(x) = \lim\limits_{x \to 1^+} 1 = 1$，故 $x = 1$ 为连续点，所以连续区间为 $(-\infty,-1) \cup (-1,+\infty)$；

（2）定义区间为 $[4,6]$，由于初等函数在其定义区间内都是连续的，故连续区间为 $[4,6]$；

（3）显然 $(-\infty,0) \cup (0,1) \cup (1,+\infty)$ 内的点均为连续点，故只需判断 $x = 0$, $x = 1$ 这

两点的连续性.

因为 $\lim\limits_{x\to 0^-} f(x) = \lim\limits_{x\to 0^-}(3x+2) = 2$，$\lim\limits_{x\to 0^+} f(x) = \lim\limits_{x\to 0^+}(x^2+1) = 1$，故 $x = -1$ 为间断点，

又 $\lim\limits_{x\to 1^-} f(x) = \lim\limits_{x\to 1^-}(x^2+1) = 2$，$\lim\limits_{x\to 1^+} f(x) = \lim\limits_{x\to 1^+}\dfrac{2}{x} = 2$，故 $x = 1$ 为连续点，故连续区间为 $(-\infty,0)\bigcup(0,+\infty)$；

（4）$f(x) = \dfrac{x^2-1}{x^2-3x+2} = \dfrac{x^2-1}{(x-1)(x-2)}$，定义区间为 $(-\infty,1)\bigcup(1,2)\bigcup(2,+\infty)$，由于初等函数在其定义区间内都是连续的，故连续区间为 $(-\infty,1)\bigcup(1,2)\bigcup(2,+\infty)$.

2. **解**　（1）$x = 0$ 为间断点，又 $\lim\limits_{x\to 0} f(x) = \lim\limits_{x\to 0} x\sin\dfrac{1}{x} = 0$，故 $x = 0$ 为可去间断点，补充定义，令 $f(0) = 0$；

（2）显然只需讨论 $x = \pm 1$ 这两点的连续性，其它点均为连续点.

因为 $\lim\limits_{x\to 1} f(x) = \lim\limits_{x\to 1}\dfrac{x^2-x}{x^2-1} = \lim\limits_{x\to 1}\dfrac{x}{x+1} = \dfrac{1}{2}$，由于 $\lim\limits_{x\to 1} f(x) \neq f(1) = \dfrac{1}{2}$，故 $x = 1$ 为可去间断点，补充定义，令 $f(1) = \dfrac{1}{2}$.

因为 $\lim\limits_{x\to -1} f(x) = \lim\limits_{x\to -1}\dfrac{x^2-x}{x^2-1} = \lim\limits_{x\to -1}\dfrac{x}{x+1} = \infty$，故 $x = 1$ 为无穷间断点.

3. **解**　（1）根据题意知 $\lim\limits_{x\to 0} f(x) = \lim\limits_{x\to 0}\dfrac{\tan ax}{x} = \lim\limits_{x\to 0}\dfrac{ax}{x} = a = f(0) = 2$，故 $a = 2$；

（2）$\lim\limits_{x\to 0^-} f(x) = \lim\limits_{x\to 0^-} \mathrm{e}^x = 1$，$\lim\limits_{x\to 0^+} f(x) = \lim\limits_{x\to 0^+}(a+x) = a$，根据题意知 $a = 1$；

（3）$\lim\limits_{x\to 0^-} f(x) = \lim\limits_{x\to 0^-}\dfrac{\sin 2x}{x} = \lim\limits_{x\to 0^-}\dfrac{2x}{x} = 2$，$\lim\limits_{x\to 0^+} f(x) = \lim\limits_{x\to 0^+}(3x^2-2x+a) = a$，根据题意知 $a = 2$.

4. **解**　（1）$\lim\limits_{x\to 0}\ln\dfrac{\sin x}{x} = \ln\lim\limits_{x\to 0}\dfrac{\sin x}{x} = \ln 1 = 0$；

（2）$\lim\limits_{x\to \pi}\tan\left(\dfrac{x}{4}+\sin x\right) = \tan\left[\lim\limits_{x\to \pi}\left(\dfrac{x}{4}+\sin x\right)\right] = \tan\left(\dfrac{\pi}{4}+0\right) = 1$；

（3）$\lim\limits_{x\to 5}\dfrac{\sqrt{x-1}-2}{x-5} = \lim\limits_{x\to 5}\dfrac{(\sqrt{x-1}-2)(\sqrt{x-1}+2)}{(x-5)(\sqrt{x-1}+2)}$

$\qquad\qquad = \lim\limits_{x\to 5}\dfrac{x-5}{(x-5)(\sqrt{x-1}+2)}$

$\qquad\qquad = \lim\limits_{x\to 5}\dfrac{1}{\sqrt{x-1}+2} = \dfrac{1}{4}$；

（4）$\lim\limits_{x\to 0}\dfrac{\ln(1+2x)}{\sin 3x}=\lim\limits_{x\to 0}\dfrac{2x}{3x}=\dfrac{2}{3}$．

5．解 $\lim\limits_{x\to 0}\dfrac{\sin 3x}{x}f\left(\dfrac{\sin 2x}{x}\right)=\lim\limits_{x\to 0}\dfrac{\sin 3x}{x}\cdot\lim\limits_{x\to 0}f\left(\dfrac{\sin 2x}{x}\right)$

$$=\lim\limits_{x\to 0}\dfrac{3x}{x}\cdot f\left(\lim\limits_{x\to 0}\dfrac{\sin 2x}{x}\right)=3\cdot f(2)=3\times 3=9.$$

6．证 令 $f(x)=x^3-4x^2+1$，显然 $f(x)$ 在 $[0,1]$ 上连续，且 $f(0)=1>0$，$f(1)=-2<0$．

根据零点定理，在 $(0,1)$ 内至少存在一点 ξ，使 $f(\xi)=0$，即 $\xi^3-4\xi^2+1=0$．这说明方程 $x^3-4x^2+1=0$ 在 $(0,1)$ 内至少有一个根 ξ．

7．证 令 $F(x)=f(x)-x$，显然 $F(x)$ 在 $[a,b]$ 上连续，且 $F(a)=f(a)-a<0$，$F(b)=f(b)-b>0$．根据零点定理，在 (a,b) 内至少存在一点 ξ，使 $F(\xi)=0$，即 $f(\xi)=\xi$．这说明在 (a,b) 内至少有一点 ξ，使得 $f(\xi)=\xi$．

8．解 设 $y_1(t)$ 为上山时运动员距离山脚的距离，$y_2(t)$ 为下山时运动员距离山脚的距离，s 为山脚到山顶的距离．$y_1(t)$ 单调增加，当 t 从 0 到 12 时，$y_1(t)$ 值域为 $[0,s]$；$y_2(t)$ 单调减少，当 t 从 12 到 0 时，$y_2(t)$ 值域为 $[0,s]$．

令 $f(t)=y_1(t)-y_2(t)$，则 $f(t)$ 在 $[0,12]$ 上连续，又 $f(0)=-s$，$f(12)=s$，则至少存在一点 $t\in(0,12)$，使得 $f(t_0)=y_1(t_0)-y_2(t_0)=0$，即 $y_1(t_0)=y_2(t_0)$．

本章练习 A

1．填空题．

（1）在"充分""必要""充分必要""无关"四者中选择一个正确的填入下列空格内．

1）数列 $\{x_n\}$ 有界是数列 $\{x_n\}$ 收敛的_____条件．数列 $\{x_n\}$ 收敛是数列 $\{x_n\}$ 有界的_____条件．

2）$f(x)$ 在点 x_0 处有极限是 $f(x)$ 在 $x=x_0$ 处连续的_____条件．

3）$f(x)$ 在点 x_0 处有定义是当 $x\to x_0$ 时 $f(x)$ 有极限的_____条件．

（2）设 $f(x)=\begin{cases}\arctan\dfrac{1}{x-1}, & x>1 \\ ax, & x\leqslant 1\end{cases}$，如果 $\lim\limits_{x\to 1}f(x)$ 存在，则 $a=$_____；

（3）$\lim\limits_{x\to 0}\dfrac{x\sin x}{\ln(1+2x^2)}=$_____；

（4）$\lim\limits_{x\to +\infty}(\sqrt{x^2+x}-x)=$_____；

（5）设 $f(x) = \begin{cases} (1+kx)^{\frac{m}{x}}, & x \neq 0 \\ b, & x = 0 \end{cases}$，且已知 $f(x)$ 在 $x = 0$ 处连续，则 $b =$ _____.

2．单项选择题.

（1）设 $\{x_n\}$，$\{y_n\}$ 的极限分别为 1 和 2，则数列 $x_1, y_1, x_2, y_2, \cdots$ 的极限是（　　）.

A．1　　　　　　　B．2　　　　　　　C．3　　　　　　　D．不存在

（2）当 $x \to 0$ 时，$2x^2 + \sin x$ 是 x 的（　　）.

A．高阶无穷小　　　　　　　　　　B．低阶无穷小

C．等价无穷小　　　　　　　　　　D．同阶但不等价无穷小

（3）下列变量在给定变化过程中为无穷小的是（　　）.

A．$\dfrac{\sin 2x}{x}$　$(x \to 0)$　　　　　　　B．$\dfrac{x}{\sqrt{x+1}}$　$(x \to +\infty)$

C．$2^{-x} - 1$　$(x \to +\infty)$　　　　　D．$\dfrac{x^2}{x+1}\left(2 + \cos\dfrac{1}{x}\right)$　$(x \to 0)$

（4）$\lim\limits_{n \to \infty} x_n$ 存在是数列 $\{x_n\}$ 有界的（　　）.

A．必要非充分条件　　　　　　　　B．充分非必要条件

C．充分必要条件　　　　　　　　　D．既非充分又非必要条件

（5）当 $x \to 0$ 时，$\cos x - 1$ 与 $\sqrt{1 + ax^2} - 1$ 是等价无穷小，则 $a =$（　　）.

A．1　　　　　　　B．-1　　　　　　C．2　　　　　　　D．-2

（6）下列各式中正确的是（　　）.

A．$\lim\limits_{x \to \infty} \dfrac{\sin x}{x} = 1$　　　　　　　B．$\lim\limits_{x \to \infty} x \sin\dfrac{1}{x} = 0$

C．$\lim\limits_{x \to 0} x \sin\dfrac{1}{x} = 1$　　　　　　D．$\lim\limits_{x \to 0} \dfrac{\sin x}{x} = 1$

（7）$x = 0$ 是函数 $f(x) = e^{\frac{1}{x}}$ 的（　　）.

A．可去间断点　　　　　　　　　　B．跳跃间断点

C．无穷间断点　　　　　　　　　　D．振荡间断点

3．计算题.

（1）$\lim\limits_{n \to \infty} \dfrac{6n^2 + 10n}{5n^2 + 3n - 12}$；　　　　　（2）$\lim\limits_{x \to 1} \dfrac{x^2 - 1}{2x^2 - x - 1}$；

（3）$\lim\limits_{n \to \infty}\left(1 + \dfrac{1}{3} + \dfrac{1}{9} + \cdots + \dfrac{1}{3^n}\right)$；　　　　（4）$\lim\limits_{n \to \infty}(\sqrt{n + \sqrt{n}} - \sqrt{n - \sqrt{n}})$；

（5）$\lim\limits_{x \to 0} x^2 \sin\dfrac{1}{x}$；　　　　　　（6）$\lim\limits_{x \to 0^+} \dfrac{1-\sqrt{\cos x}}{x(1-\cos\sqrt{x})}$；

（7）$\lim\limits_{x \to 0}(1-2x)^{\frac{3}{\sin x}}$；　　　　（8）$\lim\limits_{n \to \infty}\left(\dfrac{1}{n^2+n+1}+\dfrac{2}{n^2+n+2}+\cdots+\dfrac{n}{n^2+n+n}\right)$.

4．$f(x)=\dfrac{ax^2+bx+5}{x-5}$（$a$，$b$ 为常数），问 a，b 分别取何值时，有下列极限成立.

（1）$\lim\limits_{x \to \infty} f(x)=1$；　　　（2）$\lim\limits_{x \to \infty} f(x)=0$；　　　（3）$\lim\limits_{x \to 5} f(x)=1$.

5．已知当 $x \to 0$ 时，$(1+ax^2)^{\frac{1}{4}}-1$ 与 $x\sin x$ 是等价无穷小，求 a 的值.

6．证明方程 $\sin x+x+1=0$ 在开区间 $\left(-\dfrac{\pi}{2},\dfrac{\pi}{2}\right)$ 内至少有一个根.

本章练习 B

1．填空题.

（1）$\lim\limits_{x \to 0} \dfrac{\sin x-\tan x}{\ln(1+2x^3)}=$ _____.

（2）$\lim\limits_{x \to 1} \dfrac{\sqrt{3-x}-\sqrt{1+x}}{x^2+x-2}=$ _____.

（3）已知 $\lim\limits_{x \to -1} \dfrac{2x^2+ax+b}{x+1}=3$，其中 a，b 为常数，则 $a=$ _____，$b=$ _____.

（4）若 $f(x)=\begin{cases}\dfrac{\sin 2x+e^{2ax}-1}{x}, & x \neq 0 \\ a, & x=0\end{cases}$ 在 $(-\infty,+\infty)$ 上连续，则 $a=$ _____.

（5）曲线 $f(x)=\dfrac{x-1}{x^2-4x+3}$ 的水平渐近线是_____，垂直渐近线是_____.

2．单项选择题.

（1）"对任意给定的 $\varepsilon \in (0,1)$，总存在整数 N，当 $n \geqslant N$ 时，恒有 $|x_n-a| \leqslant 2\varepsilon$"是数列 $\{x_n\}$ 收敛于 a 的（　　）.

　　A．充分条件但非必要条件

　　B．必要条件但非充分条件

　　C．充分必要条件

　　D．既非充分也非必要条件

（2）下列各式中正确的是（　　）.

A. $\lim\limits_{x\to\infty}\left(1-\dfrac{1}{x}\right)^x=\mathrm{e}$ 　　　　　　　B. $\lim\limits_{x\to0^+}\left(1+\dfrac{1}{x}\right)^x=\mathrm{e}$

C. $\lim\limits_{x\to\infty}\left(1-\dfrac{1}{x}\right)^x=-\mathrm{e}$ 　　　　　　D. $\lim\limits_{x\to\infty}\left(1+\dfrac{1}{x}\right)^{-x}=\mathrm{e}^{-1}$

（3）设 $x\to0$ 时，$\mathrm{e}^{\tan x}-1$ 与 x^n 是等价无穷小，则正整数 $n=$（　　）.

A．1　　　　　　B．2　　　　　　C．3　　　　　　D．4

（4）曲线 $y=\dfrac{1+\mathrm{e}^{-x^2}}{1-\mathrm{e}^{-x^2}}$ （　　）.

A．没有渐近线 　　　　　　B．仅有水平渐近线

C．仅有垂直渐近线 　　　　D．既有水平渐近线又有垂直渐近线

（5）下列变量在给定变化过程中无穷大的是（　　）.

A．$\dfrac{x}{\sqrt{x^2+1}}$ （$x\to+\infty$）　　　　　B．$\mathrm{e}^{\frac{1}{x}}$ （$x\to0^-$）

C．$\ln x$ （$x\to0^+$）　　　　　　D．$\dfrac{\ln(1+x^2)}{\sin x}$ （$x\to0$）

（6）设 $f(x)=\begin{cases}\mathrm{e}^{\frac{1}{x}}, & x<0 \\ 1, & x\geqslant0\end{cases}$，则 $x=0$ 是 $f(x)$ 的（　　）.

A．跳跃间断点 　　　　　　B．连续点

C．可去间断点 　　　　　　D．无穷间断点

（7）若 $\lim\limits_{x\to x_0^-}f(x)$ 与 $\lim\limits_{x\to x_0^+}f(x)$ 均存在，则（　　）.

A．$\lim\limits_{x\to x_0}f(x)$ 存在　　　　　B．$\lim\limits_{x\to x_0}f(x)=f(x_0)$

C．$\lim\limits_{x\to x_0}f(x)\neq f(x_0)$ 　　　　D．$\lim\limits_{x\to x_0}f(x)$ 不一定存在

（8）若 $\lim\limits_{x\to x_0}f(x)$ 存在，则（　　）.

A．$f(x)$ 在 x_0 的某邻域内有界

B．$f(x)$ 在 x_0 的任一邻域内有界

C．$f(x)$ 在 x_0 的某邻域内无界

D．$f(x)$ 在 x_0 的任一邻域内无界

3．计算题.

（1）$\lim\limits_{x\to2}\dfrac{x^2-x-2}{\sqrt{4x+1}-3}$；　　　　　（2）$\lim\limits_{x\to0}(\cos x)^{\frac{1}{\ln(1+x^2)}}$；

（3）$\lim\limits_{n\to\infty}(1+2^n+3^n)^{\frac{1}{n}}$；

（4）$\lim\limits_{x\to+\infty}\dfrac{x^2\sin\dfrac{1}{x}}{\sqrt{2x^2-1}}$；

（5）$\lim\limits_{x\to\infty}\dfrac{x^2}{x^3+x}(3+\cos x)$；

（6）$\lim\limits_{x\to\infty}\left(\dfrac{x-2}{x+1}\right)^x$；

（7）$\lim\limits_{x\to1}x^{\frac{1}{1-x}}$；

（8）$\lim\limits_{x\to0}\dfrac{\ln(1-2x^2)}{x\sin x}$；

（9）设函数 $f(x)=a^x\ (a>0,a\neq1)$，求 $\lim\limits_{n\to\infty}\dfrac{1}{n^2}\ln[f(1)f(2)\cdots f(n)]$；

（10）$\lim\limits_{x\to0}\left(\dfrac{2+\mathrm{e}^{\frac{1}{x}}}{1+\mathrm{e}^{\frac{4}{x}}}+\dfrac{\sin x}{|x|}\right)$；

（11）已知 $\lim\limits_{x\to-\infty}\left(x+\sqrt{ax^2+bx-2}\right)=1$，求 a，b.

4. 讨论函数 $f(x)=\begin{cases}\dfrac{a^x-b^x}{x}, & x\neq0 \\ 0, & x=0\end{cases}$　$(a>0,\ b>0,\ a\neq1,\ b\neq1)$ 在 $x=0$ 处的连续性. 若不连续，指出该间断点的类型.

5. 若函数 $f(x)=\begin{cases}1+x^2, & x<0 \\ ax+b, & 0\leqslant x\leqslant1 \\ x^3-2, & x>1\end{cases}$，在 $(-\infty,+\infty)$ 内连续，求 a 和 b 的值.

6. 国家向某企业投资 2 万元，这家企业将投资作为抵押品向银行贷款，得到相当于抵押品价格 80% 的贷款. 该企业将这笔贷款再次进行投资，并且又将投资作为抵押品向银行贷款，得到相当于新抵押品价格 80% 的贷款. 该企业又将新贷款进行再投资，以贷款—投资—再贷款—再投资模式，如此反复扩大投资，问其实际效果相当于国家投资多少万元所产生的直接效果？

本章练习 A 答案

1. 填空题.

（1）1）必要　充分　2）必要　3）无关；

（2）$\dfrac{\pi}{2}$. 提示：$\lim\limits_{x\to1^-}f(x)=\lim\limits_{x\to1^-}ax=a$，$\lim\limits_{x\to1^+}f(x)=\lim\limits_{x\to1^+}\arctan\dfrac{1}{x-1}=\dfrac{\pi}{2}$，因为 $\lim\limits_{x\to1}f(x)$ 存在，可知 $a=\dfrac{\pi}{2}$；

（3）$\dfrac{1}{2}$. 提示：$\lim\limits_{x\to 0}\dfrac{x\sin x}{\ln(1+2x^2)}=\lim\limits_{x\to 0}\dfrac{x^2}{2x^2}=\dfrac{1}{2}$；

（4）$\dfrac{1}{2}$. 提示：$\lim\limits_{x\to +\infty}(\sqrt{x^2+x}-x)=\lim\limits_{x\to +\infty}\dfrac{(\sqrt{x^2+x}-x)(\sqrt{x^2+x}+x)}{\sqrt{x^2+x}+x}$

$=\lim\limits_{x\to +\infty}\dfrac{x}{\sqrt{x^2+x}+x}=\lim\limits_{x\to +\infty}\dfrac{1}{\sqrt{1+\dfrac{1}{x}}+1}=\dfrac{1}{2}$；

（5）e^{km}. 提示：$f(x)$ 在 $x=0$ 处连续 $\Leftrightarrow \lim\limits_{x\to 0}f(x)=f(0)$，即 $\lim\limits_{x\to 0}(1+kx)^{\frac{m}{x}}=b$，

因为 $\lim\limits_{x\to 0}(1+kx)^{\frac{m}{x}}=\lim\limits_{x\to 0}(1+kx)^{\frac{1}{kx}\cdot km}=\mathrm{e}^{km}$.

2. 单项选择题.

（1）D.　（2）C. 提示：$\lim\limits_{x\to 0}\dfrac{2x^2+\sin x}{x}=\lim\limits_{x\to 0}2x+\lim\limits_{x\to 0}\dfrac{\sin x}{x}=1$.

（3）D.　（4）B.

（5）B. 提示：$\lim\limits_{x\to 0}\dfrac{\cos x-1}{\sqrt{1+ax^2}-1}=\lim\limits_{x\to 0}\dfrac{-\dfrac{1}{2}x^2}{\dfrac{ax^2}{2}}=-\dfrac{1}{a}=1$，故 $a=-1$.

（6）D. 提示：A 项，$\lim\limits_{x\to \infty}\dfrac{\sin x}{x}=0$；B 项，$\lim\limits_{x\to \infty}x\sin\dfrac{1}{x}=\lim\limits_{x\to \infty}\dfrac{\sin\dfrac{1}{x}}{\dfrac{1}{x}}=1$；C 项，

$\lim\limits_{x\to 0}x\sin\dfrac{1}{x}=0$.

（7）C. 提示：$\lim\limits_{x\to 0^-}\mathrm{e}^{\frac{1}{x}}=0,\ \lim\limits_{x\to 0^+}\mathrm{e}^{\frac{1}{x}}=+\infty$.

3. 计算题.

解　（1）$\lim\limits_{n\to \infty}\dfrac{6n^2+10n}{5n^2+3n-12}=\lim\limits_{n\to \infty}\dfrac{6+\dfrac{10}{n}}{5+\dfrac{3}{n}-\dfrac{12}{n^2}}=\dfrac{6}{5}$；

（2）$\lim\limits_{x\to 1}\dfrac{x^2-1}{2x^2-x-1}=\lim\limits_{x\to 1}\dfrac{(x+1)(x-1)}{(2x+1)(x-1)}=\dfrac{2}{3}$；

（3）$\lim\limits_{n\to\infty}\left(1+\dfrac{1}{3}+\dfrac{1}{9}+\cdots+\dfrac{1}{3^n}\right)=\lim\limits_{n\to\infty}\dfrac{\left[1-\left(\dfrac{1}{3}\right)^{n+1}\right]}{1-\dfrac{1}{3}}=\dfrac{3}{2}\lim\limits_{n\to\infty}\left[1-\left(\dfrac{1}{3}\right)^{n+1}\right]=\dfrac{3}{2}$ ；

（4）$\lim\limits_{n\to\infty}(\sqrt{n+\sqrt{n}}-\sqrt{n-\sqrt{n}})=\lim\limits_{n\to\infty}\dfrac{(\sqrt{n+\sqrt{n}}-\sqrt{n-\sqrt{n}})(\sqrt{n+\sqrt{n}}+\sqrt{n-\sqrt{n}})}{(\sqrt{n+\sqrt{n}}+\sqrt{n-\sqrt{n}})}$

$=\lim\limits_{n\to\infty}\dfrac{2\sqrt{n}}{(\sqrt{n+\sqrt{n}}+\sqrt{n-\sqrt{n}})}=\lim\limits_{n\to\infty}\dfrac{2}{\left(\sqrt{1+\dfrac{1}{\sqrt{n}}}+\sqrt{1-\dfrac{1}{\sqrt{n}}}\right)}=1$ ；

（5）因为 $\left|\sin\dfrac{1}{x}\right|\leqslant 1$ ，即函数 $\sin\dfrac{1}{x}$ 有界，且 $\lim\limits_{x\to 0}x^2=0$ ，即 $x\to 0$ 时， x^2 是无

穷小量，由于有界变量与无穷小量的乘积仍是无穷小量，故 $\lim\limits_{x\to 0}x^2\sin\dfrac{1}{x}=0$ ；

（6）$\lim\limits_{x\to 0^+}\dfrac{1-\sqrt{\cos x}}{x(1-\cos\sqrt{x})}=\lim\limits_{x\to 0^+}\dfrac{(1-\sqrt{\cos x})(1+\sqrt{\cos x})}{x(1-\cos\sqrt{x})(1+\sqrt{\cos x})}$

$=\lim\limits_{x\to 0^+}\dfrac{1-\cos x}{x(1-\cos\sqrt{x})}\lim\limits_{x\to 0^+}\dfrac{1}{1+\sqrt{\cos x}}=\dfrac{1}{2}\lim\limits_{x\to 0^+}\dfrac{\dfrac{1}{2}x^2}{\dfrac{1}{2}x(\sqrt{x})^2}=\dfrac{1}{2}$ ；

（7）$\lim\limits_{x\to 0}(1-2x)^{\frac{3}{\sin x}}=\lim\limits_{x\to 0}\left\{[1+(-2x)]^{-\frac{1}{2x}}\right\}^{\frac{-2x\cdot 3}{\sin x}}=\mathrm{e}^{\lim\limits_{x\to 0}\frac{-6x}{\sin x}}=\mathrm{e}^{-6}$ ；

（8）记 $x_n=\dfrac{1}{n^2+n+1}+\dfrac{2}{n^2+n+2}+\cdots+\dfrac{n}{n^2+n+n}$ ，则

$\dfrac{1}{n^2+n+n}+\dfrac{2}{n^2+n+n}+\cdots+\dfrac{n}{n^2+n+n}\leqslant x_n\leqslant\dfrac{1}{n^2+n+1}+\dfrac{2}{n^2+n+1}+\cdots+\dfrac{n}{n^2+n+1}$

而 $\lim\limits_{n\to\infty}\left(\dfrac{1}{n^2+n+n}+\dfrac{2}{n^2+n+n}+\cdots+\dfrac{n}{n^2+n+n}\right)=\lim\limits_{n\to\infty}\dfrac{\dfrac{1}{2}n(n+1)}{n^2+n+n}=\dfrac{1}{2}$ ，

$\lim\limits_{n\to\infty}\left(\dfrac{1}{n^2+n+1}+\dfrac{2}{n^2+n+1}+\cdots+\dfrac{n}{n^2+n+1}\right)=\lim\limits_{n\to\infty}\dfrac{\dfrac{1}{2}n(n+1)}{n^2+n+1}=\dfrac{1}{2}$ ，

由夹逼准则知原式 $=\dfrac{1}{2}$ ．

4．解（1）$a=0$ ， $b=1$ ；（2）$a=0$ ， $b=0$ ；

（3）由已知得 $\lim\limits_{x\to 5}(ax^2+bx+5)=0$ ，所以 $5a+b+1=0$ ，代入原式

$$\lim_{x \to 5} \frac{ax^2 - 5ax - x + 5}{x - 5} = \lim_{x \to 5}(ax - 1) = 5a - 1 = 1 \text{，所以 } a = \frac{2}{5} \text{，} b = -3.$$

5．解 因为 $(1 + ax^2)^{\frac{1}{4}} - 1 \sim x \sin x$，所以 $\lim\limits_{x \to 0} \dfrac{(1 + ax^2)^{\frac{1}{4}} - 1}{x \sin x} = \lim\limits_{x \to 0} \dfrac{\frac{1}{4}ax^2}{x^2} = \frac{1}{4}a = 1$，

故 $a = 4$．

6．证 设 $f(x) = \sin x + x + 1$，显然 $f(x)$ 在 $\left[-\dfrac{\pi}{2}, \dfrac{\pi}{2}\right]$ 上连续.

$f\left(-\dfrac{\pi}{2}\right) = \sin\left(-\dfrac{\pi}{2}\right) - \dfrac{\pi}{2} + 1 = -\dfrac{\pi}{2} < 0$，且 $f\left(\dfrac{\pi}{2}\right) = \sin\left(\dfrac{\pi}{2}\right) + \dfrac{\pi}{2} + 1 = \dfrac{\pi}{2} + 2 > 0$，所以

由零点定理知，存在 $\xi \in \left(-\dfrac{\pi}{2}, \dfrac{\pi}{2}\right)$，使得 $f(\xi) = 0$，即方程 $\sin x + x + 1 = 0$ 在开区间

$\left(-\dfrac{\pi}{2}, \dfrac{\pi}{2}\right)$ 内至少有一个根.

本章练习 B 答案

1．填空题.

（1） $-\dfrac{1}{4}$ ．提示：$\lim\limits_{x \to 0} \dfrac{\sin x - \tan x}{\ln(1 + 2x^3)} = \lim\limits_{x \to 0} \dfrac{\tan x(\cos x - 1)}{\ln(1 + 2x^3)} = \lim\limits_{x \to 0} \dfrac{x \cdot \left(-\dfrac{x^2}{2}\right)}{2x^3} = -\dfrac{1}{4}$.

（2） $-\dfrac{\sqrt{2}}{6}$ ．提示：$\lim\limits_{x \to 1} \dfrac{\sqrt{3 - x} - \sqrt{1 + x}}{x^2 + x - 2} = \lim\limits_{x \to 1} \dfrac{(\sqrt{3 - x} - \sqrt{1 + x})(\sqrt{3 - x} + \sqrt{1 + x})}{(x - 1)(x + 2)(\sqrt{3 - x} + \sqrt{1 + x})}$

$= \lim\limits_{x \to 1} \dfrac{2(1 - x)}{(x - 1)(x + 2)(\sqrt{3 - x} + \sqrt{1 + x})} = \lim\limits_{x \to 1} \dfrac{-2}{(x + 2)(\sqrt{3 - x} + \sqrt{1 + x})} = -\dfrac{\sqrt{2}}{6}$ ．

（3） $a = 7$，$b = 5$．提示：设 $2x^2 + ax + b = (x + 1)(2x + t)$，故

$\lim\limits_{x \to -1} \dfrac{2x^2 + ax + b}{x + 1} = \lim\limits_{x \to -1}(2x + t) = -2 + t = 3$，即 $t = 5$，将 $t = 5$ 代入

$2x^2 + ax + b = (x + 1)(2x + t)$，得 $2x^2 + ax + b = 2x^2 + 7x + 5$，故 $a = 7$，$b = 5$．

（4） $a = -2$．提示：根据题意知 $\lim\limits_{x \to 0} \dfrac{\sin 2x + \mathrm{e}^{2ax} - 1}{x} = \lim\limits_{x \to 0} \dfrac{\sin 2x}{x} + \lim\limits_{x \to 0} \dfrac{\mathrm{e}^{2ax} - 1}{x}$

$= 2 + 2a = a$，故 $a = -2$．

（5）水平渐近线是 $y = 0$，提示：$\lim\limits_{x \to \infty} \dfrac{x - 1}{x^2 - 4x + 3} = 0$；

垂直渐近线是 $x=3$ ，提示：$\lim\limits_{x\to 3}\dfrac{x-1}{(x-1)(x-3)}=\infty$.

2．单项选择题.

（1）C.

（2）D. 提示：A 项，$\lim\limits_{x\to\infty}\left(1-\dfrac{1}{x}\right)^{x}=\lim\limits_{x\to\infty}\left[\left(1-\dfrac{1}{x}\right)^{-x}\right]^{-1}=e^{-1}$；B 项，应将 $x\to 0^{+}$ 改

为 $x\to\infty$；C 项，参见 A 项.

（3）A. 提示：根据题意知 $\lim\limits_{x\to 0}\dfrac{e^{\tan x}-1}{x^{n}}=\lim\limits_{x\to 0}\dfrac{\tan x}{x^{n}}=\lim\limits_{x\to 0}\dfrac{x}{x^{n}}=1$ ，故 $n=1$.

（4）D. 提示：$\lim\limits_{x\to\infty}\dfrac{1+e^{-x^{2}}}{1-e^{-x^{2}}}=1$ ，故 $y=1$ 为水平渐近线；$\lim\limits_{x\to 0}\dfrac{1+e^{-x^{2}}}{1-e^{-x^{2}}}=\infty$ ，故 $x=0$

为垂直渐近线.

（5）C. 提示：A 项，$\lim\limits_{x\to+\infty}\dfrac{x}{\sqrt{x^{2}+1}}=\lim\limits_{x\to+\infty}\dfrac{1}{\sqrt{1+\dfrac{1}{x^{2}}}}=1$；B 项，因为 $\lim\limits_{x\to 0^{-}}\dfrac{1}{x}=-\infty$，

所以 $\lim\limits_{x\to 0^{-}}e^{\frac{1}{x}}=0$；C 项，$\lim\limits_{x\to 0^{+}}\ln x=-\infty$；D 项，$\lim\limits_{x\to 0}\dfrac{\ln(1+x^{2})}{\sin x}=\lim\limits_{x\to 0}\dfrac{x^{2}}{x}=\lim\limits_{x\to 0}x=0$.

（6）A. 提示：$\lim\limits_{x\to 0^{-}}f(x)=\lim\limits_{x\to 0^{-}}e^{\frac{1}{x}}=0,\lim\limits_{x\to 0^{+}}f(x)=\lim\limits_{x\to 0^{+}}1=1$ ，

$\lim\limits_{x\to 0^{-}}f(x)\neq\lim\limits_{x\to 0^{+}}f(x)$.

（7）D. （8）A.

3．计算题.

解 （1）$\lim\limits_{x\to 2}\dfrac{x^{2}-x-2}{\sqrt{4x+1}-3}=\lim\limits_{x\to 2}\dfrac{(x+1)(x-2)(\sqrt{4x+1}+3)}{4(x-2)}$

$\qquad\qquad=\lim\limits_{x\to 2}\dfrac{(x+1)(\sqrt{4x+1}+3)}{4}=\dfrac{9}{2}$；

（2）$\lim\limits_{x\to 0}(\cos x)^{\frac{1}{\ln(1+x^{2})}}=\lim\limits_{x\to 0}\left[(1+\cos x-1)^{\frac{1}{\cos x-1}}\right]^{\frac{\cos x-1}{\ln(1+x^{2})}}$

$\qquad\qquad=e^{\lim\limits_{x\to 0}\frac{\cos x-1}{\ln(1+x^{2})}}=e^{\lim\limits_{x\to 0}\frac{-\frac{1}{2}x^{2}}{x^{2}}}=e^{-\frac{1}{2}}$；

（3）因为 $3^{n}<1+2^{n}+3^{n}<3\cdot 3^{n}$ ，所以 $3<(1+2^{n}+3^{n})^{\frac{1}{n}}<3\cdot\sqrt[n]{3}$ ，又因为

$\lim\limits_{n\to\infty}\sqrt[n]{3}=1$，从而 $\lim\limits_{n\to\infty}(1+2^n+3^n)^{\frac{1}{n}}=3$；

（4）$\lim\limits_{x\to+\infty}\dfrac{x^2\sin\dfrac{1}{x}}{\sqrt{2x^2-1}}=\lim\limits_{x\to+\infty}\dfrac{\sin\dfrac{1}{x}}{\dfrac{1}{x}}\cdot\dfrac{x}{\sqrt{2x^2-1}}=\lim\limits_{x\to+\infty}\dfrac{\sin\dfrac{1}{x}}{\dfrac{1}{x}}\cdot\lim\limits_{x\to+\infty}\dfrac{1}{\sqrt{2-\dfrac{1}{x^2}}}=\dfrac{\sqrt{2}}{2}$；

（5）$\lim\limits_{x\to\infty}\dfrac{x^2}{x^3+x}=0$，$2\leqslant 3+\cos x\leqslant 4$，故 $\lim\limits_{x\to\infty}\dfrac{x^2}{x^3+x}(3+\cos x)=0$；

（6）$\lim\limits_{x\to\infty}\left(\dfrac{x-2}{x+1}\right)^x=\lim\limits_{x\to\infty}\left[\left(1-\dfrac{3}{x+1}\right)^{-\frac{x+1}{3}}\right]^{-\frac{3x}{x+1}}=\mathrm{e}^{\lim\limits_{x\to\infty}-\frac{3x}{x+1}}=\mathrm{e}^{-3}$；

（7）$\lim\limits_{x\to 1}x^{\frac{1}{1-x}}=\lim\limits_{x\to 1}[1+(x-1)]^{\frac{1}{x-1}\cdot(-1)}=\mathrm{e}^{-1}$；

（8）$\lim\limits_{x\to 0}\dfrac{\ln(1-2x^2)}{x\sin x}=\lim\limits_{x\to 0}\dfrac{-2x^2}{x^2}=-2$；

（9）$\lim\limits_{n\to\infty}\dfrac{1}{n^2}\ln[f(1)f(2)\cdots f(n)]=\lim\limits_{n\to\infty}\dfrac{\ln f(1)+\ln f(2)+\cdots+\ln f(n)}{n^2}$

$\qquad\qquad\qquad\qquad=\lim\limits_{n\to\infty}\dfrac{(1+2+\cdots+n)\ln a}{n^2}$

$\qquad\qquad\qquad\qquad=\lim\limits_{n\to\infty}\dfrac{(n^2+n)\ln a}{2n^2}=\dfrac{\ln a}{2}$；

（10）$\lim\limits_{x\to 0^-}\left(\dfrac{2+\mathrm{e}^{\frac{1}{x}}}{1+\mathrm{e}^{\frac{4}{x}}}+\dfrac{\sin x}{|x|}\right)=\lim\limits_{x\to 0^-}\left(\dfrac{2+\mathrm{e}^{\frac{1}{x}}}{1+\mathrm{e}^{\frac{4}{x}}}-\dfrac{\sin x}{x}\right)=\dfrac{2}{1}-1=1$，

$\lim\limits_{x\to 0^+}\left(\dfrac{2+\mathrm{e}^{\frac{1}{x}}}{1+\mathrm{e}^{\frac{4}{x}}}+\dfrac{\sin x}{|x|}\right)=\lim\limits_{x\to 0^+}\left(\dfrac{2+\mathrm{e}^{\frac{1}{x}}}{1+\mathrm{e}^{\frac{4}{x}}}+\dfrac{\sin x}{x}\right)$

$\qquad=\lim\limits_{x\to 0^+}\left(\dfrac{\dfrac{2}{\mathrm{e}^{\frac{4}{x}}}+\dfrac{\mathrm{e}^{\frac{1}{x}}}{\mathrm{e}^{\frac{4}{x}}}}{\dfrac{1}{\mathrm{e}^{\frac{4}{x}}}+1}+\dfrac{\sin x}{x}\right)=\lim\limits_{x\to 0^+}\left(\dfrac{\dfrac{2}{\mathrm{e}^{\frac{4}{x}}}+\dfrac{1}{\mathrm{e}^{\frac{3}{x}}}}{\dfrac{1}{\mathrm{e}^{\frac{4}{x}}}+1}+\dfrac{\sin x}{x}\right)=0+1=1$，

所以，原式 $=1$；

点拨　$\lim\limits_{x \to 0^-} e^{\frac{1}{x}} = 0$，$\lim\limits_{x \to 0^+} e^{\frac{1}{x}} = +\infty$.

（11）$\lim\limits_{x \to -\infty} (x + \sqrt{ax^2 + bx - 2}) = \lim\limits_{x \to -\infty} \dfrac{(1-a)x^2 - bx + 2}{x - \sqrt{ax^2 + bx - 2}} = \lim\limits_{x \to -\infty} \dfrac{(1-a)x - b + \dfrac{2}{x}}{1 + \sqrt{a + \dfrac{b}{x} - \dfrac{2}{x^2}}} = 1$，

所以 $1 - a = 1$，$\dfrac{-b}{1 + \sqrt{a}} = 1$，故 $a = 1$，$b = -2$.

4．**解**　当 $a = b$ 时，$f(x) = 0$，此时 $f(x)$ 在 $x = 0$ 处连续；

当 $a \neq b$ 时，$\lim\limits_{x \to 0} f(x) = \lim\limits_{x \to 0} \dfrac{a^x - b^x}{x} = \lim\limits_{x \to 0} \dfrac{a^x - 1}{x} - \lim\limits_{x \to 0} \dfrac{b^x - 1}{x} = \ln \dfrac{a}{b} \neq f(0) = 0$，故

$f(x)$ 在 $x = 0$ 处不连续，所以 $x = 0$ 为 $f(x)$ 的第一类可去间断点.

5．**解**　根据题意知函数 $f(x)$ 在 $x = 0$，$x = 1$ 两点均连续，而

$\lim\limits_{x \to 0^-} f(x) = \lim\limits_{x \to 0^-} (1 + x^2) = 1$，$\lim\limits_{x \to 0^+} f(x) = \lim\limits_{x \to 0^+} (ax + b) = b$，故 $b = 1$；

$\lim\limits_{x \to 1^-} f(x) = \lim\limits_{x \to 1^-} (ax + b) = a + b$，$\lim\limits_{x \to 1^+} f(x) = \lim\limits_{x \to 1^+} (x^3 - 2) = -1$，故 $a + b = -1$，所

以 $a = -2$，$b = 1$.

6．**解**　反复扩大投资的实际效果相当于：国家投资了

$$2 + 2 \times 0.8 + 2 \times 0.8^2 + \cdots + 2 \times 0.8^n + \cdots = \lim\limits_{n \to \infty} \dfrac{2 - 2 \times 0.8^{n+1}}{1 - 0.8} = \dfrac{2}{0.2} = 10 \text{（万元）.}$$

第3章 导数与微分

知识结构图

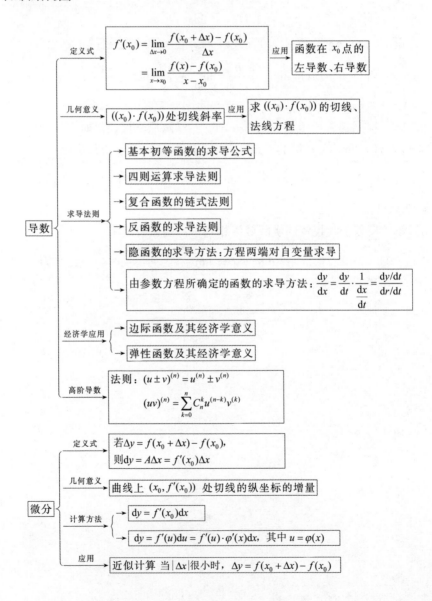

$$f'(x_0) = \lim_{\Delta x \to 0} \frac{f(x_0 + \Delta x) - f(x_0)}{\Delta x}$$
$$= \lim_{x \to x_0} \frac{f(x) - f(x_0)}{x - x_0}$$

定义式 → 应用 → 函数在 x_0 点的左导数、右导数

几何意义 → $((x_0) \cdot f(x_0))$ 处切线斜率 → 应用 → 求 $((x_0) \cdot f(x_0))$ 的切线、法线方程

求导法则：
- 基本初等函数的求导公式
- 四则运算求导法则
- 复合函数的链式法则
- 反函数的求导法则
- 隐函数的求导方法：方程两端对自变量求导
- 由参数方程所确定的函数的求导方法：$\dfrac{\mathrm{d}y}{\mathrm{d}x} = \dfrac{\mathrm{d}y}{\mathrm{d}t} \cdot \dfrac{1}{\dfrac{\mathrm{d}x}{\mathrm{d}t}} = \dfrac{\mathrm{d}y/\mathrm{d}t}{\mathrm{d}x/\mathrm{d}t}$

经济学应用：
- 边际函数及其经济学意义
- 弹性函数及其经济学意义

高阶导数：法则：$(u \pm v)^{(n)} = u^{(n)} \pm v^{(n)}$
$$(uv)^{(n)} = \sum_{k=0}^{n} C_n^k u^{(n-k)} v^{(k)}$$

导数

微分

定义式 → 若 $\Delta y = f(x_0 + \Delta x) - f(x_0)$，则 $\mathrm{d}y = A\Delta x = f'(x_0)\Delta x$

几何意义 → 曲线上 $(x_0, f'(x_0))$ 处切线的纵坐标的增量

计算方法：
- $\mathrm{d}y = f'(x_0)\mathrm{d}x$
- $\mathrm{d}y = f'(u)\mathrm{d}u = f'(u) \cdot \varphi'(x)\mathrm{d}x$，其中 $u = \varphi(x)$

应用 → 近似计算 当 $|\Delta x|$ 很小时，$\Delta y = f(x_0 + \Delta x) - f(x_0)$

本章学习目标

● 掌握导数的概念、定义式、几何意义及应用;

● 理解可导、连续、可微之间的关系,并会用导数表示一些物理量及经济学概念的变化率;

● 掌握导数的四则运算法则及链式法则,掌握基本初等函数的求导公式;

● 了解高阶导数的概念,会求初等函数的二阶导数、隐函数及参数方程确定的函数的一阶及二阶导数、微分;

● 理解微分的定义、几何意义,掌握微分的四则运算法则及微分的形式不变性.

3.1　导数的概念

3.1.1　知识点分析

1. 导数的概念

（1）函数在一点处的导数的定义:设函数 $y = f(x)$ 在点 x_0 的某个邻域内有定义,当自变量 x 在点 x_0 处取得增量 Δx（其中点 $x_0 + \Delta x$ 也在该邻域内）时,相应因变量 y 取得增量为 $\Delta y = f(x_0 + \Delta x) - f(x_0)$. 若极限

$$\lim_{\Delta x \to 0} \frac{\Delta y}{\Delta x} = \lim_{\Delta x \to 0} \frac{f(x_0 + \Delta x) - f(x_0)}{\Delta x}$$

存在,则称函数 $y = f(x)$ 在点 x_0 处可导,并称此极限值为函数 $y = f(x)$ 在点 x_0 处的导数,记作

$$f'(x_0), \quad y'\big|_{x=x_0}, \quad \frac{\mathrm{d}y}{\mathrm{d}x}\bigg|_{x=x_0} \text{ 或 } \frac{\mathrm{d}f}{\mathrm{d}x}\bigg|_{x=x_0},$$

即

$$f'(x_0) = \lim_{\Delta x \to 0} \frac{\Delta y}{\Delta x} = \lim_{\Delta x \to 0} \frac{f(x_0 + \Delta x) - f(x_0)}{\Delta x}.$$

注　（1）求在一点导数的等价形式: $f'(x_0) = \lim_{h \to 0} \frac{f(x_0 + h) - f(x_0)}{h}$;

（2）设 $x = x_0 + \Delta x$,则导数 $f'(x_0)$ 的定义也可表示为

$$f'(x_0) = \lim_{x \to x_0} \frac{f(x) - f(x_0)}{x - x_0},$$

通常用此形式来讨论分段函数在分段点处的导数.

（2）导函数（亦简称为导数）

$$f'(x) = \lim_{\Delta x \to 0} \frac{\Delta y}{\Delta x} = \lim_{\Delta x \to 0} \frac{f(x + \Delta x) - f(x)}{\Delta x} = \lim_{h \to 0} \frac{f(x + h) - f(x)}{h}$$

亦可记为 y'，$\dfrac{\mathrm{d}y}{\mathrm{d}x}$ 或 $\dfrac{\mathrm{d}f(x)}{\mathrm{d}x}$．

2. 单侧导数

（1）左导数的定义式：$f'_-(x_0) = \lim\limits_{\Delta x \to 0^-} \dfrac{f(x_0 + \Delta x) - f(x_0)}{\Delta x} = \lim\limits_{x \to x_0^-} \dfrac{f(x) - f(x_0)}{x - x_0}$．

（2）右导数的定义式：$f'_+(x_0) = \lim\limits_{\Delta x \to 0^+} \dfrac{f(x_0 + \Delta x) - f(x_0)}{\Delta x} = \lim\limits_{x \to x_0^+} \dfrac{f(x) - f(x_0)}{x - x_0}$．

注　左导数和右导数统称为单侧导数，$f(x)$ 在 x_0 处可导的充要条件为左导数、右导数都存在且相等．

3. 导数的几何意义

函数 $f(x)$ 在 x_0 处的导数 $f'(x_0)$ 表示曲线 $f(x)$ 在点 $(x_0, f(x_0))$ 处切线的斜率．由此可得该点的切线方程为 $y - f(x_0) = f'(x_0)(x - x_0)$，

该点的法线方程为　　　　　　$y - f(x_0) = -\dfrac{1}{f'(x_0)}(x - x_0)$．

4. 可导与连续的关系

如果函数 $y = f(x)$ 在点 x_0 处可导，则 $f(x)$ 在点 x_0 处连续，反之不成立．

3.1.2　典例解析

例1　设 $f(x) = \begin{cases} x^2, & x > 0 \\ \sin x, & x \leqslant 0 \end{cases}$，讨论 $f(x)$ 在 $x = 0$ 处的可导性．

解　因为 $f(0) = 0$，所以 $f'_-(0) = \lim\limits_{x \to 0^-} \dfrac{f(x) - f(0)}{x - 0} = \lim\limits_{x \to 0^-} \dfrac{\sin x}{x} = 1$，

$$f'_+(0) = \lim_{x \to 0^+} \frac{f(x) - f(0)}{x - 0} = \lim_{x \to 0^+} \frac{x^2}{x} = 0，$$

$f(x)$ 在 $x = 0$ 处的左导数和右导数都存在但不相等，所以 $f(x)$ 在 $x = 0$ 处不可导．

点拨　求分段点的导数需要借助导数的定义．如果分段点左右两侧函数表达式不同，还要看该点的两个单侧导数是否存在、相等．

例2　设 $f(x) = \begin{cases} ax + b, & x > 0 \\ \sin x, & x \leqslant 0 \end{cases}$ 在 $x = 0$ 处可导，求 a，b 的值．

解　因为 $f(x)$ 在 $x = 0$ 处可导，所以 $f(x)$ 在 $x = 0$ 处连续．

$f(0^+) = \lim\limits_{x \to 0^+} (ax + b) = b$，$f(0^-) = \lim\limits_{x \to 0^-} \sin x = 0$，所以 $b = 0$，

$f_+'(0) = \lim\limits_{x \to 0^+} \dfrac{ax}{x} = a$，$f_-'(0) = \lim\limits_{x \to 0^-} \dfrac{\sin x}{x} = 1$，所以 $a = 1$．综上所述 $a = 1$，$b = 0$．

点拨 利用可导与连续的关系，可导函数一定连续．

例 3 已知 $f'(0) = 3$，求 $\lim\limits_{\Delta x \to 0} \dfrac{f(-\Delta x) - f(0)}{4\Delta x}$．

解 $\lim\limits_{\Delta x \to 0} \dfrac{f(-\Delta x) - f(0)}{4\Delta x} = -\dfrac{1}{4} \lim\limits_{\Delta x \to 0} \dfrac{f(0 - \Delta x) - f(0)}{-\Delta x} = -\dfrac{1}{4} f'(0) = -\dfrac{3}{4}$．

例 4 已知 $f(x)$ 可导，且 $\lim\limits_{x \to 0} \dfrac{f(1+2x) - f(1-x)}{x} = 1$，求 $f'(1)$．

解 $\lim\limits_{x \to 0} \dfrac{f(1+2x) - f(1-x)}{x} = \lim\limits_{x \to 0} \dfrac{f(1+2x) - f(1) + f(1) - f(1-x)}{x}$

$\qquad = \lim\limits_{x \to 0} \dfrac{f(1+2x) - f(1)}{x} - \lim\limits_{x \to 0} \dfrac{f(1-x) - f(1)}{x}$

$\qquad = 2\lim\limits_{x \to 0} \dfrac{f(1+2x) - f(1)}{2x} + \lim\limits_{x \to 0} \dfrac{f(1-x) - f(1)}{-x}$

$\qquad = 2f'(1) + f'(1) = 3f'(1)$，

所以 $f'(1) = \dfrac{1}{3}$．

例 5 求过点 $\left(\dfrac{3}{2}, -3\right)$ 且与抛物线 $y = -x^2 - 4x + 3$ 相切的切线方程．

解 设切点 (x_0, y_0)，且 $y_0 = -x_0^2 - 4x_0 + 3$ ①

切线斜率 $k = y'\big|_{x = x_0} = -2x_0 - 4$，对应的切线方程为 $y - y_0 = (-2x_0 - 4)(x - x_0)$．

又因为过点 $\left(\dfrac{3}{2}, -3\right)$，代入切线方程得 $-3 - y_0 = (-2x_0 - 4)\left(\dfrac{3}{2} - x_0\right)$ ②

结合式①和式②解得 $x_0 = 0$，$x_0 = 3$，故切点为 $(0, 3)$ 或者 $(3, -18)$，从而求出切线方程为 $4x + y - 3 = 0$，或者 $10x + y - 12 = 0$．

3.1.3 习题

1．求下列函数在指定点处的导数．

（1）$y = \cos x$，$x = \dfrac{\pi}{2}$；

（2）$y = \ln x$，$x = 5$．

2．求下列函数的导数．

（1）$y = \log_2 x$；

（2）$y = \dfrac{x^2}{\sqrt{x^5}}$；

（3）$y = \sqrt[5]{x^2}$；

（4）$y = 2^x$．

3．下列各题中均假定 $f'(x_0)$ 存在，按导数定义观察下列极限．

（1）$\lim\limits_{\Delta x \to 0} \dfrac{f(x_0 - \Delta x) - f(x_0)}{2\Delta x}$；   （2）$\lim\limits_{h \to 0} \dfrac{f(x_0 + 2h) - f(x_0 - h)}{h}$．

4．求曲线 $y = \dfrac{1}{x}$ 在点 $(1,1)$ 处的切线方程．

5．讨论下列函数在 $x = 0$ 处是否连续、是否可导．

（1）$f(x) = x^3 \mid x \mid$；   （2）$f(x) = 2\mid \sin x \mid$；

（3）$f(x) = \begin{cases} x^3 \sin \dfrac{1}{x}, & x \neq 0 \\ 0, & x = 0 \end{cases}$；   （4）$f(x) = \begin{cases} x \sin \dfrac{1}{x}, & x \neq 0 \\ 0, & x = 0 \end{cases}$；

（5）$f(x) = \begin{cases} x^2, & x > 0 \\ 2x + 3, & x \leqslant 0 \end{cases}$．

6．设 $f(x) = \begin{cases} 2\mathrm{e}^x + a, & x < 0 \\ x^2 + bx + 1, & x \geqslant 0 \end{cases}$，问 a，b 为何值时，$f(x)$ 在 $x = 0$ 处可导？

3.1.4　习题详解

1．解　（1）$\because y' = -\sin x$，$\therefore y'\left(\dfrac{\pi}{2}\right) = -\sin \dfrac{\pi}{2} = -1$；

（2）$\because y' = \dfrac{1}{x}$，$\therefore y'(5) = \dfrac{1}{5}$．

2．解　（1）$y' = \dfrac{1}{x \ln 2}$；

（2）$\because y = \dfrac{x^2}{\sqrt{x^5}} = x^{-\frac{1}{2}}$，$\therefore y' = -\dfrac{1}{2} x^{-\frac{3}{2}}$；

（3）$\because y = \sqrt[5]{x^2} = x^{\frac{2}{5}}$，$\therefore y' = \dfrac{2}{5} x^{\frac{3}{5}}$；

（4）$y' = 2^x \ln 2$．

3．解　（1）$\lim\limits_{\Delta x \to 0} \dfrac{f(x_0 - \Delta x) - f(x_0)}{2\Delta x} = -\dfrac{1}{2} \lim\limits_{\Delta x \to 0} \dfrac{f(x_0 - \Delta x) - f(x_0)}{-\Delta x} = -\dfrac{f'(x_0)}{2}$；

（2）$\lim\limits_{h \to 0} \dfrac{f(x_0 + 2h) - f(x_0 - h)}{h} = 2\lim\limits_{h \to 0} \dfrac{f(x_0 + 2h) - f(x_0)}{2h} + \lim\limits_{h \to 0} \dfrac{f(x_0 - h) - f(x_0)}{-h}$

$= 2f'(x_0) + f'(x_0) = 3f'(x_0)$．

4．解　因为 $y' = -\dfrac{1}{x^2}$，所以 $y'(1) = -1$，即切线斜率为 -1，切线方程为

$y - 1 = -(x - 1)$．即 $y = -x + 2$．

5．解　（1）$\lim\limits_{x \to 0} f(x) = \lim\limits_{x \to 0} x^3 \mid x \mid = 0 = f(0)$，所以函数在 $x = 0$ 处连续，

又因为 $f'_-(0) = \lim\limits_{x \to 0^-} \dfrac{-x^4}{x} = 0$，$f'_+(0) = \lim\limits_{x \to 0^+} \dfrac{x^4}{x} = 0$，所以函数在 $x = 0$ 处可导；

（2）$\lim\limits_{x \to 0} f(x) = \lim\limits_{x \to 0} 2 \mid \sin x \mid = 0 = f(0)$，所以函数在 $x = 0$ 处连续，

又因为 $f'_-(0) = \lim\limits_{x \to 0^-} \dfrac{-2\sin x}{x} = -2$，$f'_+(0) = \lim\limits_{x \to 0^+} \dfrac{2\sin x}{x} = 2$，所以函数在 $x = 0$ 处不

可导；

（3）$\lim\limits_{x \to 0} f(x) = \lim\limits_{x \to 0} x^3 \sin\dfrac{1}{x} = 0 = f(0)$，所以函数在 $x = 0$ 处连续，

又因为 $f'(0) = \lim\limits_{x \to 0} \dfrac{f(x) - f(0)}{x - 0} = \lim\limits_{x \to 0} \dfrac{x^3}{x} \sin\dfrac{1}{x} = 0$，所以函数在 $x = 0$ 处可导；

（4）$\lim\limits_{x \to 0} f(x) = \lim\limits_{x \to 0} x \sin\dfrac{1}{x} = 0 = f(0)$，所以函数在 $x = 0$ 处连续，

又因为 $f'(0) = \lim\limits_{x \to 0} \dfrac{f(x) - f(0)}{x - 0} = \lim\limits_{x \to 0} \dfrac{x}{x} \sin\dfrac{1}{x} = \lim\limits_{x \to 0} \sin\dfrac{1}{x}$ 不存在，所以函数在 $x = 0$

处不可导；

（5）$f(0^+) = \lim\limits_{x \to 0^+} x^2 = 0$，$f(0^-) = \lim\limits_{x \to 0^-} (2x + 3) = 3$，所以函数在 $x = 0$ 处不连

续，那么函数在 $x = 0$ 处也不可导.

6. **解**　因为 $f(x)$ 在 $x = 0$ 处可导，所以 $f(x)$ 在 $x = 0$ 处连续，

$$f(0^+) = \lim\limits_{x \to 0^+} (x^2 + bx + 1) = 1, \quad f(0^-) = \lim\limits_{x \to 0^-} (2\mathrm{e}^x + a) = 2 + a,$$

所以　　　　　　　　　　　　　$2 + a = 1, \quad a = -1,$

又因为　　　　　　　$f(0) = 1, \quad f'_+(0) = \lim\limits_{x \to 0^+} \dfrac{x^2 + bx + 1 - 1}{x} = b,$

$$f'_-(0) = \lim\limits_{x \to 0^-} \dfrac{2\mathrm{e}^x - 1 - 1}{x} = 2 \lim\limits_{x \to 0^-} \dfrac{\mathrm{e}^x - 1}{x} = 2,$$

所以　　　　　　　　　　　　　$b = 2.$

综上所述，$a = -1,\ b = 2.$

3.2　函数的微分

3.2.1　知识点分析

1. 微分的概念

设函数 $y = f(x)$ 在点 x_0 的某个领域内有定义，如果函数 $y = f(x)$ 在 x_0 点的增

量 $\Delta y = f(x_0 + \Delta x) - f(x_0)$ 可以写成 $\Delta y = A\Delta x + o(\Delta x)$，其中 A 是与 Δx 无关的常数，

$o(\Delta x)$ 是比 Δx 高阶的无穷小量，则称 $f(x)$ 在 x_0 点可微分，并称 $A\Delta x$ 为 $y = f(x)$ 在 x_0 点的微分，记为 $\mathrm{d}y\big|_{x=x_0}$ ，即 $\mathrm{d}y\big|_{x=x_0} = A\Delta x$.

注   当 $|\Delta x|$ 很小时，$\Delta y \approx \mathrm{d}y$.

2. 可微与可导的关系

函数 $f(x)$ 在点 x_0 处可微的充要条件是 $f(x)$ 在点 x_0 处可导，且 $A = f'(x_0)$.

3. 微分的计算

（1） $f(x)$ 在点 x_0 处的微分可写成 $\mathrm{d}y\big|_{x=x_0} = f'(x_0)\Delta x = f'(x_0)\mathrm{d}x$ ；

（2）若 $y = f(x)$ 在 x 点可微，则 $f(x)$ 的微分为 $\mathrm{d}y = f'(x)\mathrm{d}x$.

注   上式可变化为 $\dfrac{\mathrm{d}y}{\mathrm{d}x} = f'(x)$ ，即为导数的记号.

4. 微分的几何意义

$f(x)$ 在 $x = x_0$ 处的微分的几何意义：曲线 $f(x)$ 在点 $(x_0, f(x_0))$ 处的切线纵坐标的增量. 所以在计算曲线弧长时用切线段近似代替曲线段.

5*. 微分在近似计算中的应用

由微分的定义，当 $|\Delta x|$ 很小时，$\Delta y \approx \mathrm{d}y$ ，即 $f(x_0 + \Delta x) - f(x_0) \approx f'(x_0)\Delta x$. 也可写作当 $|x - x_0|$ 很小时，$f(x) \approx f(x_0) + f'(x_0)(x - x_0)$.

3.2.2　典例解析

例 1   设 $y = f(x)$ 在 $x = x_0$ 处可导，则在 x_0 处的微分 $\mathrm{d}y$ 是指（　　）.

　　A． $f'(x_0)$ 　　　　　　　　　　　　B． $\Delta y = f(x_0 + \Delta x) - f(x_0)$

　　C． 很小的量 　　　　　　　　　　　D． $f'(x_0)\Delta x$

解   根据可微与可导的关系，可知微分 $\mathrm{d}y = f'(x_0)\Delta x$ ，所以选 D.

例 2   以下命题正确的是（　　）.

　　A． 若 $f(x)$ 在 x_0 处连续，则 $f(x)$ 在 x_0 处可导

　　B． 若 $f(x)$ 在 $(x_0, f(x_0))$ 处有切线，则 $f(x)$ 在 x_0 处可导

　　C． $f(x)$ 在 x_0 处可导等价于 $f(x)$ 在 x_0 处可微

　　D． 若 $f(x)$ 在 x_0 处连续，则 $f(x)$ 在 x_0 处可微

解 $f(x)$ 在一点处可微 $\Leftrightarrow$ 可导 $\Rightarrow$ 连续，即函数在一点处可微，等价于在该点可导；函数在一点处可微（可导）必连续，但连续不一定可微（可导），故 A、D 项错误. B 项，如 $f(x) = x^{\frac{1}{3}}$ 有切线 $x = 0$ ，但 $f'(0) = \infty$. 所以选 C.

例 3   设 $y = x^3$ ，当 $x = 2$，$\Delta x = 0.02$ 时，求 $\Delta y, \mathrm{d}y$.

解 $\Delta y = (2 + 0.02)^3 - 2^3 = 0.242408$ ，

$$dy = (x^3)' \Delta x = 3x^2 \Delta x，所以 dy \Big|_{\substack{x=2 \\ \Delta x=0.02}} = 3x^2 \Delta x \Big|_{\substack{x=2 \\ \Delta x=0.02}} = 0.24.$$

点拨　根据结果可以看出，当 $|\Delta x|$ 很小时，$\Delta y \approx dy$.

3.2.3　习题

1．已知 $y = x^2 - x$，计算当 $x = 2$，Δx 分别等于 1, 0.1, 0.01 时的 Δy，dy.

2．求下列函数的微分.

（1）$y = \sqrt{x}$；　　（2）$y = 3^x$；　　（3）$y = \log_2 x$；　　（4）$y = \cos x$.

3.2.4　习题详解

1．解

$$\Delta y = (2 + \Delta x)^2 - (2 + \Delta x) - (2^2 - 2) = 3\Delta x + (\Delta x)^2，\quad dy = (x^2 - x)' \Delta x = (2x - 1)\Delta x.$$

所以当 $x = 2$，$\Delta x = 1$ 时，$\Delta y = 4, dy = 3$；当 $x = 2$，$\Delta x = 0.1$ 时，$\Delta y = 0.31, dy = 0.3$；当 $x = 2$，$\Delta x = 0.01$ 时，$\Delta y = 0.0301, dy = 0.03$.

2．解　（1）$\because y' = \dfrac{1}{2\sqrt{x}}$，$\therefore dy = \dfrac{1}{2\sqrt{x}} dx$；

（2）$\because y' = 3^x \ln 3$，$\therefore dy = 3^x \ln 3 dx$；

（3）$\because y' = \dfrac{1}{x \ln 2}$，$\therefore dy = \dfrac{1}{x \ln 2} dx$；

（4）$\because y' = -\sin x$，$\therefore dy = -\sin x dx$.

3.3　导数与微分的运算

3.3.1　知识点分析

1．函数的和、差、积、商的求导法则与微分法则

求导法则	微分法则
1．$(u \pm v)' = u' \pm v'$；	1．$d(u \pm v) = du \pm dv$；
2．$(uv)' = u'v + uv'$；	2．$d(uv) = v\,du + u\,dv$；
3．$(Cu)' = Cu'$（C 为常数）；	3．$d(Cu) = C\,du$（C 为常数）；
4．$\left(\dfrac{u}{v}\right)' = \dfrac{u'v - uv'}{v^2}$（$v \neq 0$）	4．$d\left(\dfrac{u}{v}\right) = \dfrac{v\,du - u\,dv}{v^2}$（$v \neq 0$）.

2．反函数的求导法则

若单调且连续的函数 $x = f(y)$ 在定义区间内可导，且 $f'(y) \neq 0$，则它的反函

数 $y = \varphi(x)$ 在相应的区间内可导，且 $\dfrac{\mathrm{d}y}{\mathrm{d}x} = \varphi'(x) = \dfrac{1}{f'(y)} = \dfrac{1}{\dfrac{\mathrm{d}x}{\mathrm{d}y}}$.

3. 复合函数的求导法则和微分法则

设函数 $y = f[\varphi(x)]$ 是由可导函数 $y = f(u)$，$u = \varphi(x)$ 复合而成，则

（1）复合函数 $y = f[\varphi(x)]$ 的导数 $y' = f'(u) \cdot \varphi'(x) = f'[\varphi(x)] \cdot \varphi'(x)$，亦可记为

$\dfrac{\mathrm{d}y}{\mathrm{d}x} = \dfrac{\mathrm{d}y}{\mathrm{d}u} \cdot \dfrac{\mathrm{d}u}{\mathrm{d}x} = y'_u \cdot u'_x$. 此求导法则又称为链式法则.

注　使用链式法则要注意：

● 明确复合函数的结构，即明确复合函数由哪些函数复合而成.

● 求导时需对函数从外层到内层逐层求导，每层导数相乘得到复合函数的导数.

（2）复合函数的微分为 $\mathrm{d}y = f'[\varphi(x)]\varphi'(x)\mathrm{d}x$ 或 $\mathrm{d}y = f'(u)\mathrm{d}u$，其中 $\mathrm{d}u = \varphi'(x)\mathrm{d}x$.

注　可见不论 u 是自变量还是中间变量，函数 $y = f(u)$ 的微分总保持同一形式，这个性质称为一阶微分形式的不变性.

4. 基本初等函数的导数公式和微分公式

导数公式	微分公式
1. $(C)' = 0$　（C 为常数）；	1. $\mathrm{d}(C) = 0$　（C 为常数）；
2. $(x^{\mu})' = \mu x^{\mu-1}$　（μ 为常数）；	2. $\mathrm{d}(x^{\mu}) = \mu x^{\mu-1}\mathrm{d}x$ ；
3. $(\log_a x)' = \dfrac{1}{x \ln a}$ ；	3. $\mathrm{d}(\log_a x) = \dfrac{1}{x \ln a}\mathrm{d}x$ ；
4. $(\ln x)' = \dfrac{1}{x}$ ；	4. $\mathrm{d}\ln x = \dfrac{1}{x}\mathrm{d}x$ ；
5. $(a^x)' = a^x \ln a$ ；	5. $\mathrm{d}(a^x) = a^x \ln a\mathrm{d}x$ ；
6. $(\mathrm{e}^x)' = \mathrm{e}^x$ ；	6. $\mathrm{d}(\mathrm{e}^x) = \mathrm{e}^x\mathrm{d}x$ ；
7. $(\sin x)' = \cos x$ ；	7. $\mathrm{d}(\sin x) = \cos x\mathrm{d}x$ ；
8. $(\cos x)' = -\sin x$ ；	8. $\mathrm{d}(\cos x) = -\sin x\mathrm{d}x$ ；
9. $(\tan x)' = \sec^2 x = \dfrac{1}{\cos^2 x}$ ；	9. $\mathrm{d}(\tan x) = \sec^2 x\mathrm{d}x = \dfrac{1}{\cos^2 x}\mathrm{d}x$ ；
10. $(\cot x)' = -\csc^2 x = -\dfrac{1}{\sin^2 x}$ ；	10. $\mathrm{d}(\cot x) = -\csc^2 x\mathrm{d}x = -\dfrac{1}{\sin^2 x}\mathrm{d}x$ ；
11. $(\sec x)' = \sec x \tan x$ ；	11. $\mathrm{d}(\sec x) = \sec x \tan x\mathrm{d}x$ ；
12. $(\csc x)' = -\csc x \cot x$ ；	12. $\mathrm{d}(\csc x) = -\csc x \cot x\mathrm{d}x$ ；
13. $(\arcsin x)' = \dfrac{1}{\sqrt{1-x^2}}$ ；	13. $\mathrm{d}(\arcsin x) = \dfrac{1}{\sqrt{1-x^2}}\mathrm{d}x$ ；

14. $(\arccos x)' = -\dfrac{1}{\sqrt{1-x^2}}$;

15. $(\arctan x)' = \dfrac{1}{1+x^2}$;

16. $(\operatorname{arc\,cot} x)' = -\dfrac{1}{1+x^2}$.

14. $\mathrm{d}(\arccos x) = -\dfrac{1}{\sqrt{1-x^2}}\mathrm{d}x$;

15. $\mathrm{d}(\arctan x) = \dfrac{1}{1+x^2}\mathrm{d}x$;

16. $\mathrm{d}(\operatorname{arc\,cot} x) = -\dfrac{1}{1+x^2}\mathrm{d}x$.

5. 隐函数的导数

（1）隐函数的概念：如果变量 x 和 y 满足方程 $F(x,y)=0$，在一定条件下，对于 $\forall x \in I$，总有满足该方程的唯一的 y 值与之对应，则称该方程在 I 区间内确定了一个隐函数 $y=y(x)$．

（2）隐函数求导方法：在方程 $F(x,y)=0$ 两端对自变量 x 求导，一定要注意变量 y 不是独立的变量，要把 y 看成 x 的函数．

6. 对数求导法

幂指函数 $y=u(x)^{v(x)}$ 没有求导公式．我们可以通过方程两端取对数化幂指函数为隐函数，从而求出导数 y'．

由于对数具有化积商为和差的性质，因此我们可以把多因子乘积开方的求导运算通过取对数进行化简．

在计算幂指函数的导数以及某些乘幂、连乘积、带根号函数的导数时，可以采用先取对数再求导的方法，这种方法简称对数求导法．

7*. 由参数方程确定的函数的导数

若变量 x 和 y 都是参变量 t 的函数，$x=\varphi(t)$，$y=\psi(t)$，且 $x=\varphi(t)$，$t\in(\alpha,\beta)$ 单调，那么自变量 x 与因变量 y 通过参变量 t 产生联系，即由方程
$\begin{cases} x=\varphi(t) \\ y=\psi(t) \end{cases}$，$t\in(\alpha,\beta)$ 确定一个函数 $y=y(x)$，且有：

$$\frac{\mathrm{d}y}{\mathrm{d}x} = \frac{\dfrac{\mathrm{d}y}{\mathrm{d}t}}{\dfrac{\mathrm{d}x}{\mathrm{d}t}} = \frac{\psi'(t)}{\varphi'(t)} .$$

3.3.2　典例解析

例 1　求下列函数的导数．

（1）$y = \sin x^2 - \cos x + \ln 4$ ；　　　（2）$y = \mathrm{e}^{2x}\sin 3x$ ；　　　（3）$y = \dfrac{\ln x}{\tan x}$ ．

解　（1）$y' = (\sin x^2)' - (\cos x)' + (\ln 4)' = \cos x^2 \cdot (x^2)' - (-\sin x) + 0$

$\qquad\qquad = 2x\cos x^2 + \sin x.$

（2）$y' = (\mathrm{e}^{2x})' \cdot \sin 3x + \mathrm{e}^{2x} \cdot (\sin 3x)'$

$\quad = \mathrm{e}^{2x} \cdot (2x)' \sin 3x + \mathrm{e}^{2x} \cos 3x \cdot (3x)' = \mathrm{e}^{2x}(2\sin 3x + 3\cos 3x)$.

（3）$y' = \left(\dfrac{\ln x}{\tan x}\right)' = \dfrac{(\ln x)' \tan x - \ln x (\tan x)'}{\tan^2 x} = \dfrac{\dfrac{1}{x}\tan x - \ln x \sec^2 x}{\tan^2 x}$

$\quad = \dfrac{\tan x - x \ln x \sec^2 x}{x \tan^2 x}$.

例2 $y = \dfrac{x^2 - x}{x + \sqrt{x}}$，求 $\dfrac{\mathrm{d}y}{\mathrm{d}x}$.

解 $\because y = \dfrac{(x + \sqrt{x})(x - \sqrt{x})}{x + \sqrt{x}} = x - \sqrt{x}$，

$\therefore y' = (x)' - (x^{\frac{1}{2}})' = 1 - \dfrac{1}{2}x^{-\frac{1}{2}} = 1 - \dfrac{1}{2\sqrt{x}}$.

点拨 对于形式上比较复杂的函数，尽量化简后再求导（直接使用公式进行求导很麻烦，并且更容易出错）.

例3 求下列函数的导数.

（1）$y = \sqrt[3]{1 - 2x^2}$；   （2）$y = \mathrm{e}^{\arctan(\ln x)}$.

解 （1）$y = \sqrt[3]{1 - 2x^2}$ 可看成是由 $y = \sqrt[3]{u}$，$u = 1 - 2x^2$ 复合而成，利用复合函数的求导法则，从外到内逐层求导，则

$$y' = \frac{\mathrm{d}y}{\mathrm{d}u} \cdot \frac{\mathrm{d}u}{\mathrm{d}x} = \frac{1}{3}u^{-\frac{2}{3}} \cdot (-4x) = -\frac{4x}{3}(1 - 2x^2)^{-\frac{2}{3}}.$$

（2）$y = \mathrm{e}^{\arctan(\ln x)}$ 可看成是由 $y = \mathrm{e}^u$，$u = \arctan v$ 和 $v = \ln x$ 复合而成，利用复合函数的求导法则，从外到内逐层求导，则

$$y' = \frac{\mathrm{d}y}{\mathrm{d}u} \cdot \frac{\mathrm{d}u}{\mathrm{d}v} \cdot \frac{\mathrm{d}v}{\mathrm{d}x} = \mathrm{e}^u \cdot \frac{1}{1 + v^2} \cdot \frac{1}{x} = \frac{\mathrm{e}^{\arctan(\ln x)}}{x(1 + \ln^2 x)}.$$

点拨 对复合函数的结构分解熟练后，就不必再写出中间变量，直接按照链式法则从外到内逐层求导即可. 如上题可写为：

$$y' = \mathrm{e}^{\arctan(\ln x)} \cdot \frac{1}{1 + (\ln x)^2} \cdot \frac{1}{x} = \frac{\mathrm{e}^{\arctan(\ln x)}}{x(1 + \ln^2 x)}.$$

例4 已知 $y = \arccos\dfrac{x-3}{3} - 2\sqrt{\dfrac{x}{6-x}}$，求 $y'\big|_{x=3}$.

解 $\because y' = -\dfrac{1}{\sqrt{1 - \dfrac{(x-3)^2}{9}}} \cdot \left(\dfrac{x-3}{3}\right)' - 2 \cdot \dfrac{1}{2\sqrt{\dfrac{x}{6-x}}} \cdot \left(\dfrac{x}{6-x}\right)'$

$$= -\frac{1}{\sqrt{1 - \frac{(x-3)^2}{9}}} \cdot \frac{1}{3} - \sqrt{\frac{6-x}{x}} \cdot \frac{6-x-x\cdot(-1)}{(6-x)^2}$$

$$= -\frac{1}{\sqrt{9-(x-3)^2}} - \frac{6}{(6-x)^2} \cdot \sqrt{\frac{6-x}{x}}$$

$$\therefore y'|_{x=3} = -\frac{1}{\sqrt{9-0^2}} - \frac{6}{9} \cdot \sqrt{\frac{6-3}{3}} = -1 .$$

例 5 求函数 $y = \ln \sin \sqrt{x}$ 的微分.

解 方法一：利用复合函数的求导法则. 因为

$$y' = \frac{1}{\sin \sqrt{x}} \cdot \cos \sqrt{x} \cdot \frac{1}{2\sqrt{x}} = \frac{\cos \sqrt{x}}{2\sqrt{x} \sin \sqrt{x}} = \frac{\cot \sqrt{x}}{2\sqrt{x}} ,$$

所以 $dy = \dfrac{\cot \sqrt{x}}{2\sqrt{x}} dx$.

方法二：利用微分形式的不变性.

$$dy = d \ln \sin \sqrt{x} = \frac{1}{\sin \sqrt{x}} d \sin \sqrt{x} = \frac{1}{\sin \sqrt{x}} \cos x \sqrt{x} d\sqrt{x}$$

$$= \frac{1}{\sin \sqrt{x}} \cos x \sqrt{x} \frac{1}{2\sqrt{x}} dx = \frac{\cot \sqrt{x}}{2\sqrt{x}} dx .$$

例 6 已知 $y = f(u)$ 可导，求 $y = f(\sin^2 x)$ 的导数.

解 $y' = f'(\sin^2 x) \cdot (\sin^2 x)' = f'(\sin^2 x) \cdot 2\sin x \cdot (\sin x)'$

$$= f'(\sin^2 x) \cdot 2\sin x \cdot \cos x = f'(\sin^2 x) \cdot \sin 2x .$$

例 7 求由方程 $y = \tan(x+y)$ 确定的函数的导数和微分.

解 方程两端对 x 求导得 $y' = \sec^2(x+y) \cdot (1+y')$ ，所以

$$y' = \frac{\sec^2(x+y)}{1 - \sec^2(x+y)} = -\csc^2(x+y), \quad dy = -\csc^2(x+y)dx .$$

例 8 设方程 $e^{2x+y} - \cos(xy) = e - 1$ 确定了隐函数 $y = y(x)$ ，求曲线 $y = y(x)$ 在 $(0,1)$ 处的切线方程.

解 方程两边求导得 $e^{2x+y}(2+y') + \sin(xy)(y+xy') = 0$ ，

得 $y' = -\dfrac{2e^{2x+y} + y\sin(xy)}{e^{2x+y} + x\sin(xy)}$.

将点 $(0,1)$ 代入上式得 $y'(0) = -2$.

从而得到曲线 $y = y(x)$ 在 $(0,1)$ 处的切线方程为 $y + 2x - 1 = 0$.

例 9　$y = \dfrac{(x^2+2)(x+1)^3}{x^3+4}$，求 $y'(0)$.

解　方程两端取对数得：

$$\ln y = \ln(x^2+2) + 3\ln(x+1) - \ln(x^3+4)，$$

将上述方程两端对 x 求导得：$\dfrac{1}{y} \cdot y' = \dfrac{2x}{x^2+2} + \dfrac{3}{x+1} - \dfrac{3x^2}{x^3+4}$，

将 $x = 0$ 代入解析式得：$y(0) = \dfrac{1}{2}$，

将 $y(0) = \dfrac{1}{2}$ 和 $x = 0$ 代入上式得 $y'(0) = \dfrac{3}{2}$.

例 10　设 $y = \left(\dfrac{x}{1+x}\right)^x$，求 y'.

解　方法一：等式两边取对数，得 $\ln y = x\ln\dfrac{x}{1+x}$，即 $\ln y = x\left[\ln x - \ln(1+x)\right]$，

两边分别对 x 求导，得 $\dfrac{1}{y} \cdot y' = \ln\dfrac{x}{1+x} + x\left(\dfrac{1}{x} - \dfrac{1}{1+x}\right) = \ln\dfrac{x}{1+x} + \dfrac{1}{1+x}$，

所以　$y' = \left(\dfrac{x}{1+x}\right)^x \left(\ln\dfrac{x}{1+x} + \dfrac{1}{1+x}\right)$.

方法二：做恒等变形 $y = e^{\ln\left(\frac{x}{1+x}\right)^x} = e^{x\ln\frac{x}{1+x}}$，利用复合函数的求导法则得

$$y' = e^{x\ln\frac{x}{1+x}}\left[x\ln\dfrac{x}{1+x}\right]' = e^{x\ln\frac{x}{1+x}}\left\{\ln\dfrac{x}{1+x} + x\left[\ln x - \ln(1+x)\right]'\right\}$$

$$= e^{x\ln\left(\frac{x}{1+x}\right)}\left[\ln\dfrac{x}{1+x} + x\left(\dfrac{1}{x} - \dfrac{1}{1+x}\right)\right] = \left(\dfrac{x}{1+x}\right)^x\left(\ln\dfrac{x}{1+x} + \dfrac{1}{1+x}\right).$$

例 11*　求星形线 $\begin{cases} x = a\cos^3 t \\ y = a\sin^3 t \end{cases}$ 在 $t = \dfrac{\pi}{4}$ 处的切线方程和法线方程.

解　$\dfrac{\mathrm{d}y}{\mathrm{d}x} = \dfrac{\dfrac{\mathrm{d}y}{\mathrm{d}t}}{\dfrac{\mathrm{d}x}{\mathrm{d}t}} = \dfrac{3a\sin^2 t \cdot \cos t}{3a\cos^2 t \cdot (-\sin t)} = -\tan t$，

所以曲线在参数 $t = \dfrac{\pi}{4}$ 处的切线和法线的斜率分别为 -1 和 1，切点坐标为

$\left(\dfrac{\sqrt{2}a}{4}, \dfrac{\sqrt{2}a}{4}\right)$.

切线方程为：$y - \dfrac{\sqrt{2}a}{4} = -\left(x - \dfrac{\sqrt{2}a}{4}\right)$，即 $x + y - \dfrac{\sqrt{2}a}{2} = 0$

法线方程为：$y - \dfrac{\sqrt{2}a}{4} = \left(x - \dfrac{\sqrt{2}a}{4} \right)$，即 $y = x$.

3.3.3　习题

1．求下列函数的导数.

（1）$y = xa^x + 7e^x$；

（2）$y = 3x\tan x + \ln x - 4$；

（3）$y = x^3 + 3x\sin x$；

（4）$y = x^2 \ln x$；

（5）$y = 3e^x \sin x$；

（6）$y = \dfrac{\ln x}{x}$；

（7）$y = \dfrac{e^x}{x^2} + \sin 3$；

（8）$y = \dfrac{1 + \sin x}{1 - \cos x}$.

2．设 $f(x)$ 可导，求下列函数的导数.

（1）$y = f(\sqrt{x} + 2)$；

（2）$y = [f(x)]^3$；

（3）$y = e^{-f(x)}$；

（4）$y = \arctan[2f(x)]$.

3．求下列函数的导数.

（1）$y = (x^2 + x)^4$；

（2）$y = 3\cos(2x + 5)$；

（3）$y = \cos^2 x$；

（4）$y = \ln(\sin x)$；

（5）$y = (x + 3\sqrt{x})^2$；

（6）$y = xe^{2x}$；

（7）$y = \ln\ln\ln x$；

（8）$y = e^{\arctan\sqrt[3]{x}}$.

4．求下列函数的微分.

（1）$y = \dfrac{1}{x} + 2\sqrt{x}$；

（2）$y = x\sin 2x$；

（3）$y = \dfrac{x}{\sqrt{x^2 + 1}}$；

（4）$y = \ln^2(1 - x)$；

（5）$y = x^2 e^{2x}$；

（6）$y = f(e^x)$.

5．在括号内填入适当的函数，使等式成立.

（1）$x\mathrm{d}x = \mathrm{d}(\quad\quad)$；

（2）$\dfrac{1}{\sqrt{1 - x^2}}\mathrm{d}x = \mathrm{d}(\quad\quad)$；

（3）$e^{3x}\mathrm{d}x = \mathrm{d}(\quad\quad)$；

（4）$\sin 2x\mathrm{d}x = \mathrm{d}(\quad\quad)$.

6．求由下列方程所确定的隐函数的导数 $\dfrac{\mathrm{d}y}{\mathrm{d}x}$.

（1）$x^2 + y^2 = xy$；

（2）$x^2 \sin y = \cos(x + y)$；

（3）$x^2 y = e^{3x + 2y}$；

（4）$y = 1 + e^y \sin x$.

7. 求曲线 $e^y - xy - 2 = 0$ 在点 $(0, \ln 2)$ 处的切线方程.

8. 设 $y = y(x)$ 是由方程 $\ln(x^2 + y^2) = x + y - 1$ 所确定的隐函数，求 dy 及 $dy\big|_{(0,1)}$.

9. 用对数求导法求下列函数的导数.

（1）$y = (\sin x)^{\cos x}$;　　　　　　　　（2）$y = \left(1 + \dfrac{1}{3x}\right)^x$;

（3）$y = \dfrac{\sqrt{x+2}(3-x)^4}{(x+1)^5}$;　　　　　（4）$y = \dfrac{\sqrt{x^2 + 2x}}{\sqrt[3]{x^2 - 2}}$.

10*. 已知 $\begin{cases} x = e^t \sin t \\ y = e^t \cos t \end{cases}$，求当 $t = \dfrac{\pi}{3}$ 时 $\dfrac{dy}{dx}$ 的值.

3.3.4　习题详解

1. **解**　（1）$y' = 1 \cdot a^x + x \cdot a^x \ln a + 7e^x$;

（2）$y' = 3\tan x + 3x\sec^2 x + \dfrac{1}{x}$;

（3）$y' = 3x^2 + 3\sin x + 3x\cos x$;

（4）$y' = 2x\ln x + x^2 \cdot \dfrac{1}{x} = 2x\ln x + x$;

（5）$y' = 3e^x \sin x + 3e^x \cos x$;

（6）$y' = \dfrac{\dfrac{1}{x} \cdot x - \ln x \cdot 1}{x^2} = \dfrac{1 - \ln x}{x^2}$;

（7）$y = \dfrac{e^x \cdot x^2 - e^x \cdot 2x}{x^4} = \dfrac{e^x(x-2)}{x^3}$;

（8）$y' = \dfrac{\cos x \cdot (1 - \cos x) - (1 + \sin x) \cdot \sin x}{(1 - \cos x)^2} = \dfrac{\cos x - \sin x - 1}{(1 - \cos x)^2}$.

2. **解**　（1）$y' = f'(\sqrt{x} + 2) \cdot \dfrac{1}{2\sqrt{x}}$;　　　　（2）$y' = 3[f(x)]^2 \cdot f'(x)$;

（3）$y' = e^{-f(x)} \cdot [-f'(x)]$;　　　　　　（4）$y' = \dfrac{1}{1 + 4f^2(x)} \cdot 2f'(x)$.

3. **解**　（1）$y' = 4(x^2 + x)^3 \cdot (2x + 1)$;

（2）$y' = -3\sin(2x + 5) \cdot 2 = -6\sin(2x + 5)$;

（3）$y' = 2\cos x \cdot [-\sin x] = -\sin 2x$;　　（4）$y' = \dfrac{\cos x}{\sin x} = \cot x$;

（5）$y' = 2(x + 3\sqrt{x}) \cdot \left(1 + \dfrac{3}{2\sqrt{x}}\right)$;　　（6）$y' = e^{2x} + 2xe^{2x}$;

（7） $y' = \dfrac{1}{\ln \ln x} \cdot \dfrac{1}{\ln x} \cdot \dfrac{1}{x} = \dfrac{1}{x \ln x \ln \ln x}$；

（8） $y' = e^{\arctan \sqrt[3]{x}} \cdot \dfrac{1}{1 + \sqrt[3]{x^2}} \cdot \dfrac{1}{3} x^{-\frac{2}{3}} = \dfrac{e^{\arctan \sqrt[3]{x}}}{3 \sqrt[3]{x^2} (1 + \sqrt[3]{x^2})}$.

4. 解 （1） $\because y' = \dfrac{-1}{x^2} + \dfrac{2}{2\sqrt{x}}, \quad \therefore dy = \left(-\dfrac{1}{x^2} + \dfrac{1}{\sqrt{x}} \right) dx$；

（2） $\because y' = 1 \cdot \sin 2x + x \cdot \cos 2x \cdot 2 = \sin 2x + 2x \cos 2x, \quad \therefore dy = (\sin 2x + 2x \cos 2x) dx$；

（3） $\because y' = \dfrac{1 \cdot \sqrt{x^2+1} - x \cdot \dfrac{2x}{2\sqrt{x^2+1}}}{x^2+1} = (x^2+1)^{-\frac{3}{2}}, \quad \therefore dy = (x^2+1)^{-\frac{3}{2}} dx$；

（4） $\because y' = 2\ln(1-x) \cdot \dfrac{1}{1-x} \cdot (-1) = \dfrac{2\ln(1-x)}{x-1}, \quad \therefore dy = \dfrac{2\ln(1-x)}{x-1} dx$；

（5） $\because y' = 2x \cdot e^{2x} + x^2 \cdot e^{2x} \cdot 2 = 2xe^{2x}(x+1), \quad \therefore dy = 2xe^{2x}(x+1) dx$；

（6） $\because y' = f'(e^x) \cdot e^x, \quad \therefore dy = e^x f'(e^x) dx$.

5. 解 （1） $\dfrac{x^2}{2} + C$；（2） $\arcsin x + C$；（3） $\dfrac{1}{3} e^{3x} + C$；（4） $-\dfrac{1}{2} \cos 2x + C$.

6. 解 （1）方程两边对 x 求导，得 $2x + 2y \cdot y' = 1 \cdot y + xy'$，解得 $y' = \dfrac{2x - y}{x - 2y}$；

（2）方程两边对 x 求导，得 $2x \cdot \sin y + x^2 \cdot \cos y \cdot y' = -\sin(x+y) \cdot (1 + y')$，

解得 $y' = -\dfrac{2x \sin y + \sin(x+y)}{\sin(x+y) + x^2 \cos y}$；

（3）方程两边对 x 求导，得 $2x \cdot y + x^2 \cdot y' = e^{3x+2y} \cdot (3 + 2y')$，

解得 $y' = \dfrac{2xy - 3e^{3x+2y}}{2e^{3x+2y} - x^2}$；

（4）方程两边对 x 求导，得 $y' = \cos x \cdot e^y + \sin x \cdot e^y \cdot y'$，解得 $y' = \dfrac{e^y \cos x}{1 - e^y \sin x}$.

7. 解 曲线方程两边对 x 求导，得 $e^y \cdot y' - (1 \cdot y + x \cdot y') = 0$，将 $(0, \ln 2)$ 代入上式得 $(0, \ln 2)$ 点处的斜率为 $y'(0) = \dfrac{\ln 2}{2}$，所以 $(0, \ln 2)$ 点处的切线方程为

$y - \ln 2 = \dfrac{\ln 2}{2} x$.

8. 解 方程两边对 x 求导，得 $\dfrac{2x + 2y \cdot y'}{x^2 + y^2} = 1 + y'$，所以

$$y' = \dfrac{2x - x^2 - y^2}{x^2 + y^2 - 2y}, \quad dy = \dfrac{2x - x^2 - y^2}{x^2 + y^2 - 2y} dx, \quad dy \Big|_{(0,1)} = dx.$$

9.解　（1）将函数两边取对数，得 $\ln y = \cos x \ln \sin x$，两边对 x 求导，得

$\dfrac{1}{y} \cdot y' = -\sin x \ln \sin x + \cos x \dfrac{1}{\sin x} \cos x$，所以 $y' = (\sin x)^{\cos x}\left[-\sin x \ln \sin x + \dfrac{\cos^2 x}{\sin x}\right]$；

（2）将函数两边取对数，得 $\ln y = x \ln\left(1 + \dfrac{1}{3x}\right) = x[\ln(1+3x) - \ln 3x]$，

两边对 x 求导，得 $\dfrac{1}{y} \cdot y' = 1 \cdot [\ln(1+3x) - \ln 3x] + x \cdot \left(\dfrac{3}{1+3x} - \dfrac{1}{x}\right)$，

所以 $y' = \left(1 + \dfrac{1}{3x}\right)^x \left[\ln\left(1 + \dfrac{1}{3x}\right) - \dfrac{1}{1+3x}\right]$；

（3）将函数两边取对数，得 $\ln y = \dfrac{1}{2}\ln(x+2) + 4\ln(3-x) - 5\ln(x+1)$，

两边对 x 求导，得 $\dfrac{1}{y} \cdot y' = \dfrac{1}{2} \cdot \dfrac{1}{x+2} + 4 \cdot \dfrac{-1}{3-x} - 5 \cdot \dfrac{1}{x+1}$，

所以 $y' = \dfrac{\sqrt{x+2}(3-x)^4}{(x+1)^5}\left(\dfrac{1}{2x+4} - \dfrac{4}{3-x} - \dfrac{5}{x+1}\right)$；

（4）将函数两边取对数，得 $\ln y = \dfrac{1}{2}\ln(x^2+2x) - \dfrac{1}{3}\ln(x^2-2)$，

两边对 x 求导，得 $\dfrac{1}{y} \cdot y' = \dfrac{1}{2} \cdot \dfrac{2x+2}{x^2+2x} - \dfrac{1}{3} \cdot \dfrac{2x}{x^2-2}$，

所以 $y' = \dfrac{\sqrt{x^2+2x}}{\sqrt[3]{x^2-2}}\left(\dfrac{x+1}{x^2+2x} - \dfrac{2x}{3x^2-6}\right)$.

10*.解　$\dfrac{\mathrm{d}y}{\mathrm{d}x} = \dfrac{\dfrac{\mathrm{d}y}{\mathrm{d}t}}{\dfrac{\mathrm{d}x}{\mathrm{d}t}} = \dfrac{e^t \cos t - e^t \sin t}{e^t \sin t + e^t \cos t} = \dfrac{\cos t - \sin t}{\cos t + \sin t}$，将 $t = \dfrac{\pi}{3}$ 代入上式得

$\left.\dfrac{\mathrm{d}y}{\mathrm{d}x}\right|_{t=\frac{\pi}{3}} = \dfrac{1-\sqrt{3}}{1+\sqrt{3}}$.

3.4　高阶导数

3.4.1　知识点分析

1.高阶导数的概念与记号

若函数 $y' = f'(x)$ 在 x 点仍可导，则称其导数为 $y = f(x)$ 的二阶导（函）数，记为

$y'' = f''(x) = \dfrac{\mathrm{d}^2 y}{\mathrm{d}x^2} = \dfrac{\mathrm{d}^2 f(x)}{\mathrm{d}x^2}$，类似地，可定义 $y = f(x)$ 的三阶、四阶导数. $n-1$ 阶导数的导数称为 n 阶导数，可记为

$$y^{(n)} = f^{(n)}(x) = \dfrac{\mathrm{d}^n y}{\mathrm{d}x^n}.$$ （注意记号里的括号）

2. 高阶导数的求法

高阶导数没有新的求导公式，只要将函数逐阶求导即可.

求一些简单函数的 n 阶导数时，可以先求几个低阶的导数，如 y'，y''，y'''，$y^{(4)}$ 等，找出规律，递推而得函数的 n 阶导数.

几个基本初等函数的 n 阶导数如下：

（1）$(x^n)^{(n)} = n!$；

（2）$(\mathrm{e}^x)^{(n)} = \mathrm{e}^x$，$(a^x)^{(n)} = a^x \ln^n a$；

（3）$(\ln x)^{(n)} = (-1)^{n-1}(n-1)! x^{-n}$；

（4）$(\sin x)^{(n)} = \sin\left(x + \dfrac{n\pi}{2}\right)$，$(\cos x)^{(n)} = \cos\left(x + \dfrac{n\pi}{2}\right)$.

注　简单的复合函数也可相应给出，如：

$$(\mathrm{e}^{2x})^{(n)} = 2^n \mathrm{e}^{2x}，\quad (\cos 4x)^{(n)} = 4^n \cos\left(4x + \dfrac{n\pi}{2}\right).$$

3. 运算律

（1）$(u \pm v)^{(n)} = u^{(n)} \pm v^{(n)}$；

（2）莱布尼茨公式：

$$(uv)^{(n)} = \sum_{k=0}^{n} C_n^k u^{(n-k)} v^{(k)} = C_n^0 u^{(n)} v + C_n^1 u^{(n-1)} v' + \cdots + C_n^k u^{(n-k)} v^{(k)} \cdots + C_n^n u v^{(n)}.$$

3.4.2　典例解析

例 1　用递推法求 $y = x\mathrm{e}^x$ 的 n 阶导数.

解　$y' = 1 \cdot \mathrm{e}^x + x \cdot \mathrm{e}^x = (x+1)\mathrm{e}^x$，

　　$y'' = 1 \cdot \mathrm{e}^x + (x+1) \cdot \mathrm{e}^x = (x+2)\mathrm{e}^x$，

　　$y''' = 1 \cdot \mathrm{e}^x + (x+2) \cdot \mathrm{e}^x = (x+3)\mathrm{e}^x$，

　　$y^{(n)} = (x+n)\mathrm{e}^x$.

例 2　求 $y = \mathrm{e}^{2x} \sin 3x$ 的二阶导数.

解　$y' = 2\mathrm{e}^{2x} \sin 3x + 3\mathrm{e}^{2x} \cos 3x$，

　　$y'' = 4\mathrm{e}^{2x} \sin 3x + 6\mathrm{e}^{2x} \cos 3x + 6\mathrm{e}^{2x} \cos 3x - 9\mathrm{e}^{2x} \sin 3x$

$$= \mathrm{e}^{2x}(12\cos 3x - 5\sin 3x).$$

例 3　求 $y = \sin^4 x + \cos^4 x$ 的 n 阶导数.

解　方法一：间接法.

$$y = (\sin^2 x + \cos^2 x)^2 - 2\sin^2 x \cos^2 x = 1 - \frac{1}{2}\sin^2 2x = \frac{3}{4} + \frac{1}{4}\cos 4x,$$

由 $(\cos 4x)^{(n)} = 4^n \cos\left(4x + \dfrac{n\pi}{2}\right)$ 可得 $y^{(n)} = 4^{n-1}\cos\left(4x + \dfrac{n\pi}{2}\right).$

方法二：直接递推法.

$$y' = 4\sin^3 x \cos x - 4\cos^3 x \sin x$$

$$= 4\sin x \cos x(\sin^2 x - \cos^2 x)$$

$$= -2\sin 2x \cos 2x = -\sin 4x = \cos\left(4x + \frac{\pi}{2}\right),$$

$$y'' = -4\cos 4x = 4\cos\left(4x + \frac{2\pi}{2}\right),$$

$$y''' = 16\sin 4x = 4^2\cos\left(4x + \frac{3\pi}{2}\right), \quad \cdots, \quad y^{(n)} = 4^{n-1}\cos\left(4x + \frac{n\pi}{2}\right).$$

例 4　求由方程 $\mathrm{e}^{\arctan\frac{y}{x}} = \sqrt{x^2 + y^2}$ 确定的函数 $y = y(x)$ 的二阶导数 y''.

解　方程两端取对数得 $\arctan\dfrac{y}{x} = \dfrac{1}{2}\ln(x^2 + y^2),$

再将上述方程两端对 x 求导得 $\dfrac{1}{1 + \left(\dfrac{y}{x}\right)^2} \cdot \dfrac{y' \cdot x - y \cdot 1}{x^2} = \dfrac{1}{2}\dfrac{1}{x^2 + y^2} \cdot (2x + 2y \cdot y'),$

化简上式得到 $xy' - y = x + yy'$，即 $y' = \dfrac{x + y}{x - y}$，所以

$$y'' = \frac{(1 + y') \cdot (x - y) - (x + y) \cdot (1 - y')}{(x - y)^2} = \frac{-2y + 2xy'}{(x - y)^2} = \frac{2(x^2 + y^2)}{(x - y)^3}.$$

例 5　设 $y = f(\ln x)$，其中 $f(u)$ 二阶可导，求 y''.

解　函数 $y = f(\ln x)$ 可看作由 $y = f(u)$ 和 $u = \ln x$ 复合而成.利用复合函数的求导法则，得 $y' = f'(u) \cdot (\ln x)' = \dfrac{f'(u)}{x} = \dfrac{f'(\ln x)}{x}.$

而　$y'' = \left[\dfrac{f'(\ln x)}{x}\right]' = \dfrac{x[f'(\ln x)]' - f'(\ln x)}{x^2} = \dfrac{xf''(\ln x)(\ln x)' - f'(\ln x)}{x^2}$

$$= \frac{xf''(\ln x)\dfrac{1}{x} - f'(\ln x)}{x^2} = \frac{f''(\ln x) - f'(\ln x)}{x^2}.$$

点拨　对于抽象复合函数求二阶导数时要注意：

（1）设 $g = f'(\ln x)$，那么 $g = f'(\ln x)$ 仍然是复合函数，由 $g = f'(u)$ 和 $u = \ln x$ 复合而成；

（2）符号 $f'(\ln x)$ 与 $[f(\ln x)]'$ 不同，$f'(\ln x)$ 是对中间变量 $\ln x$ 求导数，而 $[f(\ln x)]'$ 是对自变量 x 求导数.

例 6　已知 $y = x^3 \ln x$，利用莱布尼茨公式计算 $y^{(6)}(1)$ 的值.

解　令 $u = \ln x$，$v = x^3$，

则 $u' = x^{-1}$，$u'' = -x^{-2}$，$u''' = 2x^{-3}$，$\cdots$，$u^{(n)} = (-1)^{n-1}\ (n-1)!x^{-n}$，$v' = 3x^2$，$v'' = 6x$，

$v''' = 6$，$v^{(n)} = 0$（$n \geqslant 4$），代入莱布尼茨公式，得

$$y^{(6)} = -5!x^{-6} \cdot x^3 + C_6^1 4!x^{-5} \cdot 3x^2 - C_6^2 3!x^{-4} \cdot 6x + C_6^3 2!x^{-3} \cdot 6.$$

将 $x = 1$ 代入上式得 $y^{(6)}(1) = 12$.

3.4.3　习题

1．求下列函数的二阶导数.

（1）$y = x^2 \ln x$；　　　　　　　　（2）$y = e^{2x-1}$；

（3）$y = 3e^x \cos x$；　　　　　　　（4）$y = \ln\sin x$；

（5）$y = \arctan x^2$；　　　　　　　（6）$y = x\cos x$；

（7）$y = (1 + x^2)\arctan x$.

2．设 $f(x)$ 二阶可导，求下列函数的二阶导数.

（1）$y = f(e^x)$；　　　　　　　　　（2）$y = \ln[f(x)]$.

3．已知函数 $y = y(x)$ 由方程 $e^y + 6xy + x^2 = 1$ 确定，求 $y''(0)$.

4．求下列函数所指定的阶的导数.

（1）$y = e^x x^2$，求 $y^{(4)}$；　　　　（2）$y = x^2 \sin x$，求 $y^{(20)}$.

5．设 $y = \cos^2 x$，求 $y^{(n)}$.

3.4.4　习题详解

1．**解**　（1）$y' = 2x\ln x + x^2 \cdot \dfrac{1}{x} = 2x\ln x + x$，$y'' = 2\ln x + 2x \cdot \dfrac{1}{x} + 1 = 2\ln x + 3$；

（2）$y' = e^{2x-1} \cdot 2 = 2e^{2x-1}$，$y'' = 4e^{2x-1}$；

（3）$y' = 3e^x \cos x + 3e^x \cdot (-\sin x)$，

$\quad y'' = 3e^x \cos x - 3e^x \sin x - 3e^x \sin x - 3e^x \cos x = -6e^x \sin x$；

（4） $y' = \dfrac{\cos x}{\sin x} = \cot x,\ y'' = -\csc^2 x$；

（5） $y' = \dfrac{1}{1+x^4} \cdot 2x,\ y'' = \dfrac{2 \cdot (1+x^4) - 2x \cdot 4x^3}{(1+x^4)^2} = \dfrac{2(1-3x^4)}{(1+x^4)^2}$；

（6） $y' = \cos x - x\sin x,\ y'' = -\sin x - \sin x - x\cos x = -2\sin x - x\cos x$；

（7） $y' = 2x\arctan x + (1+x^2) \cdot \dfrac{1}{1+x^2} = 2x\arctan x + 1$，

$$y'' = 2\arctan x + 2x \cdot \dfrac{1}{1+x^2} = 2\arctan x + \dfrac{2x}{1+x^2}.$$

2．**解**　（1） $y' = \mathrm{e}^x f'(\mathrm{e}^x)$，

$$y'' = \mathrm{e}^x f'(\mathrm{e}^x) + \mathrm{e}^x \left[f'(\mathrm{e}^x) \right]' = \mathrm{e}^x f'(\mathrm{e}^x) + \mathrm{e}^x f''(\mathrm{e}^x)\mathrm{e}^x = \mathrm{e}^x f'(\mathrm{e}^x) + \mathrm{e}^{2x} f''(\mathrm{e}^x)$$；

（2） $y' = \dfrac{f'(x)}{f(x)}$，

$$y'' = \dfrac{f''(x)f(x) - f'(x)f'(x)}{f^2(x)} = \dfrac{f''(x)f(x) - [f'(x)]^2}{f^2(x)}.$$

3．**解**　方程两边同时对 x 求导，得 $\mathrm{e}^y \cdot y' + 6y + 6xy' + 2x = 0$，解方程得

$$y' = -\dfrac{6y+2x}{\mathrm{e}^y + 6x},$$

$$y'' = -\dfrac{(6y'+2)(\mathrm{e}^y + 6x) - (\mathrm{e}^y \cdot y' + 6)(6y+2x)}{(\mathrm{e}^y + 6x)^2},$$

当 $x=0$ 时，$y=0$，所以 $y'(0) = 0$，代入上式得 $y''(0) = -2$．

4．**解**　（1）令 $u = \mathrm{e}^x,\ v = x^2$，则 $u^{(k)} = \mathrm{e}^x\ (k=1,\cdots 4)$，

$v' = 2x,\ v'' = 2,\ v''' = 0,\ v^{(4)} = 0$，代入莱布尼茨公式，得

$$y^{(4)} = \mathrm{e}^x \cdot x^2 + 4\mathrm{e}^x \cdot 2x + 6\mathrm{e}^x \cdot 2 = \mathrm{e}^x \cdot (x^2 + 8x + 12).$$

（2）令 $u = \sin x,\ v = x^2$，则 $u^{(k)} = \sin\left(x + k \cdot \dfrac{\pi}{2}\right)\ (k=1,\cdots 20)$，

$v' = 2x,\ v'' = 2,\ v^{(k)} = 0\ (k=3,\cdots 20)$，代入莱布尼茨公式，得

$$y^{(20)} = \sin\left(x + 20 \cdot \dfrac{\pi}{2}\right) \cdot x^2 + 20\sin\left(x + 19 \cdot \dfrac{\pi}{2}\right) \cdot 2x + \dfrac{20 \cdot 19}{2} \cdot \sin\left(x + 18 \cdot \dfrac{\pi}{2}\right) \cdot 2$$

$$= x^2 \sin x - 40x\cos x - 380\sin x.$$

5．**解**　$y = \cos^2 x = \dfrac{1}{2}(1 + \cos 2x)$，

故利用公式得 $y^{(n)} = \dfrac{1}{2} \cdot 2^n \cos\left(2x + \dfrac{n\pi}{2}\right) = 2^{n-1}\cos\left(2x + \dfrac{n\pi}{2}\right).$

3.5　边际与弹性

3.5.1　知识点分析

1. 边际的概念

设函数 $y = f(x)$ 在 x 处可导，则称导数 $f'(x)$ 为 $f(x)$ 的边际函数. $f'(x)$ 在 x_0 处的值 $f'(x_0)$ 称为边际函数值. 其含义是：当 $x = x_0$ 时，x 改变一个单位，y 相应改变了 $f'(x_0)$ 个单位.

注　通常把各种经济函数前面加"边际"两字，即边际函数为该经济函数的导函数.例如边际成本函数、边际需求函数、边际收益函数、边际利润函数等.

2. 弹性的概念

设函数 $y = f(x)$ 可导，函数的相对变化量为

$$\frac{\Delta y}{y} = \frac{f(x + \Delta x) - f(x)}{f(x)}$$

其与自变量的相对变化量 $\dfrac{\Delta x}{x}$ 之比 $\dfrac{\Delta y / y}{\Delta x / x}$ 称为函数 $f(x)$ 在 x 与 $x + \Delta x$ 两点之间的弹性（或相对变化率）. 而极限 $\lim\limits_{\Delta x \to 0} \dfrac{\Delta y / y}{\Delta x / x}$ 称为函数 $f(x)$ 在 x 处的弹性（或相对变化率），记为 $\dfrac{E}{Ex} f(x) = \dfrac{Ey}{Ex} = \lim\limits_{\Delta x \to 0} \dfrac{\Delta y / y}{\Delta x / x} = \dfrac{\dfrac{\mathrm{d}y}{\mathrm{d}x}}{\dfrac{y}{x}} = \dfrac{x y'}{y}$.

注　通常把各种经济函数后面加"弹性"，即函数弹性为该经济函数的弹性.例如需求的价格弹性、供给弹性、成本弹性、收益弹性、利润弹性等.

3.5.2　典例解析

例 1　某产品的需求函数为 $P = Q^{-\frac{1}{2}}(12 - Q)$，$P$ 为价格（元/千克），Q 为需求量（千克）. 若 $Q = 4$ 时，每千克产品提价一元，需求量将如何变化？

解　方程两端对价格 P 求导得

$$1 = \left(-6Q^{-\frac{3}{2}} - \frac{1}{2}Q^{-\frac{1}{2}}\right)\frac{\mathrm{d}Q}{\mathrm{d}P}, \quad \therefore \frac{\mathrm{d}Q}{\mathrm{d}P} = \frac{-1}{6Q^{-\frac{3}{2}} + \frac{1}{2}Q^{-\frac{1}{2}}} = \frac{-2Q^{\frac{3}{2}}}{12 + Q}.$$

将 $Q = 4$ 代入边际需求函数得

$\dfrac{\mathrm{d}Q}{\mathrm{d}P}\bigg|_{Q=4} = -1$，即此时提价一元，需求量将减少 1 千克.

例 2 某产品的需求函数为 $Q = 12 - 0.5P$.

（1）求 $P = 6, 12, 18$ 时的边际收益.（2）当价格分别为 $6, 12, 18$ 时收益弹性分别是多少？若价格提高 4% 时收益将如何变化？

解 （1）收益为 $R = PQ = P(12 - 0.5P) = 12P - 0.5P^2$，所以边际 $\dfrac{\mathrm{d}R}{\mathrm{d}P} = 12 - P$，

$$\dfrac{\mathrm{d}R}{\mathrm{d}P}\bigg|_{P=6} = 6, \qquad \dfrac{\mathrm{d}R}{\mathrm{d}P}\bigg|_{P=12} = 0, \qquad \dfrac{\mathrm{d}R}{\mathrm{d}P}\bigg|_{P=18} = -6,$$

即 $P = 6, 12, 18$ 时的边际收益分别为 $6, 0, -6$；

（2）$\dfrac{ER}{EP} = \dfrac{P}{R} \cdot \dfrac{\mathrm{d}R}{\mathrm{d}P} = \dfrac{P}{P(12 - 0.5P)} \cdot (12 - P) = \dfrac{12 - P}{12 - 0.5P}$.

$$\dfrac{ER}{EP}\bigg|_{P=6} = \dfrac{2}{3}, \qquad \dfrac{ER}{EP}\bigg|_{P=12} = 0, \qquad \dfrac{ER}{EP}\bigg|_{P=18} = -2.$$

当 $P = 6$ 时，价格提高 4%，$\dfrac{2}{3} \times 4 \approx 2.66$，即此时提价 4%，会使收益增加 2.66%.

当 $P = 12$ 时，价格提高 4%，由于弹性为零，则价格在 12 附近小幅度涨跌时基本不影响收益.

当 $P = 18$ 时，价格提高 4%，$-2 \times 4 = -8$，即此时提价 4% 会使收益减少 8%.

3.5.3 习题

1. 设某商品的总收益 R 关于销售量 Q 的函数为，$R(Q) = 104Q - 0.4Q^2$. 求：
   （1）销售量为 Q 时的边际收益；
   （2）销售量 $Q = 50$ 个单位时总收入的边际收益；
   （3）销售量 $Q = 100$ 个单位时总收入对 Q 的弹性.

2. 某商品的价格 P 关于需求量 Q 的函数为 $P = 10 - \dfrac{Q}{5}$，求：
   （1）总收益函数、平均收益函数和边际收益函数；
   （2）当 $Q = 20$ 个单位时的总收益和边际收益.

3. 设某商品的需求函数为 $Q = \mathrm{e}^{-\frac{P}{5}}$，求：
   （1）需求弹性函数；
   （2）$P = 3, 5, 6$ 时的需求弹性，并说明其经济意义.

4. 某厂每周生产 Q 单位（单位：百件）的产品，产品的总成本 C（单位：万元）

与产量的函数关系为 $C = C(Q) = 100 + 12Q - Q^2$ ，如果每百件产品销售价格为 4 万元，试写出利润函数及边际利润为零时该厂每周的产量.

5. 设某商品的供给函数为 $Q = 4 + 5P$ ，求供给弹性函数及 $P = 2$ 时的供给弹性.

6. 某企业生产一种商品，年需求量 Q 是价格 P 的线性函数，即 $Q = a - bP$ ，其中 $a, b > 0$ ，试求：

（1）需求弹性；

（2）需求弹性等于 1 时的价格.

3.5.4　习题详解

1. **解**　（1）$\dfrac{\mathrm{d}R}{\mathrm{d}Q} = 104 - 0.8Q$ ；

（2）将 $Q = 50$ 代入上式得 $\dfrac{\mathrm{d}R}{\mathrm{d}Q}\bigg|_{Q=50} = 64$ ；

（3）$\because \dfrac{ER}{EQ} = \dfrac{Q}{R} \cdot \dfrac{\mathrm{d}R}{\mathrm{d}Q} = \dfrac{Q}{104Q - 0.4Q^2} \cdot (104 - 0.8Q) = \dfrac{104 - 0.8Q}{104 - 0.4Q}$ ，

$\therefore \dfrac{ER}{EQ}\bigg|_{Q=100} = \dfrac{3}{8} = 37.5\%$.

2. **解**　（1）总收益函数为 $R = PQ = \left(10 - \dfrac{Q}{5}\right) \cdot Q = 10Q - \dfrac{Q^2}{5}$ ，

平均收益函数为 $\bar{R} = \dfrac{R}{Q} = 10 - \dfrac{Q}{5}$ ，

边际收益函数为 $R' = 10 - \dfrac{2}{5}Q$ ；

（2）当 $Q = 20$ 个单位时的总收益为 $R = 10 \times 20 - \dfrac{20^2}{5} = 120$ ，

当 $Q = 20$ 个单位时的边际收益为 $R' = 10 - \dfrac{2}{5} \times 20 = 2$.

3. **解**　（1）$\dfrac{EQ}{EP} = \dfrac{P}{Q} \cdot \dfrac{\mathrm{d}Q}{\mathrm{d}P} = \dfrac{P}{\mathrm{e}^{-\frac{P}{5}}} \cdot \left(-\dfrac{1}{5}\right) \cdot \mathrm{e}^{-\frac{P}{5}} = -\dfrac{1}{5}P$.

（2）$\dfrac{EQ}{EP}\bigg|_{P=3} = -0.6$ ，$\dfrac{EQ}{EP}\bigg|_{P=5} = -1$ ，$\dfrac{EQ}{EP}\bigg|_{P=6} = -1.2$.

经济意义：当价格分别为 $3, 5, 6$ 时，每当价格提高 1% ，其需求量分别减少 0.6% ，1% ，1.2% .

4. **解**　$L(Q) = R(Q) - C(Q) = 4Q - (100 + 12Q - Q^2) = Q^2 - 8Q - 100$.

$L'(Q) = 2Q - 8$，令 $L'(Q) = 0$，得 $Q = 4$，即每周生产400件产品时，边际利润为零.

5. 解 $\dfrac{EQ}{EP} = \dfrac{P}{Q} \cdot \dfrac{\mathrm{d}Q}{\mathrm{d}P} = \dfrac{P}{4+5P} \cdot 5 = \dfrac{5P}{4+5P}$.

$\left. \dfrac{EQ}{EP} \right|_{P=2} = \dfrac{5}{7}$.

6. 解   （1）需求弹性 $\eta = -\dfrac{P}{Q} \cdot \dfrac{\mathrm{d}Q}{\mathrm{d}P} = -\dfrac{P}{a-bP} \cdot (-b) = \dfrac{bP}{a-bP}$.

（2）当 $\eta = 1$ 时，即 $\dfrac{bP}{a-bP} = 1$，此时 $P = \dfrac{a}{2b}$，即需求弹性等于 1 时，价格是 $\dfrac{a}{2b}$.

本章练习 A

1．单项选择题.

（1）$f(x)$ 在 $x = x_0$ 处左导数 $f'_-(x_0)$ 和右导数 $f'_+(x_0)$ 存在且相等，是 $f(x)$ 在 $x = x_0$ 处可导的（   ）.

　　A．必要非充分条件　　　　　　　　B．充分非必要条件

　　C．充分必要条件　　　　　　　　　D．既非充分又非必要条件

（2）已知 $f(x)$ 在 $x = x_0$ 处可导，且有 $\lim\limits_{h \to 0} \dfrac{2h}{f(x_0) - f(x_0 - 4h)} = -\dfrac{1}{4}$ 存在，则 $f'(x_0) = $（   ）.

　　A．-4　　　　　B．-2　　　　　C．2　　　　　D．4

（3）已知 $\varphi(x) = \begin{cases} x^2 - 1, & x > 2 \\ ax + b, & x \leqslant 2 \end{cases}$，且 $\varphi'(2)$ 存在，则常数 a，b 的值分别为（   ）.

　　A．$a = 2$，$b = 1$　　　　　　　　B．$a = -1$，$b = 5$

　　C．$a = 4$，$b = -5$　　　　　　　D．$a = 3$，$b = -3$

（4）若函数 $y = f(x)$ 有 $f'(x_0) = \dfrac{1}{2}$，则当 $\Delta x \to 0$ 时，该函数在点 $x = x_0$ 处的微分是（   ）.

　　A．与 Δx 等价的无穷小　　　　　B．与 Δx 同阶的无穷小

　　C．与 Δx 低阶的无穷小　　　　　D．与 Δx 高阶的无穷小

2．填空题.

（1）设 $y = \arccos \sqrt{x}$，则 $y'\left(\dfrac{1}{2}\right) = $ _____；

（2）设 $f\left(\dfrac{1}{x}\right) = \cos x^2$，则 $f'(x) =$ _____；

（3）设 $y = f(\ln x)$，其中 $f(x)$ 可导，则 $\mathrm{d}y =$ _____；

（4）设某商品的成本函数为 $C(Q) = 1000 + \dfrac{Q^2}{8}$，则当产量 $Q = 120$ 时的边际成本为_____.

3．判断下列命题是否正确并说明理由.

（1）若 $f(x)$ 在 x_0 处不可导，则曲线 $y = f(x)$ 在 $(x_0, f(x_0))$ 点处必无切线；

（2）若曲线 $y = f(x)$ 处处有切线，则函数 $y = f(x)$ 必处处可导；

（3）若 $f(x)$ 在 x_0 处可导，则 $|f(x)|$ 在 x_0 处必可导；

（4）若函数 $y = f(x)$ 处处有切线，则曲线 $y = f(x)$ 必处处可导.

4．求下列函数 $f(x)$ 的 $f'_-(0)$、$f'_+(0)$ 并判断 $f'(0)$ 是否存在.

（1）$f(x) = \begin{cases} \sin x, & x < 0 \\ \ln(1+x), & x \geqslant 0 \end{cases}$；

（2）$f(x) = \begin{cases} \dfrac{x}{1 + \mathrm{e}^{\frac{1}{x}}}, & x \neq 0 \\ 0, & x = 0 \end{cases}$.

5．设 $f(x) = \arcsin x$，$\varphi(x) = x^2$，求 $f[\varphi'(x)]$，$f'[\varphi(x)]$，$[f(\varphi(x))]'$.

6．求下列函数的导数.

（1）$y = (\sqrt{x} + 1)\left(\dfrac{1}{\sqrt{x}} - 1\right)$；　　　　（2）$y = \dfrac{\arctan x}{x}$；

（3）$y = \dfrac{1 + x + x^2}{1 + x}$；　　　　（4）$y = \cot x \cdot (1 + \cos x)$；

（5）$y = \arctan x^2 + 5^{2x}$；　　　　（6）$y = \ln \dfrac{\sqrt{\mathrm{e}^x}}{x^2 + 1}$；

（7）$y = \arccos \sqrt{1 - 3x}$.

7．求下列函数的二阶导数.

（1）$y = \ln(x + \sqrt{x^2 + a^2})$；　　　　（2）$y = (4 + x^2)\arctan \dfrac{x}{2}$.

8．给定曲线 $y = x^2 + 5x + 4$，完成下述任务：

（1）求过点 $(0, 4)$ 的切线；

（2）确定 b，使直线 $y = 3x + b$ 与曲线相切；

（3）求过 $(0, 3)$ 点的切线.

9．设 $y=\left(x+\mathrm{e}^{-\frac{x}{2}}\right)^{\frac{2}{3}}$，求 $\mathrm{d}y|_{x=0}$．

10．求由下列方程所确定的隐函数的导数 $\dfrac{\mathrm{d}y}{\mathrm{d}x}$．

（1） $x^2y-\mathrm{e}^{2x}=\sin y$；　　（2） $y\mathrm{e}^x+\ln y=1$；　　（3） $\mathrm{e}^y-\mathrm{e}^{-x}+xy=0$．

11．设某商品的需求函数为 $Q=f(P)=12-\dfrac{P}{2}$，求：

（1）需求弹性函数；

（2） $P=6$ 时的需求弹性；

（3） $P=6$ 时，若价格上涨 1% 时，总收益增加还是减少？将变化多少？

12*．求 $\arctan 1.02$ 的近似值．

本章练习 B

1．单项选择题．

（1）设函数 $f(x)$ 对任意的 x 均满足等式 $f(1+x)=a\cdot f(x)$，且有 $f'(0)=b$，其中 a，b 为非零常数，则 $f(x)$ 在 $x=1$ 处（　　）．

    A．不可导　　　　　　　　　　　　B．可导，且 $f'(1)=a$

    C．可导，且 $f'(1)=b$　　　　　　　D．可导，且 $f'(1)=ab$

（2）设 $f(x)=\begin{cases}\dfrac{1-\cos x}{\sqrt{x}},&x>0\\[2mm]x^2g(x),&x\leqslant 0\end{cases}$，其中 $g(x)$ 是有界函数，则 $f(x)$ 在 $x=0$ 处（　　）．

    A．极限不存在　　　　　　　　　　B．极限存在，但不连续

    C．连续，但不可导　　　　　　　　D．可导

（3）设 $y=x^x$，则 $y''=$（　　）．

    A． $(1+\ln x)x^x$　　　　　　　　　B． $(1+\ln x)^2x^x$

    C． $(1+\ln x)x^x+x^{x-1}$　　　　　D． $(1+\ln x)^2x^x+x^{x-1}$

（4）设 $y=\ln\cos x$，则 $\mathrm{d}y=$（　　）．

    A． $\sec x\mathrm{d}x$　　　　B． $-\tan x\mathrm{d}x$　　　　C． $\tan x\mathrm{d}x$　　　　D． $-\tan x$

2．填空题．

（1）设 $f(x)$ 在 x_0 处可导，则 $\lim\limits_{x\to 0}\dfrac{x}{f(x_0)-f(x_0+x)}=$ _____；

（2）设 $y = f(\sin x)$，则 $y'' = $ _____；

（3）若 $f(t) = \lim\limits_{x \to \infty} t \left(1 + \dfrac{1}{x}\right)^{2tx}$，则 $f'(t) = $ _____；

（4）曲线 $xy = 1 + x \sin y$ 在点 $\left(\dfrac{1}{\pi}, \pi\right)$ 的切线方程为 _____.

3．求下列函数的导数.

（1）$y = \sin^4 x - \cos^4 x$；
　　　　　　（2）$y = \dfrac{\mathrm{e}^x - \ln x}{\mathrm{e}^x + \ln x}$；

（3）$y = \mathrm{e}^{\frac{1}{x}}$；
　　　　　　（4）$y = \sin mx \cos^n x$；

（5）$y = \tan^3(1 - 2x)$；
　　　　　　（6）$y = \sqrt{1 + \cot(2x + 1)}$；

（7）$y = \ln \left(\arccos \dfrac{1}{x}\right)$.

4．已知 $f(x) = x(x+1)(x+2)\cdots(x+n)$，求 $f'(0)$.

5．已知 $y = f\left(\dfrac{3x-2}{3x+2}\right)$，$f'(x) = \arcsin x^2$，求 $\left.\dfrac{\mathrm{d}y}{\mathrm{d}x}\right|_{x=0}$.

6．设 $f(x) = \begin{cases} x^3 \sin \dfrac{1}{x}, & x \neq 0 \\ 0, & x = 0 \end{cases}$，讨论 $f'(x)$ 在 $x = 0$ 处的连续性.

7．设 $y = x^2 \sin 2x$，计算 $y^{(10)}$.

8．求下列函数的微分 $\mathrm{d}y$.

（1）$y = \mathrm{e}^{\sin x^2}$；
　　　　　　（2）设 $y = (1 + x^2) \arctan x$；

（3）$y = \ln(x^3 \cdot \sin x)$.

9．设方程 $\sin(xy) + \ln(y - x) = x$ 确定了隐函数 $y = y(x)$，求 $\left.\dfrac{\mathrm{d}y}{\mathrm{d}x}\right|_{x=0}$.

10*．求曲线 $\begin{cases} x = \dfrac{1+t}{t^3} \\ y = \dfrac{3}{2t^2} + \dfrac{1}{2t} \end{cases}$ 在 $t = 1$ 处的切线方程和法线方程.

11．设生产某产品的固定成本为 60000 元，每件产品的可变成本为 20 元，价格函数为

$$P = 60 - \dfrac{Q}{1000},$$

其中 Q 为销售量. 当供销平衡时，求：

（1）边际利润；

（2）当 $P=10$ 元并且价格上涨1%时，收益增加（或减少）的百分数.

12*．利用函数的微分代替函数的增量，求 $\sqrt[3]{1.02}$ 的近似值.

本章练习 A 答案

1．单项选择题.

（1）C.　　（2）B.　　（3）C.　　（4）B.

2．填空题.

（1）-1；（2）$\dfrac{2}{x^3}\sin\dfrac{1}{x^2}$；（3）$\dfrac{f'(\ln x)}{x}\,\mathrm{d}x$；（4）30.

3．**解**　（1）错误. 如：$y=x^{\frac{1}{3}}$ 在 $x=0$ 处不可导，但在点 $(0,0)$ 处有切线 $x=0$；

（2）错误. 如上题所述；

（3）错误. 如：$y=x$ 在 $x=0$ 处可导，而 $y=|x|$ 在 $x=0$ 处不可导；

（4）正确.

4．**解**　（1）$\because f'_-(0)=\lim\limits_{x\to 0^-}\dfrac{\sin x-0}{x-0}=1$，$f'_+(0)=\lim\limits_{x\to 0^+}\dfrac{\ln(1+x)-0}{x-0}=1$，$\therefore f'(0)=1$；

（2）$\because f'_-(0)=\lim\limits_{x\to 0^-}\dfrac{1}{1+\mathrm{e}^{\frac{1}{x}}}=1$，$f'_+(0)=\lim\limits_{x\to 0^+}\dfrac{1}{1+\mathrm{e}^{\frac{1}{x}}}=0$，$\therefore f'(0)$ 不存在.

5．**解**　$\varphi'(x)=2x$，$f[\varphi'(x)]=\arcsin 2x$，

$f'(x)=\dfrac{1}{\sqrt{1-x^2}}$，$f'[\varphi(x)]=\dfrac{1}{\sqrt{1-(x^2)^2}}=\dfrac{1}{\sqrt{1-x^4}}$，

$[f(\varphi(x))]'=f'[\varphi(x)]\cdot\varphi'(x)=2x\cdot f'[\varphi(x)]=\dfrac{1}{\sqrt{1-x^4}}\cdot 2x=\dfrac{2x}{\sqrt{1-x^4}}$.

6．**解**　（1）$y=1-\sqrt{x}+\dfrac{1}{\sqrt{x}}-1$，所以 $y'=-\dfrac{1}{2}x^{-\frac{1}{2}}-\dfrac{1}{2}x^{-\frac{3}{2}}=-\dfrac{1}{2\sqrt{x}}-\dfrac{1}{2\sqrt{x^3}}$；

（2）$y'=\dfrac{\dfrac{1}{1+x^2}\cdot x-\arctan x\cdot 1}{x^2}=\dfrac{x-(1+x^2)\arctan x}{x^2(1+x^2)}$；

（3）$\because y=\dfrac{1+x+x^2}{1+x}=x+\dfrac{1}{1+x}$，$\therefore y'=1-\dfrac{1}{(1+x)^2}$；

（4）$y'=-\csc^2 x\cdot(1+\cos x)+\cot x\cdot(-\sin x)=-\cos x-\csc^2 x-\csc^2 x\cos x$；

（5）$y=\dfrac{1}{1+(x^2)^2}\cdot 2x+5^{2x}\ln 5\cdot 2=\dfrac{2x}{1+x^4}+2\cdot 5^{2x}\ln 5$；

（6）$\because y = \ln \sqrt{e^x} - \ln(x^2+1) = \dfrac{1}{2}x - \ln(x^2+1)$，$\therefore y' = \dfrac{1}{2} - \dfrac{2x}{x^2+1}$；

（7）$y' = -\dfrac{1}{\sqrt{1-(1-3x)}} \cdot \dfrac{1}{2\sqrt{1-3x}} \cdot (-3) = \dfrac{3}{2\sqrt{3x(1-3x)}}$.

7. 解　（1）$y' = \dfrac{1}{x+\sqrt{x^2+a^2}} \cdot (x+\sqrt{x^2+a^2})'$

$$= \dfrac{1}{x+\sqrt{x^2+a^2}} \cdot \left(1 + \dfrac{2x}{2\sqrt{x^2+a^2}}\right)$$

$$= \dfrac{1}{\sqrt{x^2+a^2}}，$$

$$y'' = \left(\dfrac{1}{\sqrt{x^2+a^2}}\right)' = -\dfrac{1}{2}(x^2+a^2)^{-\frac{3}{2}} \cdot (x^2+a^2)' = -\dfrac{x}{(x^2+a^2)^{\frac{3}{2}}}；$$

（2）$y' = 2x\arctan\dfrac{x}{2} + (4+x^2)\dfrac{1}{1+\left(\dfrac{x}{2}\right)^2} \cdot \dfrac{1}{2} = 2x\arctan\dfrac{x}{2} + 2$，

$$y'' = 2\arctan\dfrac{x}{2} + 2x\dfrac{1}{1+\left(\dfrac{x}{2}\right)^2} \cdot \dfrac{1}{2} = 2\arctan\dfrac{x}{2} + \dfrac{4x}{4+x^2}.$$

8. 解　由 $y' = 2x+5$ 可得出在曲线上任一点 (x,y) 处的切线的斜率为 $2x+5$.

（1）在 $(0,4)$ 点处切线的斜率为 $k = y'|_{x=0} = 5$，所以切线方程为 $y-4 = 5(x-0)$，即 $y = 5x+4$；

（2）若直线 $y = 3x+b$ 为曲线的切线，则切点处的斜率为 3，且切点处 $x = -1$，$y = 0$，代入 $y = 3x+b$ 得 $b = 3$；

（3）设切点为 (x_0, y_0)，则该点处的切线方程为 $y-y_0 = (2x_0+5)(x-x_0)$，点 $(0,3)$ 在切线上，故有以下等式成立：

$$3-y_0 = -(2x_0+5)x_0 \qquad\qquad ①$$

$$y_0 = x_0{}^2 + 5x_0 + 4 \qquad\qquad ②$$

联立式①和式②，解得 $\begin{cases} x_0 = -1 \\ y_0 = 0 \end{cases}$ 或 $\begin{cases} x_0 = 1 \\ y_0 = 10 \end{cases}$.

所以所求切线为 $y = 3x+3$ 与 $y = 7x+3$.

9. 解　$y' = \dfrac{2}{3}\left(x + e^{-\frac{x}{2}}\right)^{-\frac{1}{3}} \cdot \left[1 + e^{-\frac{x}{2}} \cdot \left(-\dfrac{1}{2}\right)\right]$，所以 $y'|_{x=0} = \dfrac{1}{3}$，

故 $\mathrm{d}y\big|_{x=0}=\dfrac{1}{3}\mathrm{d}x$.

10. **解**　（1）方程两边同时对 x 求导，把 y 当成 x 的函数，有

$$2xy+x^2\frac{\mathrm{d}y}{\mathrm{d}x}-2\mathrm{e}^{2x}=\cos y\cdot\frac{\mathrm{d}y}{\mathrm{d}x},$$

解得 $\dfrac{\mathrm{d}y}{\mathrm{d}x}=\dfrac{2(\mathrm{e}^{2x}-xy)}{x^2-\cos y}$ ；

（2）方程两边同时对 x 求导，把 y 当成 x 的函数，有

$$\mathrm{e}^x\cdot y+\mathrm{e}^x\cdot y'+\frac{1}{y}\cdot y'=0,$$

解得 $y'=\dfrac{-y^2\mathrm{e}^x}{y\mathrm{e}^x+1}$ ；

（3）方程两边同时对 x 求导，把 y 当成 x 的函数，有

$$\mathrm{e}^y\cdot y'-\mathrm{e}^{-x}\cdot(-1)+1\cdot y+x\cdot y'=0,$$

解得 $y'=-\dfrac{y+\mathrm{e}^{-x}}{\mathrm{e}^y+x}$.

11. **解**　（1）需求弹性函数 $\eta=-\dfrac{P}{Q}\cdot\dfrac{\mathrm{d}Q}{\mathrm{d}P}=-\dfrac{P}{12-\dfrac{P}{2}}\cdot\left(-\dfrac{1}{2}\right)=\dfrac{P}{24-P}$ ；

（2）当 $P=6$ 时，需求弹性 $\eta=\dfrac{6}{24-6}\approx0.33$ ；

（3）收益 $R(P)=PQ=12P-\dfrac{1}{2}P^2$ ，

收益的价格弹性 $\dfrac{ER}{EP}=\dfrac{P}{R}\cdot\dfrac{\mathrm{d}R}{\mathrm{d}P}=\dfrac{P}{12P-\dfrac{P^2}{2}}\cdot(12-P)=\dfrac{12-P}{12-\dfrac{P}{2}}$ ，

$P=6$ 时，$\dfrac{ER}{EP}=\dfrac{2}{3}\approx0.67$ ，即若价格上涨 1% 时，总收益增加 0.67% .

12*. **解**　设 $f(x)=\arctan x$ ，则 $f'(x)=\dfrac{1}{1+x^2}$ ，取 $x_0=1$ ，$\Delta x=0.02$ ，根据

$f(x)\approx f(x_0)+f'(x_0)(x-x_0)$ 可得，$\arctan 1.02\approx\arctan 1+\dfrac{1}{1+1^2}\times0.02=\dfrac{\pi}{4}+0.01\approx0.795$.

本章练习 B 答案

1. 单项选择题.

（1）D. 提示：由题意 $f(1)=a\cdot f(0)$ ，根据定义有：

$$f'(1) = \lim_{\Delta x \to 0} \frac{f(1+\Delta x) - f(1)}{\Delta x} = \lim_{\Delta x \to 0} \frac{a \cdot f(\Delta x) - a \cdot f(0)}{\Delta x}$$

$$= a \lim_{\Delta x \to 0} \frac{f(\Delta x) - f(0)}{\Delta x} = a \cdot f'(0) = ab .$$

（2）D.　　（3）D.　　（4）B.

2．填空题.

（1）$-\dfrac{1}{f'(x_0)}$;

（2）$-\sin x f'(\sin x) + \cos^2 x f''(\sin x)$;

（3）$(1+2t)e^{2t}$;

（4）$y = -\dfrac{\pi^2}{2} x + \dfrac{3}{2}\pi$.

3．**解**（1）$y = (\sin^2 x + \cos^2 x)(\sin^2 x - \cos^2 x) = \sin^2 x - \cos^2 x = -\cos 2x$ ，

所以 $y' = 2\sin 2x$;

（2）$y = 1 - \dfrac{2\ln x}{e^x + \ln x}$ ，所以

$$y' = -\frac{(2\ln x)'(e^x + \ln x) - 2\ln x(e^x + \ln x)'}{(e^x + \ln x)^2}$$

$$= -\frac{\dfrac{2}{x}(e^x + \ln x) - 2\ln x\left(e^x + \dfrac{1}{x}\right)}{(e^x + \ln x)^2} = -\frac{2e^x(1 - x\ln x)}{x(e^x + \ln x)^2} ;$$

（3）$y' = e^{\frac{1}{x}} \cdot \dfrac{-1}{x^2} = \dfrac{-e^{\frac{1}{x}}}{x^2}$;

（4）$y' = m\cos mx \cdot \cos^n x + \sin mx \cdot n\cos^{n-1} x \cdot (-\sin x)$

$\qquad = m\cos mx\cos^n x - n\sin mx\cos^{n-1} x\sin x$;

（5）$y' = 3\tan^2(1-2x) \cdot \sec^2(1-2x) \cdot (-2) = -6\left[\tan(1-2x)\sec(1-2x)\right]^2$;

（6）$y' = \dfrac{1}{2\sqrt{1+\cot(2x+1)}} \cdot [1+\cot(2x+1)]'$

$\qquad = \dfrac{1}{2\sqrt{1+\cot(2x+1)}} \cdot [-\csc^2(2x+1)] \cdot 2$

$\qquad = -\dfrac{\csc^2(2x+1)}{\sqrt{1+\cot(2x+1)}}$;

（7）$y' = \dfrac{1}{\arccos\dfrac{1}{x}}\left(\arccos\dfrac{1}{x}\right)' = \dfrac{1}{\arccos\dfrac{1}{x}} \cdot \left(-\dfrac{1}{\sqrt{1-\left(\dfrac{1}{x}\right)^2}}\right) \cdot \left(-\dfrac{1}{x^2}\right)$

$$= \frac{1}{x^2 \sqrt{1-\frac{1}{x^2}} \arccos\frac{1}{x}}.$$

4. **解** 方法一：利用导数的定义.

$$f'(0) = \lim_{x\to 0}\frac{f(x)-f(0)}{x-0} = \lim_{x\to 0}\frac{x(x+1)(x+2)\cdots(x+n)-0}{x-0}$$

$$= \lim_{x\to 0}(x+1)(x+2)\cdots(x+n) = 1\cdot 2\cdot\cdots\cdot n = n!.$$

方法二：利用乘积求导法则.

$$f(x) = x\cdot(x+1)(x+2)\cdots(x+n),$$

$$f'(x) = (x+1)(x+2)\cdots(x+n) + x\cdot\left[(x+1)(x+2)\cdots(x+n)\right]',$$

将 $x=0$ 代入上式，得 $f'(0) = n!$.

5. **解** $\dfrac{\mathrm{d}y}{\mathrm{d}x} = f'\left(\dfrac{3x-2}{3x+2}\right)\cdot\left(\dfrac{3x-2}{3x+2}\right)' = \arcsin\left(\dfrac{3x-2}{3x+2}\right)^2\cdot\dfrac{3\cdot(3x+2)-(3x-2)\cdot 3}{(3x+2)^2}$

$= \arcsin\left(\dfrac{3x-2}{3x+2}\right)^2\cdot\dfrac{12}{(3x+2)^2}$，将 $x=0$ 代入得 $\dfrac{\mathrm{d}y}{\mathrm{d}x}\bigg|_{x=0} = \arcsin 1\cdot\dfrac{12}{4} = \dfrac{\pi}{2}\cdot 3 = \dfrac{3\pi}{2}.$

6. **解** 当 $x\neq 0$ 时，

$$f'(x) = \left(x^3\sin\frac{1}{x}\right)' = 3x^2\sin\frac{1}{x} + x^3\cos\frac{1}{x}\cdot\left(-\frac{1}{x^2}\right) = 3x^2\sin\frac{1}{x} - x\cos\frac{1}{x},$$

当 $x=0$ 时，$f'(0) = \lim_{x\to 0}\dfrac{f(x)-f(0)}{x-0} = \lim_{x\to 0}\dfrac{x^3\sin\dfrac{1}{x}-0}{x-0} = \lim_{x\to 0}x^2\sin\dfrac{1}{x} = 0$，

所以 $f'(x) = \begin{cases} 3x^2\sin\dfrac{1}{x} - x\cos\dfrac{1}{x}, & x\neq 0 \\ \qquad 0, & x=0 \end{cases}.$

又因为 $\lim\limits_{x\to 0}f'(x) = \lim\limits_{x\to 0}\left(3x^2\sin\dfrac{1}{x} - x\cos\dfrac{1}{x}\right) = 0 = f'(0)$，

故 $f'(x)$ 在 $x=0$ 处连续.

7. **解** 设 $u = \sin 2x$，$v = x^2$，则 $u^{(k)} = 2^k\sin\left(2x + k\cdot\dfrac{\pi}{2}\right)$，$(k=1,2\cdots\cdots)$，

$v' = 2x$，$v'' = 2$，$\cdots$，$v^{(k)} = 0\,(k=3,4,\cdots\cdots)$，代入莱布尼兹公式得：

$$y^{(10)} = 2^{10}\sin\left(2x + 10\cdot\frac{\pi}{2}\right)\cdot x^2 + 10\cdot 2^9\sin\left(2x + 9\cdot\frac{\pi}{2}\right)\cdot 2x + \frac{10\times 9}{2!}2^8\sin\left(2x + 8\cdot\frac{\pi}{2}\right)\cdot 2$$

$$= 2^{10}\left(-x^2\sin 2x + 10x\cos 2x + \frac{45}{2}\sin 2x\right).$$

8. **解** （1）$\because y' = \mathrm{e}^{\sin x^2}\cdot(\sin x^2)' = \mathrm{e}^{\sin x^2}\cdot\cos x^2\cdot 2x$，$\therefore \mathrm{d}y = 2x\cos x^2\mathrm{e}^{\sin x^2}\mathrm{d}x$；

（2）$\because y' = 2x\arctan x + (1+x^2)\cdot\dfrac{1}{1+x^2} = 1 + 2x\arctan x$ ，$\therefore dy = (1 + 2x\arctan x)dx$ ；

（3）$\because y = \ln(x^3\cdot\sin x) = 3\ln x + \ln\sin x$ ， $y' = \dfrac{3}{x} + \dfrac{1}{\sin x}\cdot\cos x = \dfrac{3}{x} + \cot x$,

$\therefore dy = \left(\dfrac{3}{x} + \cot x\right)dx$.

9．**解** 方程两边同时对 x 求导得 $\cos(xy)(y + xy') + \dfrac{1}{y-x}(y'-1) = 1$ ，

得 $y' = \dfrac{1 + \dfrac{1}{y-x} - y\cos(xy)}{x\cos(xy) + \dfrac{1}{y-x}}$. 又当 $x=0$ 时 $y=1$ ， 代入上式得 $\dfrac{dy}{dx}\bigg|_{x=0} = 1$.

10．**解** $\dfrac{dy}{dx} = \dfrac{\dfrac{dy}{dt}}{\dfrac{dx}{dt}} = \dfrac{-\dfrac{3}{t^3} - \dfrac{1}{2t^2}}{-\dfrac{3+2t}{t^4}} = \dfrac{3t + \dfrac{1}{2}t^2}{3+2t}$ ， 故 $\dfrac{dy}{dx}\bigg|_{t=1} = \dfrac{7}{10}$.

当 $t=1$ 时， $x=2$ ， $y=2$ ， 故曲线在 $t=1$ 处的切线方程为 $y - 2 = \dfrac{7}{10}(x-2)$ ， 即

$7x - 10y + 6 = 0$ ；

法线方程为 $y - 2 = -\dfrac{10}{7}(x-2)$ ， 即 $10x + 7y - 34 = 0$.

11．**解** （1）利润函数为

$L(Q) = PQ - 20Q - 60000 = \left(60 - \dfrac{Q}{1000}\right)Q - 20Q - 60000 = -\dfrac{Q^2}{1000} + 40Q - 60000$

边际利润为 $L'(Q) = -\dfrac{Q}{500} + 40$ ；

（2）由已知 $Q = 60000 - 1000P$ ；

收益函数为 $R(Q) = PQ = P(60000 - 1000P) = 60000P - 1000P^2$ ；

收益的价格弹性为 $\dfrac{ER}{EP} = \dfrac{P}{R}\cdot\dfrac{dR}{dP} = \dfrac{P}{60000P - 1000P^2}\cdot(60000 - 2000P)$.

当 $P=10$ 时，收益的价格弹性为 0.8 ，所以当 $P=10$ 元且价格上涨 1% 时，收益增加 0.8% .

12*．**解** 令 $f(x) = \sqrt[3]{x}$ ， $x_0 = 1$ ， $\Delta x = 0.02$ ，则 $f'(x) = \dfrac{1}{3}x^{-\frac{2}{3}}$ ， $f(x_0) = 1$ ， $f'(x_0) = \dfrac{1}{3}$ ，

$\sqrt[3]{1.02} \approx 1 + \dfrac{1}{3}\cdot 0.02 \approx 1.0067$.

第4章 微分中值定理与导数的应用

知识结构图

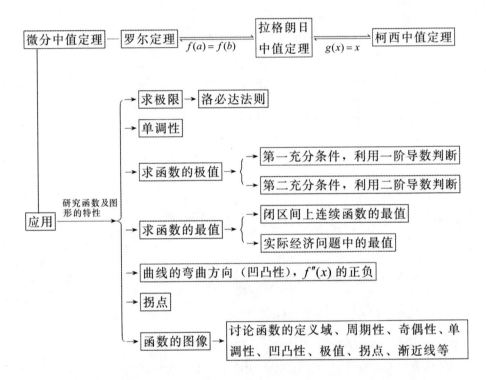

本章学习目标

- 理解罗尔定理、拉格朗日中值定理及其几何意义，会用定理证明方程根的存在性、含导数的等式、不等式，了解柯西中值定理及其应用；
- 熟练掌握利用洛必达法则求各种未定式极限的方法；
- 掌握用一阶导数判断函数的单调性和求极值的方法，会用单调性证明不等式；
- 会用二阶导数判断曲线的凹凸性及求曲线的拐点；
- 能建立简单的目标函数并求其最大值或最小值.

4.1　微分中值定理

4.1.1　知识点分析

1. 罗尔定理

定理　函数 $f(x)$ 满足：①在 $[a,b]$ 上连续；②在 (a,b) 内可导；③ $f(a)=f(b)$，则至少存在一点 $\xi\in(a,b)$，使得 $f'(\xi)=0$.

注　（1）罗尔定理又称罗尔中值定理，其条件为充分非必要条件；

（2）几何意义：在两端高度相同的一段连续曲线上，如果除端点外，处处都有不垂直于 x 轴的切线，那么在这条曲线上至少有一点处的切线是水平的；

（3）可利用建立的辅助函数来证明方程根的情况，证明含有导数的等式及拉格朗日中值定理和柯西中值定理.

2. 拉格朗日中值定理

定理　函数 $f(x)$ 满足：①在 $[a,b]$ 上连续；②在 (a,b) 内可导，则至少存在一点 $\xi\in(a,b)$，使得 $f'(\xi)=\dfrac{f(b)-f(a)}{b-a}$ 或 $f(b)-f(a)=f'(\xi)(b-a)$.

注：（1）几何意义：在一段连续曲线 AB 上，除端点外，处处都有不垂直于 x 轴的切线，那么在这条曲线上至少有一点处的切线与弦 AB 平行；

（2）推论：若在区间 I 内恒有 $f'(x)=0$，则 $f(x)=C$；

（3）可利用拉格朗日中值定理证明等式和不等式；

（4）拉格朗日中值公式也可以写成 $f(x+\Delta x)-f(x)=f'(x+\theta\Delta x)\cdot\Delta x\ (0<\theta<1)$. 因此拉格朗日中值定理又称为有限增量定理.

3*. 柯西（Cauchy）中值定理

若 $f(x)$ 和 $g(x)$ 满足：①在 $[a,b]$ 上连续；②在 (a,b) 内可导；③ $x\in(a,b)$ 时，$g'(x)\neq0$，则至少存在一点 $\xi\in(a,b)$，使得 $\dfrac{f(b)-f(a)}{g(b)-g(a)}=\dfrac{f'(\xi)}{g'(\xi)}$.

4. 三个中值定理的关系

罗尔定理 $\underset{f(a)=f(b)}{\overset{\text{推广}}{\rightleftharpoons}}$ 拉格朗日中值定理 $\underset{g(x)=x}{\overset{\text{推广}}{\rightleftharpoons}}$ 柯西中值定理.

4.1.2　典例解析

例 1　证明等式 $\arctan x=\arcsin\dfrac{x}{\sqrt{1+x^2}}$ 成立.

证　因为 $-1 < \dfrac{x}{\sqrt{1+x^2}} < 1$，$x \in (-\infty, +\infty)$ 恒成立，

令 $f(x) = \arctan x - \arcsin \dfrac{x}{\sqrt{1+x^2}}$，$x \in (-\infty, +\infty)$，则

$$f'(x) = \frac{1}{1+x^2} - \frac{1}{\sqrt{1 - \dfrac{x^2}{1+x^2}}} \cdot \frac{1 \cdot \sqrt{1+x^2} - x \cdot \dfrac{2x}{2\sqrt{1+x^2}}}{1+x^2} = \frac{1}{1+x^2} - \frac{1}{1+x^2} = 0.$$

由拉格朗日中值定理的推论知 $f(x) = C$，$x \in (-\infty, +\infty)$，又因为 $f(0) = 0$，

所以 $f(x) = 0$，$x \in (-\infty, +\infty)$，即 $\arctan x = \arcsin \dfrac{x}{\sqrt{1+x^2}}$.

例 2　已知 $f(x)$ 在 $[0,1]$ 上连续，在 $(0,1)$ 内可导，且 $f(0) = 1$，$f(1) = 0$. 求证：在 $(0,1)$ 内至少存在一点 ξ，使得 $f'(\xi) = -\dfrac{nf(\xi)}{\xi}$.

证　作辅助函数 $F(x) = x^n f(x)$，则 $F(x)$ 在 $[0,1]$ 上连续，在 $(0,1)$ 内可导，又因为 $F(0) = F(1) = 0$，由罗尔定理知，在 $(0,1)$ 内至少存在一点 ξ，使得 $F'(\xi) = 0$，即 $n\xi^{n-1} f(\xi) + \xi^n f'(\xi) = 0$，即 $f'(\xi) = -\dfrac{nf(\xi)}{\xi}$.

例 3　函数 $f(x)$ 在 $[a,b]$ 上连续，在 (a,b) 内可导，证明至少存在一点 $\xi \in (a,b)$，使

$$f(\xi) + \xi f'(\xi) = \frac{bf(b) - af(a)}{b-a}.$$

证　方法一：令 $F(x) = xf(x) - \dfrac{bf(b) - af(a)}{b-a} x$，则 $F(x)$ 在 $[a,b]$ 上连续，在 (a,b) 内可导，且

$$F(b) = bf(b) - \frac{bf(b) - af(a)}{b-a} b = \frac{ab(f(a) - f(b))}{b-a},$$

$$F(a) = af(a) - \frac{bf(b) - af(a)}{b-a} a = \frac{ab(f(a) - f(b))}{b-a} = F(b),$$

由罗尔定理知，至少存在一点 $\xi \in (a,b)$，使得 $F'(\xi) = 0$，即

$$f(\xi) + \xi f'(\xi) - \frac{bf(b) - af(a)}{b-a} = 0，\text{所以 } f(\xi) + \xi f'(\xi) = \frac{bf(b) - af(a)}{b-a}.$$

方法二：令 $G(x) = xf(x)$，则 $G(x)$ 在 $[a,b]$ 上连续，在 (a,b) 内可导，由拉格朗日中值定理知，至少存在一点 $\xi \in (a,b)$，使得 $G'(\xi) = \dfrac{G(b) - G(a)}{b-a}$，即

$$f(\xi) + \xi f'(\xi) = \frac{bf(b) - af(a)}{b - a}.$$

点拨　用罗尔定理或拉格朗日中值定理证明含 $f'(\xi)$ 的等式问题，一般需要逆向思维，从结论出发构造辅助函数 $F(x)$.

例 4　若函数 $y = f(x)$ 在 (a, b) 内有二阶导数，且 $f(x_1) = f(x_2) = f(x_3)$，其中 $a < x_1 < x_2 < x_3 < b$. 证明：在 (a, b) 内至少有一点 ξ，使得 $f''(\xi) = 0$.

证　由题设，$f(x)$ 在 $[x_1, x_2]$ 与 $[x_2, x_3]$ 上满足罗尔定理条件，于是 $\exists \xi \in (\xi_1, \xi_2) \subset (a, b)$，$\xi_2 \in (x_2, x_3)$，使得 $f'(\xi_1) = 0, f'(\xi_2) = 0$. 则 $f'(x)$ 在 $[\xi_1, \xi_2]$ 上满足罗尔定理条件，于是 $\exists \xi \in (\xi_1, \xi_2)$，使得 $f''(\xi) = 0$.

4.1.3　习题

1. 验证罗尔定理对函数 $y = \sin x$ 在区间 $\left[\dfrac{\pi}{6}, \dfrac{5\pi}{6} \right]$ 上的正确性.

2. 验证拉格朗日中值定理对函数 $y = 4x^3 - 6x^2 - 2$ 在区间 $[0, 1]$ 上的正确性.

3. 证明方程 $x^3 + x - 1 = 0$ 有且仅有一个正实根.

4. 利用中值定理判断函数 $f(x) = x(x-1)(x-2)(x-3)$ 的导数满足方程 $f'(x) = 0$ 的实根个数.

5. 证明恒等式 $\arctan x + \mathrm{arccot}\, x = \dfrac{\pi}{2}$，$x \in (-\infty, +\infty)$ 成立.

6. 证明下列不等式成立.

（1）当 $a > b > 0$ 时，$3b^2(a - b) < a^3 - b^3 < 3a^2(a - b)$；

（2）当 $a > b > 0$ 时，$\dfrac{a - b}{a} < \ln \dfrac{a}{b} < \dfrac{a - b}{b}$；

（3）$|\arctan a - \arctan b| \leqslant |a - b|$.

4.1.4　习题详解

1. **解**　$y = \sin x$ 在 $\left[\dfrac{\pi}{6}, \dfrac{5\pi}{6} \right]$ 上连续，在 $\left(\dfrac{\pi}{6}, \dfrac{5\pi}{6} \right)$ 内可导，且 $\sin \dfrac{\pi}{6} = \sin \dfrac{5\pi}{6} = \dfrac{1}{2}$.

由 $y' = \cos x = 0$，可得 $x = \dfrac{\pi}{2} \in \left(\dfrac{\pi}{6}, \dfrac{5\pi}{6} \right)$，即在 $\left(\dfrac{\pi}{6}, \dfrac{5\pi}{6} \right)$ 内存在一点 $\xi = \dfrac{\pi}{2}$，使得 $y'(\xi) = 0$，所以罗尔定理对函数 $y = \sin x$ 在区间 $\left[\dfrac{\pi}{6}, \dfrac{5\pi}{6} \right]$ 上是正确的.

2. **解**　$y = 4x^3 - 6x^2 - 2$ 在 $[0, 1]$ 上连续，在 $(0, 1)$ 内可导.

由 $y' = 12x^2 - 12x = \dfrac{y(1) - y(0)}{1 - 0} = -2$，可得 $x_{1,2} = \dfrac{3 \pm \sqrt{3}}{6} \in (0, 1)$，即在 $(0, 1)$ 内存在

$\xi = \dfrac{3 \pm \sqrt{3}}{6}$ 使得 $y'(\xi) = \dfrac{y(1) - y(0)}{1 - 0}$，所以拉格朗日中值定理对函数 $y = 4x^3 - 6x^2 - 2$ 在区间 $[0,1]$ 上是正确的.

3．**证**　令 $f(x) = x^3 + x - 1$，则 $f(x)$ 在 $[0, +\infty)$ 上连续，且 $f(0) = -1$，$f(1) = 1$，由零点定理知，至少存在一点 $x_0 \in (0,1)$，使得 $f(x_0) = 0$，即方程 $x^3 + x - 1 = 0$ 至少有一个正实根.

假设 $f(x)$ 有两个零点 x_1，x_2 即 $f(x_1) = f(x_2) = 0$，由罗尔定理知，$\exists \xi \in (x_1, x_2)$ 使 $f'(\xi) = 0$，而 $f'(x) = 3x^2 + 1$ 恒大于零，与假设矛盾，所以方程有且仅有一个正实根介于 0，1 之间.

4．**解**　因为 $f'(x) = 0$ 是三次方程，所以它最多有三个实根，而 $f(0) = f(1) = f(2) = f(3) = 0$，在三个区间 $(0,1)$，$(1,2)$，$(2,3)$ 上分别使用罗尔定理得，在三个区间上分别有 x_1，x_2，x_3，使得 $f'(x_1) = f'(x_2) = f'(x_3) = 0$，即方程 $f'(x) = 0$ 有三个实根分别在区间 $(0,1)$，$(1,2)$，$(2,3)$ 内.

5．**证**　令 $f(x) = \arctan x + \operatorname{arccot} x, x \in (-\infty, +\infty)$，则 $f'(x) = \dfrac{1}{1+x^2} - \dfrac{1}{1+x^2} = 0$，所以 $f(x)$ 是常函数. 又 $f(1) = \dfrac{\pi}{4} + \dfrac{\pi}{4} = \dfrac{\pi}{2}$，所以 $f(x) \equiv \dfrac{\pi}{2}$，即 $\arctan x + \operatorname{arccot} x \equiv \dfrac{\pi}{2}$.

6．**证**　（1）令 $f(x) = x^3$，则 $f(x)$ 在 $[b,a]$ 上连续，在 (b,a) 内可导，且 $f'(x) = 3x^2$，由拉格朗日中值定理知，$\exists \xi \in (b,a)$，使得 $f'(\xi) = 3\xi^2 = \dfrac{a^3 - b^3}{a - b}$，$\xi \in (b,a)$，即 $a^3 - b^3 = 3\xi^2 (a - b)$，由于 $b < \xi < a$，所以 $3b^2(a-b) < 3\xi^2(a-b) < 3a^2(a-b)$，即 $3b^2(a-b) < a^3 - b^3 < 3a^2(a-b)$；

（2）令 $f(x) = \ln x$，则 $f(x)$ 在 $[b,a]$ 上连续，在 (b,a) 内可导，且 $f'(x) = \dfrac{1}{x}$，由拉格朗日中值定理知，$\exists \xi \in (b,a)$，使 $f'(\xi) = \dfrac{1}{\xi} = \dfrac{\ln a - \ln b}{a - b}$，$\xi \in (b,a)$，即 $\ln \dfrac{a}{b} = \dfrac{a-b}{\xi}$，由于 $b < \xi < a$，所以 $\dfrac{1}{a} < \dfrac{1}{\xi} < \dfrac{1}{b}$，即 $\dfrac{a-b}{a} < \ln \dfrac{a}{b} < \dfrac{a-b}{b}$；

（3）当 $a = b$ 时，结论显然成立. 当 $a \neq b$ 时，不妨假设 $a > b$，令 $f(x) = \arctan x$，$x \in (b,a)$，则 $f(x)$ 在 $[b,a]$ 上连续，在 (b,a) 内可导，且 $f'(x) = \dfrac{1}{1+x^2}$，由拉格朗日中值定理知，$\exists \xi \in (b,a)$，使得 $f'(\xi) = \dfrac{1}{1+\xi^2} = \dfrac{\arctan a - \arctan b}{a - b}$，而 $\dfrac{1}{1+\xi^2} \leqslant 1$，所以 $\arctan a - \arctan b \leqslant a - b$，从而 $|\arctan a - \arctan b| \leqslant |a - b|$. 当 $b > a$ 时，同理可得.

4.2　洛必达法则

4.2.1　知识点分析

1. 利用洛必达法则直接求 $\dfrac{0}{0}$ 型和 $\dfrac{\infty}{\infty}$ 型未定式

$$\lim\frac{f(x)}{g(x)} = \lim\frac{f'(x)}{g'(x)} = A\ \text{或}\ \infty.$$

注　（1）使用洛必达法则时，首先判定极限是否是 $\dfrac{0}{0}$ 型或 $\dfrac{\infty}{\infty}$ 型未定式，且 $\lim\dfrac{f'(x)}{g'(x)}$ 是否存在；

（2）若 $\lim\dfrac{f'(x)}{g'(x)}$ 仍是 $\dfrac{0}{0}$ 型或 $\dfrac{\infty}{\infty}$ 型，且符合定理的条件，则 $\lim\dfrac{f'(x)}{g'(x)} = \lim\dfrac{f''(x)}{g''(x)}$，即可以继续使用洛必达法则.

（3）洛必达法则可与约分化简、等价无穷小替换等其他求极限方法结合使用，可以简化计算.

（4）若 $\lim\dfrac{f'(x)}{g'(x)}$ 存在或极限为无穷大时可用此法，如果不存在，不能用此法，但原极限也可能存在.

2. 其他类型的未定式

$0\cdot\infty$，$\infty-\infty$，0^0，1^∞，∞^0 型的未定式，采取适当的方法将原式转化成 $\dfrac{0}{0}$ 型或 $\dfrac{\infty}{\infty}$ 型.

注　（1）$0\cdot\infty$ 型未定式通过把其中一个函数取倒数变为 $\dfrac{0}{0}$ 型或 $\dfrac{\infty}{\infty}$ 型.

（2）$\infty-\infty$ 型未定式通过通分或有理化变为 $\dfrac{0}{0}$ 型或 $\dfrac{\infty}{\infty}$ 型.

（3）求 0^0，1^∞，∞^0 型的未定式的方法：$\lim u(x)^{v(x)} = \lim \mathrm{e}^{v(x)\ln u(x)} = \mathrm{e}^{\lim v(x)\ln u(x)}$，另外对于 1^∞ 型未定式也可以运用第二个重要极限进行计算.

4.2.2　典例解析

例 1　求下列极限.

（1）$\lim\limits_{x\to 0}\dfrac{x-\sin x}{x^2\sin 2x}$；

（2）$\lim\limits_{x\to 0}\dfrac{x-\arcsin x}{\sin^3 x}$；

（3）$\lim\limits_{x\to 1}(1-x)\tan\dfrac{\pi}{2}x$；

（4）$\lim\limits_{x\to 0}(1-\cos x)^x$；

（5）$\lim\limits_{x\to 0}\left(\dfrac{1+2^x+4^x}{3}\right)^{\frac{1}{x}}$.

解　（1）$\lim\limits_{x\to 0}\dfrac{x-\sin x}{x^2\sin 2x}=\lim\limits_{x\to 0}\dfrac{x-\sin x}{x^2\cdot 2x}=\lim\limits_{x\to 0}\dfrac{1-\cos x}{6x^2}=\lim\limits_{x\to 0}\dfrac{\frac{x^2}{2}}{6x^2}=\dfrac{1}{12}$；

点拨　若直接用洛必达法则，对该极限的分母求导较为麻烦，先对分母进行等价无穷小替换，再使用洛必达法则.

（2）$\lim\limits_{x\to 0}\dfrac{x-\arcsin x}{\sin^3 x}=\lim\limits_{x\to 0}\dfrac{x-\arcsin x}{x^3}$

$$=\lim\limits_{x\to 0}\dfrac{1-\dfrac{1}{\sqrt{1-x^2}}}{3x^2}=\lim\limits_{x\to 0}\dfrac{\sqrt{1-x^2}-1}{3x^2\sqrt{1-x^2}}$$

$$=\lim\limits_{x\to 0}\dfrac{1}{\sqrt{1-x^2}}\cdot\lim\limits_{x\to 0}\dfrac{\sqrt{1-x^2}-1}{3x^2}=\lim\limits_{x\to 0}\dfrac{\sqrt{1-x^2}-1}{3x^2}$$

$$=\lim\limits_{x\to 0}\dfrac{-\dfrac{1}{2}x^2}{3x^2}=-\dfrac{1}{6}$$；

点拨　此题中 $\lim\limits_{x\to 0}\dfrac{1}{\sqrt{1-x^2}}$ 可以先求出，再对剩下的部分使用洛必达法则.

（3）$\lim\limits_{x\to 1}(1-x)\tan\dfrac{\pi}{2}x=\lim\limits_{x\to 1}\dfrac{1-x}{\cot\dfrac{\pi}{2}x}=\lim\limits_{x\to 1}\dfrac{-1}{-\dfrac{\pi}{2}\csc^2\dfrac{\pi}{2}x}=\dfrac{2}{\pi}$；

（4）$\lim\limits_{x\to 0}(1-\cos x)^x=\mathrm{e}^{\lim\limits_{x\to 0}x\ln(1-\cos x)}$，而

$$\lim\limits_{x\to 0}x\ln(1-\cos x)=\lim\limits_{x\to 0}\dfrac{\ln(1-\cos x)}{x^{-1}}=\lim\limits_{x\to 0}\dfrac{\sin x}{-x^{-2}(1-\cos x)}，$$

$$=\lim\limits_{x\to 0}\dfrac{x}{-x^{-2}\cdot\dfrac{x^2}{2}}=\lim\limits_{x\to 0}(-2x)=0，$$

所以原式 $=\mathrm{e}^0=1$；

（5）方法一：$\lim\limits_{x\to 0}\left(\dfrac{1+2^x+4^x}{3}\right)^{\frac{1}{x}}=\mathrm{e}^{\lim\limits_{x\to 0}\frac{1}{x}\ln\frac{1+2^x+4^x}{3}}=\mathrm{e}^{\lim\limits_{x\to 0}\frac{\ln(1+2^x+4^x)-\ln 3}{x}}$，

而 $\lim\limits_{x\to 0}\dfrac{\ln(1+2^x+4^x)-\ln 3}{x}=\lim\limits_{x\to 0}\dfrac{2^x\ln 2+4^x\ln 4}{1+2^x+4^x}=\dfrac{3\ln 2}{3}=\ln 2$,

所以原式 $=e^{\ln 2}=2$.

方法二：使用第二个重要极限.

$$\lim\limits_{x\to 0}\left(\dfrac{1+2^x+4^x}{3}\right)^{\frac{1}{x}}=\lim\limits_{x\to 0}\left(1+\dfrac{1+2^x+4^x}{3}-1\right)^{\frac{1}{\frac{1+2^x+4^x}{3}-1}\cdot\frac{\frac{1+2^x+4^x}{3}-1}{x}}$$

$$=e^{\lim\limits_{x\to 0}\frac{\frac{1+2^x+4^x}{3}-1}{x}}=e^{\lim\limits_{x\to 0}\frac{2^x+4^x-2}{3x}}=e^{\lim\limits_{x\to 0}\frac{2^x\ln 2+4^x\ln 4}{3}}=e^{\frac{3\ln 2}{3}}=2 .$$

4.2.3 习题

1．求下列函数的极限.

（1） $\lim\limits_{x\to\frac{\pi}{2}}\dfrac{\ln\sin x}{(\pi-2x)^2}$;

（2） $\lim\limits_{x\to a}\dfrac{x^5-a^5}{x^3-a^3}$;

（3） $\lim\limits_{x\to 0}\dfrac{e^x-e^{-x}}{\tan x}$;

（4） $\lim\limits_{x\to+\infty}\dfrac{\ln\left(1+\dfrac{2}{x}\right)}{\text{arc cot } x}$;

（5） $\lim\limits_{x\to\frac{\pi}{2}}\dfrac{\tan x}{\tan 5x}$;

（6） $\lim\limits_{x\to+\infty}\dfrac{x^3}{e^x}$;

（7） $\lim\limits_{x\to 0}x^2 e^{\frac{1}{x^2}}$;

（8） $\lim\limits_{x\to 0}\left(\dfrac{1}{\sin x}-\dfrac{1}{e^x-1}\right)$;

（9） $\lim\limits_{x\to\infty}\left(\cos\dfrac{1}{x}\right)^x$;

（10） $\lim\limits_{x\to 0^+}\left(\dfrac{1}{x}\right)^{\tan x}$.

2．验证函数 $\lim\limits_{x\to\infty}\dfrac{x+\sin x}{x-\sin x}$ 极限存在，但不能用洛必达法则求出.

4.2.4 习题详解

1．**解** （1） $\lim\limits_{x\to\frac{\pi}{2}}\dfrac{\ln\sin x}{(\pi-2x)^2}=\lim\limits_{x\to\frac{\pi}{2}}\dfrac{\dfrac{\cos x}{\sin x}}{2(\pi-2x)\cdot(-2)}$

$$=-\dfrac{1}{4}\lim\limits_{x\to\frac{\pi}{2}}\dfrac{\cos x}{\pi-2x}$$

$$=-\dfrac{1}{4}\lim\limits_{x\to\frac{\pi}{2}}\dfrac{-\sin x}{-2}=-\dfrac{1}{8} ;$$

（2）$\lim\limits_{x \to a} \dfrac{x^5 - a^5}{x^3 - a^3} = \lim\limits_{x \to a} \dfrac{5x^4}{3x^2} = \dfrac{5a^2}{3}$;

（3）$\lim\limits_{x \to 0} \dfrac{e^x - e^{-x}}{\tan x} = \lim\limits_{x \to 0} \dfrac{e^x - e^{-x}}{x} = \lim\limits_{x \to 0} \dfrac{e^x + e^{-x}}{1} = 2$;

（4）$\lim\limits_{x \to +\infty} \dfrac{\ln\left(1 + \dfrac{2}{x}\right)}{\operatorname{arc cot} x} = \lim\limits_{x \to +\infty} \dfrac{\dfrac{2}{x}}{\operatorname{arc cot} x} = \lim\limits_{x \to +\infty} \dfrac{-\dfrac{2}{x^2}}{\dfrac{-1}{1+x^2}} = 2 \lim\limits_{x \to +\infty} \dfrac{1+x^2}{x^2} = 2$;

（5）$\lim\limits_{x \to \frac{\pi}{2}} \dfrac{\tan x}{\tan 5x} = \lim\limits_{x \to \frac{\pi}{2}} \dfrac{\sec^2 x}{5\sec^2 5x} = \lim\limits_{x \to \frac{\pi}{2}} \dfrac{\cos^2 5x}{5\cos^2 x} = \lim\limits_{x \to \frac{\pi}{2}} \dfrac{-10\cos 5x \sin 5x}{-10\cos x \sin x}$

$\qquad = \lim\limits_{x \to \frac{\pi}{2}} \dfrac{\cos 5x}{\cos x} = \lim\limits_{x \to \frac{\pi}{2}} \dfrac{-5\sin 5x}{-\sin x} = 5$;

（6）$\lim\limits_{x \to +\infty} \dfrac{x^3}{e^x} = \lim\limits_{x \to +\infty} \dfrac{3x^2}{e^x} = \lim\limits_{x \to +\infty} \dfrac{6x}{e^x} = \lim\limits_{x \to +\infty} \dfrac{6}{e^x} = 0$;

（7）$\lim\limits_{x \to 0} x^2 e^{x^{-2}} = \lim\limits_{x \to 0} \dfrac{e^{x^{-2}}}{x^{-2}} = \lim\limits_{x \to 0} \dfrac{e^{x^{-2}}(-2x^{-3})}{-2x^{-3}} = +\infty$;

（8）$\lim\limits_{x \to 0} \left(\dfrac{1}{\sin x} - \dfrac{1}{e^x - 1} \right) = \lim\limits_{x \to 0} \dfrac{(e^x - 1) - \sin x}{\sin x (e^x - 1)}$

$\qquad\qquad = \lim\limits_{x \to 0} \dfrac{(e^x - 1) - \sin x}{x \cdot x}$

$\qquad\qquad = \lim\limits_{x \to 0} \dfrac{e^x - \cos x}{2x}$

$\qquad\qquad = \lim\limits_{x \to 0} \dfrac{e^x + \sin x}{2} = \dfrac{1}{2}$;

（9）$\lim\limits_{x \to \infty} \left(\cos\dfrac{1}{x} \right)^x = e^{\lim\limits_{x \to \infty} \frac{\ln(\cos\frac{1}{x})}{\frac{1}{x}}} = e^{\lim\limits_{x \to \infty} \frac{\frac{1}{\cos\frac{1}{x}} \cdot (-\sin\frac{1}{x}) \cdot (-\frac{1}{x^2})}{-\frac{1}{x^2}}} = e^0 = 1$;

（10）$\lim\limits_{x \to 0^+} \left(\dfrac{1}{x} \right)^{\tan x} = \lim\limits_{x \to 0^+} e^{\tan x \ln\frac{1}{x}} = \lim\limits_{x \to 0^+} e^{x \ln\frac{1}{x}}$,

而 $\lim\limits_{x \to 0^+} x \ln\dfrac{1}{x} = \lim\limits_{x \to 0^+} \dfrac{\ln\dfrac{1}{x}}{\dfrac{1}{x}} = \lim\limits_{x \to 0^+} \dfrac{x \cdot \left(-\dfrac{1}{x^2}\right)}{-\dfrac{1}{x^2}} = 0$,

所以原式 $e^0 = 1$.

2. 解　$\lim\limits_{x\to\infty}\dfrac{x+\sin x}{x-\sin x}=\lim\limits_{x\to\infty}\dfrac{1+\dfrac{\sin x}{x}}{1-\dfrac{\sin x}{x}}=\dfrac{1+0}{1-0}=1$. 但通过洛必达法则得 $\lim\limits_{x\to\infty}\dfrac{1+\cos x}{1-\cos x}$，

分子和分母的极限都不存在.

4.3　函数的单调性、极值与最值

4.3.1　知识点分析

1. 函数单调性的判断

函数 $f(x)$ 在 $[a,b]$ 上连续，在 (a,b) 内可导，则有：

（1）若在 (a,b) 内 $f'(x)>0$，那么函数 $y=f(x)$ 在 $[a,b]$ 上单调递增；

（2）若在 (a,b) 内 $f'(x)<0$，那么函数 $y=f(x)$ 在 $[a,b]$ 上单调递减.

注　（1）区间可扩展为任意区间；

（2）$x\in I$，$f'(x)\geqslant 0$（或 $f'(x)\leqslant 0$）且只有个别点处 $f'(x)=0$，则 $f(x)$ 在区间 I 上仍然单调递增（或递减）；

（3）利用单调性可以证明不等式（构造辅助函数）.

2. 极值

极值的定义：$\forall x\in \overset{0}{U}(x_0)$，恒有 $f(x)<f(x_0)$（或 $f(x)>f(x_0)$），则称 $f(x_0)$ 为 $f(x)$ 的一个极大值（或极小值），极大值与极小值统称为函数的极值，使函数取得极值的点称为极值点.

取极值的必要条件：若 $f(x)$ 在点 x_0 处可导，且 x_0 是它的极值点，则 x_0 必是它的驻点.

注　（1）驻点未必是它的极值点. 如 $f(x)=x^3$，$f'(0)=0$，但 $x=0$ 不是极值点；

（2）导数不存在的点也可能是极值点，如 $f(x)=|x|$，$f'(0)$ 不存在，但 $x=0$ 是极小值点.

取极值点的嫌疑点：驻点，不可导点.

极值的充分条件：

第一充分条件：设函数 $f(x)$ 在 x_0 处连续，在 $\overset{0}{U}(x_0)$ 可导，若 $f'(x)$ 在 x_0 的左右临近由负变正，则 $f(x_0)$ 是 $f(x)$ 的极小值；若 $f'(x)$ 在 x_0 的左右临近由正变负，则 $f(x_0)$ 是 $f(x)$ 的极大值.

第二充分条件：函数 $f(x)$ 在 x_0 处 $f'(x_0)=0$，$f''(x_0)$ 存在，若 $f''(x_0)>0$，则

$f(x_0)$ 是 $f(x)$ 的极小值；若 $f''(x_0) < 0$，则 $f(x_0)$ 是 $f(x)$ 的极大值；若 $f''(x_0) = 0$，则不能确定，这时就要由第一充分条件去判断.

注 第二充分条件说明二阶导数存在且非零的驻点一定是极值点.

3. 最值

（1）最值与极值的区别：极值是局部的概念，可以有多个，极值点只能在区间内部存在；最大值和最小值是整体的概念，只能有一个，可以在区间内部，也可能在区间的端点取得.

（2）闭区间上的连续函数一定有最大值和最小值. 最值具体求法如下：首先在闭区间上找出所有可能取得最值的点，包括驻点、不可导点、两个端点；之后分别计算以上各点的函数值，比较它们的大小，其中函数值最大的就是最大值，函数值最小的就是最小值.

（3）函数 $f(x)$ 在区间 I 上连续，若 $f(x)$ 在区间 I 上仅有一个极值点 x_0. 那么，如果 $f(x_0)$ 是极大值，$f(x_0)$ 就是 $f(x)$ 在 I 上的最大值；如果 $f(x_0)$ 是极小值，$f(x_0)$ 就是 $f(x)$ 在 I 上的最小值.

（4）解决应用题的关键是分析题意，确定目标函数 $f(x)$，再按照求最值的方法进行讨论. 若驻点唯一，由题意知最值一定在区间内部取得，则该驻点一定就是所求的最值点.

4.3.2 典例解析

例 1 判断函数 $y = x - \arctan x$ 的单调性.

解 函数的定义域为 $(-\infty, +\infty)$，$y' = 1 - \dfrac{1}{1+x^2} = \dfrac{x^2}{1+x^2} \geqslant 0$，

且 "=" 仅在 $x = 0$ 处成立，故函数在 $(-\infty, +\infty)$ 内单调递增.

例 2 讨论函数 $f(x) = x^3 - 3x + 1$ 的单调性并求其极值.

解 函数的定义域为 $(-\infty, +\infty)$，$f'(x) = 3x^2 - 3 = 3(x-1)(x+1)$，

令 $f'(x) = 0$，得驻点 $x = \pm 1$.

列表确定函数的单调区间与极值的关系，见下表：

x	$(-\infty, -1)$	-1	$(-1, 1)$	1	$(1, +\infty)$
$f'(x)$	$+$	0	$-$	0	$+$
$f(x)$	单调递增	极大值 3	单调递减	极小值 -1	单调递增

所以函数 $f(x)$ 在 $(-\infty, -1]$ 和 $[1, +\infty)$ 上单调递增，在 $[-1, 1]$ 上单调递减，极大值为 $f(-1) = 3$，极小值为 $f(1) = -1$.

例 3　确定函数 $f(x)=(x-1)x^{\frac{2}{3}}$ 的单调区间与极值.

解　函数的定义域为 $(-\infty,+\infty)$，$f'(x)=\dfrac{5x-2}{3\sqrt[3]{x}}$，令 $f'(x)=0$，得驻点 $x=\dfrac{2}{5}$，

又 $x=0$ 为不可导点. 列表确定函数的单调区间与极值的关系，见下表：

x	$(-\infty,0)$	0	$\left(0,\dfrac{2}{5}\right)$	$\dfrac{2}{5}$	$\left(\dfrac{2}{5},+\infty\right)$
$f'(x)$	+	不存在	–	0	+
$f(x)$	单调递增	极大值 0	单调递减	极小值 $-\dfrac{3}{25}\sqrt[3]{20}$	单调递增

所以函数 $f(x)$ 在 $(-\infty,0]$ 和 $\left[\dfrac{2}{5},+\infty\right)$ 上单调递增，在 $\left[0,\dfrac{2}{5}\right]$ 上单调递减，极大值

为 $f(0)=0$，极小值为 $f\left(\dfrac{2}{5}\right)=-\dfrac{3}{25}\sqrt[3]{20}$.

点拨　求单调区间和极值的方法：

（1）确定函数 $f(x)$ 的定义域 D_f；

（2）求 $f'(x)$，得出函数的驻点和不可导点；

（3）用上述点将定义域划分成若干区间；

（4）判断每个区间内 $f'(x)$ 的符号，确定单调区间，并根据第一充分条件求

出极值，这一步可以借助列表的方式来讨论，使结果更加直观、清晰.

例 4　证明：当 $x>1$ 时，$x+\ln x>4\sqrt{x}-3$.

证　令 $f(x)=x+\ln x-4\sqrt{x}+3$，则 $f'(x)=1+\dfrac{1}{x}-\dfrac{2}{\sqrt{x}}=\dfrac{x+1-2\sqrt{x}}{x}$.

当 $x>1$ 时，$x+1=(\sqrt{x})^2+1^2>2\sqrt{x}$，故 $x+1-2\sqrt{x}>0$，即 $f'(x)>0$. 即在

$[1,+\infty)$ 上 $f(x)$ 在单调递增，则当 $x>1$ 时，$f(x)>f(1)=0$，也就是

$x+\ln x-4\sqrt{x}+3>0$，故当 $x>1$ 时，$x+\ln x>4\sqrt{x}-3$.

例 5　证明：当 $0<x<1$ 时，$1+\dfrac{x^2}{2}>\mathrm{e}^{-x}+\sin x$.

证　令 $f(x)=1+\dfrac{x^2}{2}-\mathrm{e}^{-x}-\sin x$，则 $f'(x)=x+\mathrm{e}^{-x}-\cos x$. $f'(x)$ 符号不易判断，

继续求导 $f''(x)=1-\mathrm{e}^{-x}+\sin x$，当 $0<x<1$ 时，$f''(x)>0$，因此 $f'(x)$ 在 $[0,1]$ 上单调

增加，从而当 $x>0$ 时，$f'(x)>f'(0)=0$，因此 $f(x)$ 在 $[0,1]$ 上单调增加，则当 $x>0$

时，$f(x)>f(0)=0$，即 $1+\dfrac{x^2}{2}>\mathrm{e}^{-x}+\sin x$.

点拨　利用单调性证明不等式的方法：

（1）将要证明的不等式移项，得辅助函数 $f(x)$；

（2）通过求 $f'(x)$，判定 $f(x)$ 的单调性，若 $f'(x)$ 符号无法确定，可以通过二阶导数的符号判定，或者使用放大缩小等方法；

（3）由函数的单调性及区间端点的函数值求出不等式.

例6　求下列函数的最大值、最小值.

（1）$f(x) = |x^2 - 2x - 3|$, $x \in [-2, 5]$；　　　　（2）$f(x) = x^2 \ln x, x \in \left[e^{-1}, 4 \right]$.

解　（1）$f(x) = \begin{cases} x^2 - 2x - 3, & x \in [-2, -1] \cup [3, 5], \\ -x^2 + 2x + 3, & x \in (-1, 3) \end{cases}$,

$$f'(x) = \begin{cases} 2x - 2, & x \in [-2, -1] \cup [3, 5] \\ -2x + 2, & x \in (-1, 3) \end{cases},$$

令 $f'(x) = 0$ 得 $x = 1$，又函数 $f(x)$ 在 $x = -1$，$x = 3$ 处不可导.

而 $f(-2) = 5$, $f(-1) = f(3) = 0$, $f(1) = 4$, $f(5) = 12$，所以函数的最大值为 12，最小值为 0.

（2）$f'(x) = 2x \ln x + x = x(2 \ln x + 1)$，令 $f'(x) = 0$，得 $x = e^{-\frac{1}{2}}$，而 $\dfrac{1}{e} < e^{-\frac{1}{2}} < 4$，

$f(e^{-1}) = -\dfrac{1}{e^2}$, $f(e^{-\frac{1}{2}}) = \dfrac{-1}{2e}$, $f(4) = 16 \ln 4$，故函数的最大值为 $f(4) = 16 \ln 4$，最小值为 $f(e^{-\frac{1}{2}}) = -\dfrac{1}{2e}$.

例7　一商家销售某种机械设备，其价格 P 与销售量 x 满足：$P(x) = 12 - 0.5x$（万元/台），设备的销售成本为 $C(x) = 1 + 2x$（万元）. 求销售量为多少时商家获得最大利润.

解　由题意知，销售该设备的利润函数为

$$L(x) = x(12 - 0.5x) - (1 + 2x) = -0.5x^2 + 10x - 1,$$

令 $L'(x) = -x + 10 = 0$ 得 $x = 10$，即商家销售 10 台这种设备时可获得 49 万元的最大利润.

4.3.3　习题

1. 求下列函数的单调区间.

（1）$y = \arctan x - x$；　　　　　　（2）$y = x + \sin x$；

（3）$y = 2x + \dfrac{8}{x}$；　　　　　　　　（4）$y = x^3 + x^2 - x - 1$.

2．求下列函数的极值.

（1）$y = 2x^3 - 3x^2 + 6$；

（2）$y = x - \ln(1+x)$；

（3）$y = x + \sqrt{1-x}$；

（4）$y = 2 - (x+1)^{\frac{2}{3}}$；

（5）$y = \mathrm{e}^x + \mathrm{e}^{-x}$；

（6）$y = x + \cos x$．

3．证明下列不等式成立.

（1）当 $x > 0$ 时，$1 + \dfrac{1}{2}x > \sqrt{1+x}$；

（2）当 $0 < x < \dfrac{\pi}{2}$ 时，$\sin x + \tan x > 2x$.

4．当 a 为何值时，函数 $f(x) = a\sin x + \dfrac{1}{3}\sin 3x$ 在 $x = \dfrac{\pi}{3}$ 处取得极值？求出极值并判断是极大值还是极小值.

5．求下列函数的最大值、最小值.

（1）$y = 2x^3 - 3x^2 - 80$，$-1 \leqslant x \leqslant 4$；

（2）$y = x^4 - 8x^2$，$-1 \leqslant x \leqslant 3$；

（3）$y = x + \sqrt{1-x}$，$-5 \leqslant x \leqslant 1$.

6．求下列经济应用问题中的最大值或最小值.

（1）设价格函数为 $P = 15\mathrm{e}^{-\frac{x}{3}}$（$x$ 为产量），求最大收益时的产量、价格和收益；

（2）假设某种商品的需求量 Q 是单价 P 的函数 $Q = 12000 - 80P$，商品的总成本 C 是需求量 Q 的函数 $C = 25000 + 50Q$，每单位商品需纳税 2，试求销售利润最大时的商品价格和最大利润；

（3）设某企业在生产一种产品 x 件时的总收益为 $R(x) = 100x - x^2$，总成本函数 $C(x) = 200 + 50x + x^2$，问政府对每件商品征收货物税为多少时，在企业获得最大利润的情况下，总税额最大.

4.3.4 习题详解

1．解　（1）函数的定义域为 $(-\infty, +\infty)$，$y' = \dfrac{1}{1+x^2} - 1 = \dfrac{-x^2}{1+x^2} \leqslant 0$，且"="仅在 $x = 0$ 处成立，所以函数在 $(-\infty, +\infty)$ 上单调递减；

（2）函数的定义域为 $(-\infty, +\infty)$，$y' = 1 + \cos x \geqslant 0$，且"="仅在 $x = (2k+1)\pi$ 处成立，k 为整数，所以函数在 $(-\infty, +\infty)$ 上单调递增；

（3）函数的定义域为 $(-\infty,0)\bigcup(0,+\infty)$，$y'=2-\dfrac{8}{x^2}=\dfrac{2x^2-8}{x^2}=\dfrac{2(x+2)(x-2)}{x^2}$，令 $y'=0$，得驻点 $x=-2$，$x=2$，当 $x>2$ 和 $x<-2$ 时，$y'>0$，所以函数在 $[2,+\infty)$ 和 $(-\infty,-2]$ 上单调递增，当 $-2<x<0$ 和 $0<x<2$ 时，$y'<0$，所以函数在 $[-2,0)$ 和 $(0,2]$ 上单调递减；

（4）函数的定义域为 $(-\infty,+\infty)$，$y'=3x^2+2x-1=(x+1)(3x-1)$，令 $y'=0$，得驻点 $x=-1$，$x=\dfrac{1}{3}$，当 $x>\dfrac{1}{3}$ 和 $x<-1$ 时，$y'>0$，所以函数在 $\left[\dfrac{1}{3},+\infty\right)$ 和 $(-\infty,-1]$ 上单调递增，当 $-1<x<\dfrac{1}{3}$ 时，$y'<0$，所以函数在 $\left[-1,\dfrac{1}{3}\right]$ 上单调递减.

2. 解 （1）方法一：$y=2x^3-3x^2+6$，$x\in(-\infty,+\infty)$，$y'=6x^2-6x=6x(x-1)$，令 $y'=0$，得驻点 $x=0$，$x=1$，当 $x>1$ 和 $x<0$ 时 $y'>0$，当 $0<x<1$ 时 $y'<0$，所以 $y(0)=6$ 为函数的极大值，$y(1)=5$ 为函数的极小值；

方法二：$y=2x^3-3x^2+6$，$x\in(-\infty,+\infty)$，$y'=6x^2-6x=6x(x-1)$，$y''=12x-6$，令 $y'=0$，得驻点 $x=0$，$x=1$，$y''(0)=-6<0$，所以 $y(0)=6$ 为函数的极大值，$y''(1)=6>0$，所以 $y(1)=5$ 为函数的极小值；

（2）函数的定义域为 $(-1,+\infty)$，$y'=1-\dfrac{1}{1+x}=\dfrac{x}{1+x}$，令 $y'=0$，得驻点 $x=0$，当 $x>0$ 时，$y'>0$，当 $-1<x<0$ 时，$y'<0$，所以 $y(0)=0$ 为函数的极小值；

（3）函数的定义域为 $(-\infty,1]$，$y'=1+\dfrac{-1}{2\sqrt{1-x}}=\dfrac{2\sqrt{1-x}-1}{2\sqrt{1-x}}$，令 $y'=0$，得驻点 $x=\dfrac{3}{4}$，当 $x<\dfrac{3}{4}$ 时，$y'>0$，当 $\dfrac{3}{4}<x<1$ 时，$y'<0$，所以 $y\left(\dfrac{3}{4}\right)=\dfrac{5}{4}$ 为函数的极大值；

（4）函数的定义域为 $(-\infty,+\infty)$，$y'=-\dfrac{2}{3}(x+1)^{-\frac{1}{3}}$，函数在 $x=-1$ 时不可导，无驻点.

当 $x<-1$ 时，$y'>0$；当 $x>-1$ 时，$y'<0$，所以 $y(-1)=2$ 为函数的极大值；

（5）函数的定义域为 $(-\infty,+\infty)$，$y'=\mathrm{e}^x-\mathrm{e}^{-x}=\mathrm{e}^{-x}(\mathrm{e}^{2x}-1)$，令 $y'=0$，得驻点 $x=0$，当 $x>0$ 时，$y'>0$；当 $x<0$ 时，$y'<0$，所以 $y(0)=2$ 为函数的极小值；

（6）函数的定义域为 $(-\infty,+\infty)$，$y'=1-\sin x$，因为 $y'\geqslant 0$，所以函数没有极值.

3. 证 （1）   令 $f(x)=1+\dfrac{1}{2}x-\sqrt{1+x}$，$x\in[0,+\infty)$，$f(0)=0$，

$$f'(x) = \frac{1}{2} - \frac{1}{2\sqrt{1+x}} = \frac{\sqrt{1+x}-1}{2\sqrt{1+x}} > 0 , \quad x > 0 ,$$

所以函数 $f(x)$ 在 $[0,+\infty)$ 上单调递增，则当 $x > 0$ 时，$f(x) > f(0) = 0$，即当 $x > 0$ 时，

$1 + \frac{1}{2}x > \sqrt{1+x}$ ；

（2）方法一：

令 $f(x) = \sin x + \tan x - 2x$, $x \in \left[0, \frac{\pi}{2}\right)$, $f(0) = 0$ ，

$$f'(x) = \cos x + \frac{1}{\cos^2 x} - 2 > \cos^2 x + \frac{1}{\cos^2 x} - 2 = \left(\cos x - \frac{1}{\cos x}\right)^2 > 0 , \quad x \in \left(0, \frac{\pi}{2}\right),$$

所以函数 $f(x)$ 在 $\left[0, \frac{\pi}{2}\right)$ 上单调递增，则当 $0 < x < \frac{\pi}{2}$ 时，$f(x) > f(0) = 0$ ，即当

$0 < x < \frac{\pi}{2}$ 时，$\sin x + \tan x > 2x$ ；

方法二：

接上法 $f'(x) = \cos x + \frac{1}{\cos^2 x} - 2 = \frac{\cos^3 x - 2\cos^2 x + 1}{\cos^2 x}$ ，

再令 $g(x) = \cos^3 x - 2\cos^2 x + 1, x \in \left[0, \frac{\pi}{2}\right)$, 则 $g(0) = 0$ ，

$$g'(x) = (3\cos^2 x - 4\cos x)(-\sin x) = \sin x \cos x(4 - 3\cos x) > 0, x \in \left(0, \frac{\pi}{2}\right),$$

所以 $g(x)$ 在 $\left[0, \frac{\pi}{2}\right)$ 上单调递增，则当 $0 < x < \frac{\pi}{2}$ 时，$g(x) > g(0) = 0$ ，

那么 $f'(x) > 0$ ，则 $f(x)$ 在 $x \in \left[0, \frac{\pi}{2}\right)$ 上单调递增，即当 $0 < x < \frac{\pi}{2}$ 时，恒有

$f(x) > f(0) = 0$ ，故有当 $x \in \left(0, \frac{\pi}{2}\right)$ 时，$\sin x + \tan x > 2x$.

4. **解**　由题设知 $f'\left(\frac{\pi}{3}\right) = 0$ ，即 $a\cos\frac{\pi}{3} + \cos\pi = 0$ ，所以 $a = 2$.

又因为 $f''\left(\frac{\pi}{3}\right) = -a\sin\frac{\pi}{3} - 3\sin\pi < 0$. 所以 $a = 2$ 时，$f(x)$ 在 $x = \frac{\pi}{3}$ 处取得极值，

是极大值，为 $f\left(\frac{\pi}{3}\right) = \sqrt{3}$.

5. **解**　（1）$y' = 6x^2 - 6x = 6x(x-1)$ ，令 $y' = 0$ ，得

$$x = 0, \ x = 1 , \ y(-1) = -85, \ y(0) = -80, \ y(1) = -81, \ y(4) = 0 ,$$

所以最大值为 $y(4) = 0$ ，最小值为 $y(-1) = -85$ ；

（2）$y' = 4x^3 - 16x = 4x(x-2)(x+2)$，令 $y' = 0$，得 $x = 0$，$x = -2(舍)$，$x = 2$，又因为 $y(-1) = -7$，$y(0) = 0$，$y(2) = -16$，$y(3) = 9$，所以函数的最大值 $y(3) = 9$，最小值 $y(2) = -16$；

（3）$y' = 1 + \dfrac{-1}{2\sqrt{1-x}} = \dfrac{2\sqrt{1-x} - 1}{2\sqrt{1-x}}$，令 $y' = 0$，得

$$x = \frac{3}{4}, \quad y(-5) = -5 + \sqrt{6}, \quad y\left(\frac{3}{4}\right) = \frac{5}{4}, \quad y(1) = 1,$$

所以函数的最大值为 $y\left(\dfrac{3}{4}\right) = \dfrac{5}{4}$，最小值为 $y(-5) = -5 + \sqrt{6}$.

6. 解　（1）收益 $R = 15x\mathrm{e}^{\frac{-x}{3}}$，$\dfrac{\mathrm{d}R}{\mathrm{d}x} = 15\mathrm{e}^{\frac{-x}{3}}\left(1 - \dfrac{x}{3}\right) = 0$，得唯一驻点 $x = 3$，即当产量为 3 时可获最大收益 $R = 45\mathrm{e}^{-1}$，此时价格为 $P = 15\mathrm{e}^{-1}$；

（2）利润函数 $L(P) = (P-2)Q - 25000 - 50Q = -80P^2 + 16160P - 649000$，

$\dfrac{\mathrm{d}L}{\mathrm{d}P} = -160P + 16160 = 0$，得唯一驻点 $P = 101$，即单价为 101 时可获得最大利润为：

$L(101) = 167080$.

（3）设每件产品征收货物税为 t，则利润函数为

$$L(x) = R(x) - C(x) - T(x)$$
$$= 100x - x^2 - (200 + 50x + x^2) - tx = -2x^2 + (50-t)x - 200,$$

令 $L'(x) = -4x + (50-t) = 0$，得 $x = \dfrac{50-t}{4}$，又 $L''(x) = -4 < 0$，所以 $L\left(\dfrac{50-t}{4}\right)$ 为最大利润，此时产量为 $x = \dfrac{50-t}{4}$，税收为 $T(x) = tx = \dfrac{t(50-t)}{4}$，令 $T'(t) = \dfrac{1}{2}(25-t) = 0$，得 $t = 25$，而 $T''(t) = -\dfrac{1}{2} < 0$，所以当每件产品征收货物税为 25 时，在企业获得最大利润的情况下，总税额最大.

4.4　曲线的凹凸性与拐点　函数图形的描绘

4.4.1　知识点分析

1. 曲线凹凸性的判断

函数 $y = f(x)$ 在 $[a,b]$ 上连续，在 (a,b) 内有二阶导数，则有：

（1）若在 (a,b) 内 $f''(x) > 0$，那么函数 $y = f(x)$ 在 $[a,b]$ 上的图形是凹的；

（2）若在 (a,b) 内 $f''(x) < 0$，那么函数 $y = f(x)$ 在 $[a,b]$ 上的图形是凸的.

2. 拐点

定义　曲线上凹凸曲线弧的分界点 $(x_0, f(x_0))$ 称为曲线的拐点.

取拐点的必要条件：拐点处若二阶导数存在，则拐点处一定有 $f''(x)=0$.

注　（1）二阶导数为零的点不一定都是拐点，如函数 $f(x)=x^4$ ， $f''(0)=0$ ，但 $(0,0)$ 不是曲线的拐点.

（2）二阶导数不存在的点也有可能是曲线 $y=f(x)$ 的拐点，如 $f(x)=\sqrt[3]{x}$ ， $f''(0)$ 不存在，但 $(0,0)$ 是曲线的拐点.

拐点的嫌疑点：二阶导数为零的点和二阶导数不存在的点.

拐点的判断：若嫌疑点的左右邻域的二阶导数由负变正或由正变负，则对应曲线上的点即是拐点.

3. 渐近线

水平渐近线：若 $\lim\limits_{x\to\infty} f(x)=c$ ，则直线 $y=c$ 是曲线 $y=f(x)$ 的水平渐近线. $x\to\infty$ 也可以为 $x\to+\infty$ ， $x\to-\infty$.

垂直渐近线：若 $\lim\limits_{x\to x_0} f(x)=\infty$ ，则直线 $x=x_0$ 是曲线 $y=f(x)$ 的垂直渐近线. $x\to x_0$ 也可以为 $x\to x_0^+$ ， $x\to x_0^-$.

若 $\lim\limits_{x\to\infty}\dfrac{f(x)}{x}=k\neq 0$ ， $\lim\limits_{x\to\infty}\big[f(x)-kx\big]=b$ ，则直线 $y=kx+b$ 是曲线 $y=f(x)$ 的斜渐近线. $x\to\infty$ 也可以为 $x\to+\infty$ ， $x\to-\infty$.

4.4.2　典例解析

例 1　确定下列曲线的凹凸性与拐点.

（1） $f(x)=\dfrac{1}{x^2-4x+4}$ ；　　　　　（2） $f(x)=x(x-1)^{\frac{5}{3}}$ ；

（3） $f(x)=e^{\arctan x}$.

解　（1）函数的定义域为 $(-\infty,2)\bigcup(2,+\infty)$ ，
$$f'(x)=-2(x-2)^{-3}, \quad f''(x)=6(x-2)^{-4}>0,$$
所以曲线在定义区间上是凹的，没有拐点；

（2）函数的定义域为 $(-\infty,+\infty)$ ，
$$f'(x)=(x-1)^{\frac{2}{3}}\left(\frac{8}{3}x-1\right), \quad f''(x)=\frac{10(4x-3)}{9\sqrt[3]{x-1}},$$
令 $f''(x)=0$ ，得 $x=\dfrac{3}{4}$ ，而 $x=1$ 时 $f''(x)$ 不存在.

列表确定曲线的凹凸区间与拐点的关系，见下表：

x	$\left(-\infty,\dfrac{3}{4}\right)$	$\dfrac{3}{4}$	$\left(\dfrac{3}{4},1\right)$	1	$(1,+\infty)$
$f''(x)$	+	0	–	不存在	+
$f(x)$ 的图形	凹	拐点 $\left(\dfrac{3}{4},-\dfrac{3\sqrt[3]{4}}{64}\right)$	凸	拐点 $(1,0)$	凹

所以曲线 $f(x)$ 的凹区间是 $\left(-\infty,\dfrac{3}{4}\right]$ 和 $[1,+\infty)$，凸区间是 $\left[\dfrac{3}{4},1\right]$，拐点为 $\left(\dfrac{3}{4},-\dfrac{3\sqrt[3]{4}}{64}\right)$ 和 $(1,0)$；

（3）函数的定义域为 $(-\infty,+\infty)$，$f'(x)=\dfrac{1}{1+x^2}\mathrm{e}^{\arctan x}$，$f''(x)=\dfrac{1-2x}{(1+x^2)^2}\mathrm{e}^{\arctan x}$，

令 $f''(x)=0$，得 $x=\dfrac{1}{2}$，当 $x<\dfrac{1}{2}$ 时，$f''(x)>0$，所以曲线在 $\left(-\infty,\dfrac{1}{2}\right)$ 内是凹的，

当 $x>\dfrac{1}{2}$ 时，$f''(x)<0$，所以曲线在 $\left[\dfrac{1}{2},+\infty\right)$ 内为凸的，故拐点为 $\left(\dfrac{1}{2},\mathrm{e}^{\arctan\frac{1}{2}}\right)$.

例2 求下列曲线的渐近线.

（1）$y=2x+\dfrac{8}{x}$；　　　　　　　　（2）$y=\dfrac{x^3}{(x+1)^2}$.

解 （1）$\lim\limits_{x\to\infty}\left(2x+\dfrac{8}{x}\right)=\infty$，所以无水平渐近线.

$\lim\limits_{x\to 0}\left(2x+\dfrac{8}{x}\right)=\infty$，故 $x=0$ 是垂直渐近线.

$\lim\limits_{x\to\infty}\dfrac{y}{x}=\dfrac{2x+\dfrac{8}{x}}{x}=\lim\limits_{x\to\infty}\left(2+\dfrac{8}{x^2}\right)=2$，$\lim\limits_{x\to\infty}[y-2x]=\lim\limits_{x\to\infty}\left(2x+\dfrac{8}{x}-2x\right)=0$，所以曲线

的斜渐近线为 $y=2x$.

（2）$\lim\limits_{x\to\infty}\dfrac{x^3}{(x+1)^2}=\infty$，所以无水平渐近线.

$\lim\limits_{x\to-1}\dfrac{x^3}{(x+1)^2}=\infty$，故 $x=-1$ 是垂直渐近线. 又因为

$\lim\limits_{x\to\infty}\dfrac{f(x)}{x}=\lim\limits_{x\to\infty}\dfrac{x^2}{(x+1)^2}=1$，$\lim\limits_{x\to\infty}[f(x)-x]=\lim\limits_{x\to\infty}\left[\dfrac{x^3}{(x+1)^2}-x\right]=\lim\limits_{x\to\infty}\dfrac{-2x^2-x}{(x+1)^2}=-2$，

所以 $y=x-2$ 是曲线的斜渐近线.

4.4.3 习题

1．求下列曲线的凹凸区间和拐点．

（1）$y = 3x - 2x^2$；　　　　　　　　（2）$y = xe^{-x}$；

（3）$y = (x+1)^2 + e^x$；　　　　　　（4）$y = \ln(x^2+1)$．

2．当 a, b 为何值时，点 $(1,3)$ 为曲线 $y = ax^3 + bx^2$ 的拐点．

3．作出函数 $y = x^4 - 6x^2 + 8x$ 的图形．

4.4.4 习题详解

1．**解**　（1）函数的定义域为 $(-\infty, +\infty)$，$y' = 3 - 4x$，$y'' = -4 < 0$，所以曲线在 $(-\infty, +\infty)$ 内是凸的，没有拐点；

（2）函数的定义域为 $(-\infty, +\infty)$，$y' = e^{-x}(1-x)$，$y'' = (x-2)e^{-x}$，令 $y'' = 0$，得 $x = 2$，当 $x < 2$ 时，$y'' < 0$，所以曲线在 $(-\infty, 2]$ 上是凸的，当 $x > 2$ 时 $y'' > 0$，所以曲线在 $[2, +\infty)$ 上是凹的，拐点为 $(2, 2e^{-2})$；

（3）函数的定义域为 $(-\infty, +\infty)$，$y' = 2(x+1) + e^x$，$y'' = 2 + e^x > 0$，所以曲线在 $(-\infty, +\infty)$ 上是凹的，没有拐点；

（4）函数的定义域为 $(-\infty, +\infty)$，$y' = \dfrac{2x}{1+x^2}$，$y'' = \dfrac{2(1-x^2)}{(1+x^2)^2}$，令 $y'' = 0$，得 $x_1 = -1$，$x_2 = 1$，当 $x \in (-\infty, -1) \bigcup (1, +\infty)$ 时 $y'' < 0$，所以曲线在 $(-\infty, -1]$ 和 $[1, +\infty)$ 上是凸的，当 $x \in (-1, 1)$ 时 $y'' > 0$，所以曲线在 $[-1, 1]$ 上是凹的，因此拐点为 $(-1, \ln 2)$，$(1, \ln 2)$．

2．**解**　由题意知 $y(1) = 3$，$y''(1) = 0$，代入曲线方程得

$$a + b = 3 \qquad\qquad ①$$

又因为 $y' = 3ax^2 + 2bx$，$y'' = 6ax + 2b$，

所以　　　　　　　　　　$6a + 2b = 0 \qquad\qquad ②$

解方程组①②得 $a = -\dfrac{3}{2}$，$b = \dfrac{9}{2}$．

3．**解**　函数的定义域为 $(-\infty, +\infty)$，$y' = 4x^3 - 12x + 8$，$y'' = 12x^2 - 12$，令 $y' = 4(x-1)^2(x+2) = 0$ 得 $x = 1$，$x = -2$，$y'' = 0$ 得 $x = -1$，$x = 1$．

列表确定曲线的单调区间、凹凸区间、极值与拐点之间的关系，见下表：

x	$(-\infty, -2)$	-2	$(-2, -1)$	-1	$(-1, 1)$	1	$(1, +\infty)$
y'	$-$	0	$+$	$+$	$+$	0	$+$

y''	+	+	+	0	−	0	+
y	减，凹	极小值 −24	增，凹	拐点 $(-1,-13)$	增，凸	拐点 $(1,3)$	增，凹

曲线没有渐近线；极小值 $f(-2) = -24$，拐点为 $(-1,-13)$ 和 $(1,3)$；相关点坐标 $(-3,3)$，$(0,0)$，$(2,8)$；函数图形如图 4.1 所示.

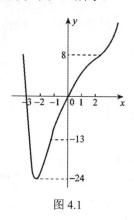

图 4.1

本章练习 A

1. 单项选择题.

（1）下列求极限的问题中，能够使用洛比达法则的是（   ）.

A. $\lim\limits_{x \to 1} \dfrac{x + \ln x}{x - 1}$ B. $\lim\limits_{x \to 0} \dfrac{x - \sin x}{x \sin x}$ C. $\lim\limits_{x \to \infty} \dfrac{x + \cos x}{x - \cos x}$ D. $\lim\limits_{x \to \infty} \dfrac{\sqrt{1 + x^2}}{x}$

（2）若点 $(x_0, f(x_0))$ 是曲线 $y = f(x)$ 的拐点，则（   ）.

A. 必有 $f''(x_0)$ 存在且等于零

B. 必有 $f''(x_0)$ 存在但不一定等于零

C. 如果 $f''(x_0)$ 存在，必等于零

D. 如果 $f''(x_0)$ 存在，必不等于零

（3）设在 $[0,1]$ 上，$f''(x) > 0$，则 $f'(1), f'(0), f(1) - f(0)$ 和 $f(0) - f(1)$ 的大小顺序为（   ）.

A. $f'(1) > f'(0) > f(1) - f(0)$ B. $f'(1) > f(1) - f(0) > f'(0)$

C. $f(1) - f(0) > f'(1) > f'(0)$ D. $f'(1) > f(0) - f(1) > f'(0)$

（4）若 $f(x) = -f(-x)$，在 $(0, +\infty)$ 内 $f'(x) > 0, f''(x) > 0$，则 $f(x)$ 在 $(-\infty, 0)$ 内（   ）.

A. $f'(x) < 0, f''(x) < 0$ B. $f'(x) < 0, f''(x) > 0$

C.　$f'(x) > 0, f''(x) < 0$　　　　　　　　D.　$f'(x) > 0, f''(x) > 0$

（5）设函数 $f(x)$ 在点 x_0 处连续，在 x_0 的某个去心邻域内可导，且在 $x \neq x_0$ 时，$(x - x_0)f'(x) > 0$，则 $f(x_0)$ 是（　　）.

A.　极小值　　　　　　　　　　　　B.　极大值

C.　x_0 为 $f(x)$ 的驻点　　　　　　　D.　x_0 不是 $f(x)$ 的极值点

2．填空题.

（1）设 $f(x) = ax^2 + bx + c$，则在 (x_1, x_2) 内存在 ξ，使 $f(x_2) - f(x_1) = f'(\xi)(x_2 - x_1)$ 成立，此时 $\xi = $ _____ .

（2）极限 $\lim\limits_{x \to 0} \dfrac{1 - x^2 - e^{-x^2}}{\sin^4(2x)} = $ _____ .

（3）曲线 $y = e^{-x^2}$ 的凹区间为 _____ ，凸区间为 _____ .

3．求下列极限.

（1）$\lim\limits_{x \to 0} \dfrac{e^x + e^{-x} - 2}{x^2}$；　　　　　（2）$\lim\limits_{x \to 0} \left(\dfrac{1}{x^2} - \dfrac{1}{x \tan x} \right)$；

（3）$\lim\limits_{x \to +\infty} x \left[\dfrac{\pi}{4} - \arctan \dfrac{x}{1 + x} \right]$；　　　（4）$\lim\limits_{x \to 0^+} (\tan x)^{\sin x}$.

4．证明不等式成立.

（1）当 $0 < x < \dfrac{\pi}{2}$ 时，$x < \tan x < \dfrac{x}{\cos^2 x}$；

（2）当 $x > 0$ 时，$\ln(1 + x) > \dfrac{\arctan x}{1 + x}$.

5．证明等式：当 $x \geqslant 1$ 时，$\arctan x - \dfrac{1}{2} \arccos \dfrac{2x}{1 + x^2} = \dfrac{\pi}{4}$.

6．求函数 $f(x) = x^3 - 3x^2 - 45x + 1$ 的极值.

7．设 $a_0 + \dfrac{a_1}{2} + \cdots + \dfrac{a_n}{n + 1} = 0$，证明：多项式 $f(x) = a_0 + a_1 x + \cdots + a_n x^n$ 在 $(0, 1)$ 内至少有一个零点.

8．设函数 $f(x)$ 在 $[0, \pi]$ 上连续，在 $(0, \pi)$ 上可导，证明：在 $(0, \pi)$ 内至少存在一点 ξ，使 $f'(\xi) \sin \xi + f(\xi) \cos \xi = 0$.

9．一商家销售某种商品的价格满足关系 $P(x) = 7 - 0.2x$（单位：万元/吨），x 为销售量（单位：吨），商品的成本函数是 $C(x) = 3x + 1$（万元）.

（1）若每销售一吨商品，政府要征税 t（万元），求该商家获最大利润时的销售量；

（2）当 t 取何值时，政府税收总额最大.

本章练习 B

1．单项选择题.

（1）在 $[-1,1]$ 上满足罗尔定理所有条件的函数是（　　）．

　　A．$y=3^x$　　　　　　　　　　B．$y=\ln|x|$

　　C．$y=x^2-1$　　　　　　　　　D．$y=\dfrac{1}{x^2-1}$

（2）曲线 $y=\dfrac{4x-1}{(x-2)^2}$（　　）．

　　A．只有水平渐近线　　　　　　B．只有垂直渐近线

　　C．没有渐近线　　　　　　　　D．既有水平渐近线又有垂直渐近线

（3）设 $f(x)$ 的导数在点 $x=a$ 处连续，因为又 $\lim\limits_{x\to a}\dfrac{f'(x)}{x-a}=-1$，则 $x=a$ 是 $f(x)$ 的（　　）．

　　A．极大值点　　　　　　　　　B．极小值点

　　C．不是极值点　　　　　　　　D．不能确定是否是极值点

（4）函数 $f(x)$ 在 (a,b) 内可导，则在 (a,b) 内 $f'(x)>0$ 是函数 $f(x)$ 在 (a,b) 内单调增加的（　　）．

　　A．必要非充分条件　　　　　　B．充分非必要条件

　　C．充分必要条件　　　　　　　D．无关条件

（5）设 a，b 为方程 $f(x)=0$ 的两个根，$f(x)$ 在 $[a,b]$ 上连续，在 (a,b) 内可导，则 $f'(x)=0$ 在 (a,b) 内（　　）．

　　A．只有一个实根　　　　　　　B．至少有一个实根

　　C．没有实根　　　　　　　　　D．至少有两个实根

2．填空题.

（1）曲线 $y=\dfrac{\sin x}{x(2x-1)}$ 的水平渐近线为_____，垂直渐近线为_____．

（2）极限 $\lim\limits_{x\to+\infty}\left(\dfrac{\pi}{2}-\arctan x\right)^{\frac{1}{\ln x}}=$_____．

（3）函数 $y=x^2+\dfrac{16}{x}$ 在区间 $(0,+\infty)$ 上的最小值是_____．

3．求下列极限.

（1）$\lim\limits_{x\to 0}\left(\dfrac{x}{x-1}-\dfrac{1}{\ln x}\right)$；　　　　（2）$\lim\limits_{x\to 0}\dfrac{\ln(1+x^2)}{\sec x-\cos x}$；

（3）$\lim\limits_{x\to +\infty}\left(\dfrac{2}{\pi}\arctan x\right)^{2x}$；　　　　（4）$\lim\limits_{x\to \frac{\pi}{2}}(\sec x-\tan x)$.

4．证明不等式成立.

（1）当 $0<x_1<x_2<\dfrac{\pi}{2}$ 时，$\dfrac{x_2}{x_1}<\dfrac{\tan x_2}{\tan x_1}$；

（2）当 $x>1$ 时，$\dfrac{\ln(1+x)}{\ln x}>\dfrac{x}{1+x}$.

5．求 $y=\dfrac{2x}{\ln x}$ 的极值点、单调区间、凹凸区间和拐点.

6．求函数 $y=x^2\ln x$ 在区间 $\left[\dfrac{1}{4},1\right]$ 上的最大值与最小值.

7．设 $f(x)$ 在闭区间 $[a,b]$ 上连续，在开区间 (a,b) 内可导，证明：在 (a,b) 内至少存在一点 ξ，使得

$$\frac{\mathrm{e}^b f(b)-\mathrm{e}^a f(a)}{b-a}=\mathrm{e}^{\xi}f(\xi)+\mathrm{e}^{\xi}f'(\xi).$$

8．设 $f(x)$ 在 $[0,1]$ 上连续，在 $(0,1)$ 可导，且 $f(0)=f(1)=0$，$f\left(\dfrac{1}{2}\right)=1$，证明：至少存在一点 $\xi\in(0,1)$ 使得 $f'(\xi)=1$.

9．证明方程 $x\ln x+\dfrac{1}{\mathrm{e}}=0$ 只有一个实根.

10．求下列经济应用问题的最大、最小值.

（1）某超市一年内要分批购进毛巾 2400 件，每条毛巾购进时的批发价为 6 元每条毛巾每年占用银行资金为 10% 利率，每批毛巾的采购费用为 160 元，问分几批购进时，才能使上述两项开支之和最小（不包括商品批发价）？

（2）一房地产公司有 50 套公寓要出租．每月租金定为 1000 元时，公寓会全部租出去．月租金每增加 50 元时，就会有一套公寓租不出去，而租出去的公寓每月需花费 100 元的维修费．问当月租金定为多少可获得最大收益？

本章练习 A 答案

1．单项选择题.
（1）B.　　（2）C.　　（3）B.　　（4）C.　　（5）A.

2. 填空题.

（1）$\dfrac{x_1 + x_2}{2}$.　（2）$-\dfrac{1}{32}$.　（3）$\left(-\infty, -\dfrac{\sqrt{2}}{2}\right]$ 和 $\left[\dfrac{\sqrt{2}}{2}, +\infty\right)$，$\left[-\dfrac{\sqrt{2}}{2}, \dfrac{\sqrt{2}}{2}\right]$.

3. **解**　（1）$\displaystyle\lim_{x\to 0}\dfrac{e^x + e^{-x} - 2}{x^2} = \lim_{x\to 0}\dfrac{e^x - e^{-x}}{2x} = \lim_{x\to 0}\dfrac{e^x + e^{-x}}{2} = 1$；

（2）$\displaystyle\lim_{x\to 0}\left(\dfrac{1}{x^2} - \dfrac{1}{x\tan x}\right) = \lim_{x\to 0}\dfrac{\tan x - x}{x^2 \tan x} = \lim_{x\to 0}\dfrac{\tan x - x}{x^3} = \lim_{x\to 0}\dfrac{\sec^2 x - 1}{3x^2}$

$$= \lim_{x\to 0}\dfrac{\tan^2 x}{3x^2} = \dfrac{1}{3}；$$

（3）$\displaystyle\lim_{x\to +\infty} x\left[\dfrac{\pi}{4} - \arctan\dfrac{x}{1+x}\right] = \lim_{x\to +\infty}\dfrac{\dfrac{\pi}{4} - \arctan\dfrac{x}{1+x}}{\dfrac{1}{x}}$

$$= \lim_{x\to +\infty}\dfrac{-\dfrac{1}{1+\left(\dfrac{x}{1+x}\right)^2}\cdot\dfrac{1+x-x}{(1+x)^2}}{-\dfrac{1}{x^2}}$$

$$= \lim_{x\to +\infty}\dfrac{x^2}{(1+x)^2 + x^2} = \dfrac{1}{2}；$$

（4）$\displaystyle\lim_{x\to 0^+}(\tan x)^{\sin x} = \lim_{x\to 0^+} e^{\ln\tan x^{\sin x}} = \lim_{x\to 0^+} e^{\sin x\ln\tan x} = e^{\lim\limits_{x\to 0^+}\frac{\ln\tan x}{\csc x}} = e^{\lim\limits_{x\to 0^+}\frac{\frac{1}{\tan x}\sec^2 x}{-\csc x\cot x}}$

$$= e^{-\lim\limits_{x\to 0^+}\frac{\sin x}{\cos^2 x}} = e^0 = 1.$$

4. **证**　（1）令 $f(t) = \tan t$，则当 $0 < x < \dfrac{\pi}{2}$ 时，$f(t)$ 在 $[0, x]$ 上连续，在 $(0, x)$ 上可导，根据拉格朗日中值定理 $f'(\xi) = \dfrac{f(x) - f(0)}{x - 0}$，$\xi \in (0, x)$，即 $\sec^2\xi = \dfrac{\tan x}{x}$，由于 $0 < \xi < x$，则 $\sec^2 0 < \sec^2\xi = \dfrac{\tan x}{x} < \sec^2 x$，即 $x < \tan x < x\sec^2 x$，所以当 $0 < x < \dfrac{\pi}{2}$ 时，$x < \tan x < \dfrac{x}{\cos^2 x}$.

（2）令 $f(x) = (1+x)\ln(1+x) - \arctan x$，$x \in [0, +\infty)$，则 $f(0) = 0$，而

$$f'(x) = \ln(1+x) + 1 - \dfrac{1}{1+x^2} > 0,$$

则 $f(x)$ 在 $[0, +\infty)$ 上单调递增，所以当 $x > 0$ 时 $f(x) > f(0) = 0$，即

$$(1+x)\ln(1+x) > \arctan x,$$

故有 $\ln(1+x) > \dfrac{\arctan x}{1+x}$.

5. **证**　令 $f(x) = \arctan x - \dfrac{1}{2}\arccos\dfrac{2x}{1+x^2} - \dfrac{\pi}{4}$ ，则

$$f'(x) = \frac{1}{1+x^2} + \frac{1}{2}\cdot\frac{1}{\sqrt{1-\left(\dfrac{2x}{1+x^2}\right)^2}}\cdot\frac{2\cdot(1+x^2)-4x^2}{(1+x^2)^2}$$

$$= \frac{1}{1+x^2} + \frac{1}{2}\cdot\frac{1+x^2}{x^2-1}\cdot\frac{2(1-x^2)}{(1+x^2)^2} = 0 \quad （x>1\text{ 时}）.$$

由于 $f(x)$ 在 $[1,+\infty)$ 上连续，所以 $f(x)$ 在 $[1,+\infty)$ 上恒为常数，故

$$f(x) = f(1) = 0 ,$$

即 $\arctan x - \dfrac{1}{2}\arccos\dfrac{2x}{1+x^2} = \dfrac{\pi}{4}$.

6. **解**　令 $f'(x) = 3x^2 - 6x - 45 = 0$ ，得 $x_1 = -3$ ， $x_2 = 5$.

又 $f''(x) = 6x - 6$ ， $f''(-3) = -24 < 0$ ，故 $f(-3) = 82$ 为函数的极大值；

$f''(5) = 24 > 0$ ，故 $f(5) = -174$ 为函数的极小值.

7. **证**　令 $\varphi(x) = a_0 x + \dfrac{a_1}{2}x^2 + \cdots + \dfrac{a_n}{n+1}x^{n+1}$ ， $\varphi(x)$ 在 $[0,1]$ 上连续，在 $(0,1)$ 内可

导．又因为 $\varphi(1) = a_0 + \dfrac{a_1}{2} + \cdots + \dfrac{a_n}{n+1} = 0$ ， $\varphi(0) = 0$ ，由罗尔定理知，至少存在一点

$\xi \in (0,1)$ 使 $\varphi'(\xi) = 0$ ，即 $a_0 + a_1\xi + \cdots + a_n\xi^n = 0$ ，所以 $f(x)$ 在 $(0,1)$ 在内至少有一个零点.

8. **证**　令 $\varphi(x) = f(x)\cdot\sin x$ ，则 $\varphi(x)$ 在 $[0,\pi]$ 上连续，在 $(0,\pi)$ 上可导，且

$\varphi(\pi) = \varphi(0) = 0$ ，由罗尔定理，至少存在一点 $\xi \in (0,\pi)$ 使得 $\varphi'(\xi) = 0$ ，即

$f'(\xi)\sin\xi + f(\xi)\cos\xi = 0$.

9. **解**　（1）总成本： $C(x) = 3x + 1$ ，

总收益： $R(x) = xP(x) = 7x - 0.2x^2$ ，

总税收： $T(x) = tx$ ，

总利润： $L(x) = R(x) - C(x) - T(x) = -0.2x^2 + (4-t)x - 1$ ，

令 $L'(x) = -0.4x + 4 - t = 0$ ，得 $x = \dfrac{20-5t}{2}$ ，又因为 $L''(x) = -0.4 < 0$ ，

所以 $L\left(\dfrac{20-5t}{2}\right)$ 为最大利润．即该商家获最大利润时的销售量为 $\dfrac{20-5t}{2}$ ；

（2）税收为： $T(x) = tx = \dfrac{t(20-5t)}{2} = \dfrac{-5t^2+20t}{2}$ $（t>0）$.

令 $T' = -5t + 10 = 0$ ，得 $t = 2$ ，又因为 $T'' = -5 < 0$ ，所以当 $t = 2$ （万元）时，政

府总税收取得最大值.

本章练习 B 答案

1．单项选择题.

（1）C.　　（2）D.　　（3）A.　　（4）B.　　（5）B.

2．填空题.

（1）$y=0$，$x=\dfrac{1}{2}$.　　（2）e^{-1}.　　（3）12.

3．解　（1）$\lim\limits_{x\to 1}\left(\dfrac{x}{x-1}-\dfrac{1}{\ln x}\right)=\lim\limits_{x\to 1}\dfrac{x\ln x-x+1}{(x-1)\ln x}=\lim\limits_{x\to 1}\dfrac{\ln x+x\cdot\dfrac{1}{x}-1}{\ln x+(x-1)\cdot\dfrac{1}{x}}$

$$=\lim\limits_{x\to 1}\dfrac{\ln x}{\ln x+1-\dfrac{1}{x}}=\lim\limits_{x\to 1}\dfrac{\dfrac{1}{x}}{\dfrac{1}{x}+\dfrac{1}{x^2}}=\dfrac{1}{2}；$$

（2）$\lim\limits_{x\to 0}\dfrac{\ln(1+x^2)}{\sec x-\cos x}=\lim\limits_{x\to 0}\dfrac{x^2}{\sec x-\cos x}=\lim\limits_{x\to 0}\dfrac{2x}{\sec x\tan x+\sin x}$

$$=\lim\limits_{x\to 0}\dfrac{2x}{\sin x(\sec^2 x+1)}=\lim\limits_{x\to 0}\dfrac{2}{\sec^2 x+1}=1；$$

（3）令 $y=\left(\dfrac{2}{\pi}\arctan x\right)^{2x}$，则 $\ln y=2x\ln\left(\dfrac{2}{\pi}\arctan x\right)=\dfrac{2\left(\ln\dfrac{2}{\pi}+\ln\arctan x\right)}{x^{-1}}$，

$$\lim\limits_{x\to +\infty}\ln y=\lim\limits_{x\to +\infty}\dfrac{2\left(\ln\dfrac{2}{\pi}+\ln\arctan x\right)}{x^{-1}}=\lim\limits_{x\to +\infty}\dfrac{\dfrac{2}{\arctan x}\cdot\dfrac{1}{1+x^2}}{-x^{-2}}，$$

$$=-\dfrac{4}{\pi}\lim\limits_{x\to +\infty}\dfrac{x^2}{1+x^2}=-\dfrac{4}{\pi}\lim\limits_{x\to +\infty}\dfrac{1}{1+\dfrac{1}{x^2}}=-\dfrac{4}{\pi}，\text{所以 }\lim\limits_{x\to +\infty}\left(\dfrac{2}{\pi}\arctan x\right)^{2x}=\mathrm{e}^{-\frac{4}{\pi}}；$$

（4）$\lim\limits_{x\to\frac{\pi}{2}}(\sec x-\tan x)=\lim\limits_{x\to\frac{\pi}{2}}\dfrac{1-\sin x}{\cos x}\lim\limits_{x\to\frac{\pi}{2}}\dfrac{-\cos x}{-\sin x}=0$.

4．证　（1）令 $f(x)=\dfrac{\tan x}{x}$ $x\in\left(0,\dfrac{\pi}{2}\right)$，则 $f'(x)=\dfrac{x\sec^2 x-\tan x}{x^2}=\dfrac{x-\sin x\cos x}{(x\cos x)^2}$，

再令 $\varphi(x)=x-\sin x\cos x=x-\dfrac{1}{2}\sin 2x$，$x\in\left[0,\dfrac{\pi}{2}\right)$，$\varphi(0)=0$，则 在 $\left(0,\dfrac{\pi}{2}\right)$ 内

$\varphi'(x) = 1 - \cos 2x > 0$，所以 $\varphi(x)$ 在 $\left[0, \dfrac{\pi}{2}\right)$ 上单调递增，那么当 $0 < x < \dfrac{\pi}{2}$ 时，

$\varphi(x) > \varphi(0) = 0$，于是 $f'(x) > 0$，$f(x)$ 在 $\left(0, \dfrac{\pi}{2}\right)$ 上单调递增.

则当 $0 < x_1 < x_2 < \dfrac{\pi}{2}$ 时，$f(x_1) < f(x_2)$，即 $\dfrac{\tan x_1}{x_1} < \dfrac{\tan x_2}{x_2}$，所以 $\dfrac{x_2}{x_1} < \dfrac{\tan x_2}{\tan x_1}$；

（2）不等式即 $(1+x)\ln(1+x) > x \ln x$.

令 $f(x) = x \ln x$，$x > 1$，$f'(x) = \ln x + 1 > 0$，所以 $f(x)$ 在 $[1, +\infty)$ 上单调递增.

故有当 $x > 1$ 时，$f(1+x) > f(x)$，即 $(1+x)\ln(1+x) > x \ln x$. 因此原不等式成立.

5. 解　定义域为 $(0,1) \cup (1, +\infty)$；$y' = \dfrac{2(\ln x - 1)}{(\ln x)^2}$，$y'' = \dfrac{2(2 - \ln x)}{x(\ln x)^3}$，

令 $y' = 0$，得驻点 $x = \mathrm{e}$，令 $y'' = 0$，得 $x = \mathrm{e}^2$；列表讨论函数的单调区间、凹凸区间与拐点之间的关系，见下表：

x	$(0,1)$	$(1,\mathrm{e})$	e	$(\mathrm{e},\mathrm{e}^2)$	e^2	$(\mathrm{e}^2, +\infty)$
y'	$-$	$-$	0	$+$	$+$	$+$
y''	$-$	$+$	$+$	$+$	0	$-$
y	单减 凸	单减 凹	极小值 2e	单增 凹	拐点$(\mathrm{e}^2,\mathrm{e}^2)$	单增 凸

故 $x = \mathrm{e}$ 为极小值点，极小值为 $f(\mathrm{e}) = 2\mathrm{e}$；在区间 $(0,1)$，$(1,\mathrm{e}]$ 上函数单调减少，在区间 $[\mathrm{e}, +\infty)$ 上函数单调增加；凹区间为 $(1, \mathrm{e}^2]$，凸区间为 $(0,1)$，$[\mathrm{e}^2, +\infty)$；拐点为 $(\mathrm{e}^2, \mathrm{e}^2)$.

6. 解　函数 $y = x^2 \ln x$ 在区间 $\left[\dfrac{1}{4}, 1\right]$ 上连续，故在区间 $\left[\dfrac{1}{4}, 1\right]$ 一定存在最大值和最小值，$y' = 2x \ln x + x$，令 $y' = x(2\ln x + 1) = 0$，得驻点 $x = \dfrac{1}{\sqrt{\mathrm{e}}} \in \left(\dfrac{1}{4}, 1\right)$，没有不可导点. 而 $y\left(\dfrac{1}{\sqrt{\mathrm{e}}}\right) = -\dfrac{1}{2\mathrm{e}}$，$y\left(\dfrac{1}{4}\right) = -\dfrac{\ln 2}{8}$，$y(1) = 0$.

比较可得，函数在 $x = 1$ 处取得最大值 0，在 $x = \dfrac{1}{\sqrt{\mathrm{e}}}$ 处取得最小值 $-\dfrac{1}{2\mathrm{e}}$.

7. 证　$\varphi(x) = \mathrm{e}^x f(x)$，则 $\varphi(x)$ 在 $[a,b]$ 上连续，在 (a,b) 内可导，由拉格朗日中值定理知，至少存在一点 $\xi \in (a,b)$，使得 $\varphi'(\xi) = \dfrac{\varphi(b) - \varphi(a)}{b - a}$，即

$$\frac{\mathrm{e}^b f(b) - \mathrm{e}^a f(a)}{b - a} = \mathrm{e}^\xi f(\xi) + \mathrm{e}^\xi f'(\xi).$$

8.**证**　令 $F(x)=f(x)-x$，由题知，$f(x)$ 在 $[0,1]$ 连续，在 $(0,1)$ 内可导，所以 $F(x)$ 在 $[0,1]$ 上连续，在 $(0,1)$ 内可导，$F(0)=0$，$F\left(\dfrac{1}{2}\right)=\dfrac{1}{2}>0$，$F(1)=-1<0$，由零点定理知 $\exists\,\eta\in\left(\dfrac{1}{2},1\right)$，使得 $F(\eta)=0$，则 $F(x)$ 在 $[0,\eta]$ 上满足罗尔定理的条件，由罗尔定理得 $\exists\,\xi\in(0,\eta)\subset(0,1)$，使得 $F'(\xi)=0$，即 $f'(\xi)-1=0$，即 $f'(\xi)=1$.

9.**证**　令 $f(x)=x\ln x+\dfrac{1}{e}$，$(x>0)$，则 $f'(x)=1+\ln x$，令 $f'(x)=0$ 得 $x=\dfrac{1}{e}$，此为唯一的驻点，且 $f\left(\dfrac{1}{e}\right)=0$，又 $f''(x)=\dfrac{1}{x}$，$f''\left(\dfrac{1}{e}\right)=e>0$，所以 $f(x)$ 在 $(0,+\infty)$ 上，$x=\dfrac{1}{e}$ 时取得极小值，也是函数的最小值，即当 $x\neq\dfrac{1}{e}$ 时，$f(x)>f\left(\dfrac{1}{e}\right)=0$，故方程只有 $x=\dfrac{1}{e}$ 一个实根.

10.**解**　（1）设分 x 批购进毛巾，则每批购进的毛巾条数为 $\dfrac{2400}{x}$，那么两项开支之和为 $C(x)=6\times\dfrac{2400}{x}\times0.1+160x=\dfrac{1440}{x}+160x$，求导得 $C'(x)=-\dfrac{1440}{x^2}+160$，令 $C'(x)=0$，解得 $x=3$，又 $C''(x)=\dfrac{2880}{x^3}$，$C''(3)>0$，所以当 $x=3$ 时，即分 3 批购进时，才能使两项开支之和最小.

（2）设有 x 套公寓没有租出去，则租金收益为
$$f(x)=(1000+50x)(50-x)-100(50-x)=(900+50x)(50-x),\ x\in[0,50]$$
则 $f'(x)=50\times(50-x)-(900+50x)=1600-100x$，

令 $f'(x)=0$，得 $x=16$. 即当有 16 套公寓没有租出去时，收益最大，此时月租金为 $1000+50\times16=1800$ 元.

第5章 一元函数积分学

知识结构图

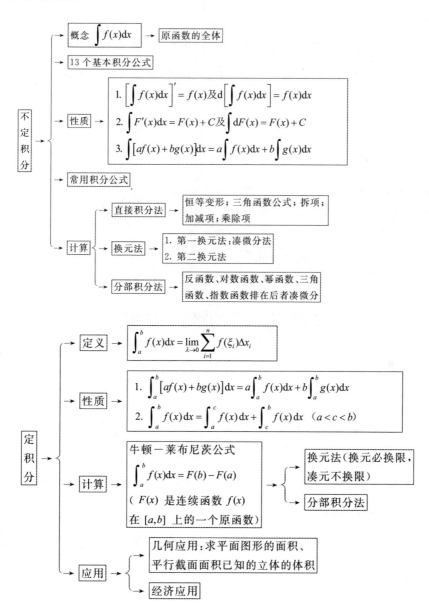

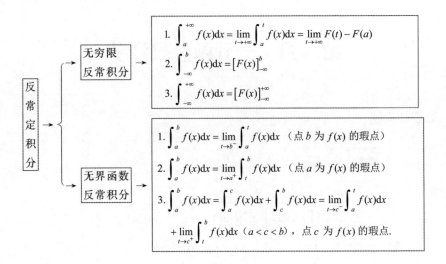

本章学习目标

● 　理解定积分与不定积分的概念及性质；

● 　熟练掌握不定积分的基本公式；

● 　熟练掌握积分的换元积分法和分部积分法；

● 　了解广义积分的概念与计算；

● 　熟练运用定积分求解某些几何图形的面积、体积及某些经济问题.

5.1　定积分的概念与性质

5.1.1　知识点分析

1. 定积分的定义

设函数 $f(x)$ 在区间 $[a,b]$ 上有界，在 $[a,b]$ 中任意插入 $n-1$ 个分点，$a = x_0 < x_1 < \cdots < x_{n-1} < x_n = b$ 将区间 $[a,b]$ 分成 n 个小区间 $\Delta x_i = x_i - x_{i-1}, i = 1, 2, \cdots, n$，$\lambda = \max_i \{\Delta x_i\}$，任取 $\xi_i \in [x_{i-1}, x_i] (i = 1, 2, \cdots, n)$ 作乘积 $f(\xi_i)\Delta x_i$ 和 $\sum_{i=1}^{n} f(\xi_i)\Delta x_i$. 如果不论如何分割区间 $[a,b]$ 及如何在每个区间上取 ξ_i，只要当 $\lambda \to 0$ 时，极限 $I = \lim_{\lambda \to 0} \sum_{i=1}^{n} f(\xi_i)\Delta x_i$ 总存在，则称 I 为函数 $f(x)$ 在区间 $[a,b]$ 上的定积分，记作 $\int_a^b f(x)\mathrm{d}x$，即

$$\int_a^b f(x)\mathrm{d}x = \lim_{\lambda \to 0}\sum_{i=1}^n f(\xi_i)\Delta x_i,$$

此时称 $f(x)$ 在区间 $[a,b]$ 上可积. 其中 $\sum_{i=1}^n f(\xi_i)\Delta x_i$ 称为积分和, a 称为积分下限, b 称为积分上限, $f(x)$ 称为被积函数, x 称为积分变量, $[a,b]$ 称为积分区间.

　　注　（1）当极限 I 不存在时, 则称函数 $f(x)$ 在区间 $[a,b]$ 上不可积;

　　　　（2）根据定义, 如果函数保持不变, 积分区间不变, 只改变积分变量 x 为其它写法, 如 t 或者 u 等, 不会改变极限的值, 所以定积分的值与积分变量的记号无关;

　　　　（3）当 $a = b$ 时, $\displaystyle\int_a^b f(x)\mathrm{d}x = 0$;

　　　　（4）当 $a > b$ 时, $\displaystyle\int_a^b f(x)\mathrm{d}x = -\int_b^a f(x)\mathrm{d}x$.

　　2. 定积分的性质

　　性质 1　$\displaystyle\int_a^b [f(x) \pm g(x)]\mathrm{d}x = \int_a^b f(x)\mathrm{d}x \pm \int_a^b g(x)\mathrm{d}x$.

　　注　此性质可推广到被积函数为有限个函数的代数和的情形.

　　性质 2　$\displaystyle\int_a^b kf(x)\mathrm{d}x = k\int_a^b f(x)\mathrm{d}x$　（k 为常数）.

　　性质 3　设 $a < c < b$, 则　$\displaystyle\int_a^b f(x)\mathrm{d}x = \int_a^c f(x)\mathrm{d}x + \int_c^b f(x)\mathrm{d}x$.

　　注　不论 a, b, c 的相对位置如何, 上述等式总是成立的.

　　性质 4　如果在区间 $[a,b]$ 上 $f(x) \leqslant g(x)$, 则　$\displaystyle\int_a^b f(x)\mathrm{d}x \leqslant \int_a^b g(x)\mathrm{d}x$, 等号仅在 $f(x) \equiv g(x)$ 时成立.

　　性质 5　设函数 $f(x)$ 在 $[a,b]$ 上的最大值和最小值分别是 M 及 m, 则

$$m(b-a) \leqslant \int_a^b f(x)\mathrm{d}x \leqslant M(b-a).$$

　　性质 6　如果 $f(x)$ 在区间 $[a,b]$ 上连续, 则至少存在一点 $\xi \in [a,b]$, 使

$$\int_a^b f(x)\mathrm{d}x = f(\xi)(b-a).$$

　　3. 定积分 $\displaystyle\int_a^b f(x)\mathrm{d}x$ 的几何意义

　　（1）$f(x) \geqslant 0$ 时, 定积分 $\displaystyle\int_a^b f(x)\mathrm{d}x$ 在几何上表示由连续曲线 $y = f(x)$, 直线 $x = a$, $x = b\,(a < b)$ 和 x 轴围成的曲边梯形的面积;

　　（2）$f(x) < 0$ 时, 曲线 $y = f(x)$, 直线 $x = a$, $x = b\,(a < b)$ 和 x 轴所围成的曲边梯形位于 x 轴的下方, 所以定积分 $\displaystyle\int_a^b f(x)\mathrm{d}x$ 在几何上表示上述曲边梯形面积的

负值；

（3）$f(x)$ 既有正值又有负值时，曲线 $y = f(x)$，直线 $x = a$，$x = b\,(a < b)$ 和 x 轴所围成的图形的某些部分在 x 轴的上方，某些部分在 x 轴的下方，此时定积分 $\int_a^b f(x)\mathrm{d}x$ 在几何上表示 x 轴上方图形面积与下方图形面积之差.

5.1.2　典例解析

例 1　把极限 $\lim\limits_{n \to \infty} \dfrac{1}{n^2}(\sqrt{n} + \sqrt{2n} + \cdots + \sqrt{n^2})$ 表示成定积分.

解　$\lim\limits_{n \to \infty} \dfrac{1}{n^2}(\sqrt{n} + \sqrt{2n} + \cdots + \sqrt{n^2})$

$= \lim\limits_{n \to \infty} \dfrac{1}{n}\left(\sqrt{\dfrac{1}{n}} + \sqrt{\dfrac{2}{n}} + \cdots + \sqrt{\dfrac{n}{n}}\right)$

$= \lim\limits_{n \to \infty} \dfrac{1}{n} \sum\limits_{i=1}^{n} \sqrt{\dfrac{i}{n}}$

$= \int_0^1 \sqrt{x}\,\mathrm{d}x$.

5.1.3　习题

1．利用定积分的几何意义，计算下列积分.

（1）$\int_0^1 2x\mathrm{d}x$ ；　　　　　　　　（2）$\int_{-2}^{2} x^3\mathrm{d}x$ ；

（3）$\int_{-\pi}^{\pi} x^6 \sin x\mathrm{d}x$ ；　　　　　　（4）$\int_{-\frac{1}{2}}^{\frac{1}{2}} \cos x \cdot \ln\left(\dfrac{1+x}{1-x}\right)\mathrm{d}x$.

2．设 $f(x)$ 连续，且 $\int_0^1 2f(x)\mathrm{d}x = 4$ ，$\int_0^3 f(x)\mathrm{d}x = 6$ ，$\int_0^1 g(x)\mathrm{d}x = 3$ ，计算下列各值.

（1）$\int_0^1 f(x)\mathrm{d}x$ ；　　　　　　　（2）$\int_1^3 3f(x)\mathrm{d}x$ ；

（3）$\int_1^0 g(x)\mathrm{d}x$ ；　　　　　　　（4）$\int_0^1 \dfrac{f(x) + 2g(x)}{4}\mathrm{d}x$.

3．根据定积分的性质，比较下列积分的大小.

（1）$I_1 = \int_0^1 x^2\mathrm{d}x$ 和 $I_2 = \int_0^1 x^3\mathrm{d}x$ ；

（2）$I_1 = \int_1^{\frac{\pi}{2}} \sin x\mathrm{d}x$ 和 $I_2 = \int_1^{\frac{\pi}{2}} x\mathrm{d}x$ ；

（3）$I_1 = \int_1^2 \ln x\mathrm{d}x$ 和 $I_2 = \int_1^2 \ln^2 x\mathrm{d}x$ ；

（4）$I_1 = \int_0^1 \ln(1+x)\mathrm{d}x$ 和 $I_2 = \int_0^1 x\mathrm{d}x$.

4．利用定积分的性质，估计下列各积分的值.

（1）$\int_1^4 (x^2+1)\mathrm{d}x$ ；　　　　　　　　（2）$\int_1^2 \dfrac{x}{1+x^2}\mathrm{d}x$.

5.1.4　习题详解

1．解　（1）$\int_0^1 2x\mathrm{d}x = S_\Delta = \dfrac{1}{2} \times 1 \times 2 = 1$ ；

（2）$\int_{-2}^2 x^3 \mathrm{d}x = 0$ ；

（3）$\int_{-\pi}^{\pi} x^6 \sin x\mathrm{d}x = 0$ ；

（4）$\int_{-\frac{1}{2}}^{\frac{1}{2}} \cos x \cdot \ln\left(\dfrac{1+x}{1-x}\right)\mathrm{d}x = 0$.

点拨　利用奇函数在对称积分区间上的积分为 0 .

2．解　（1）$\int_0^1 f(x)\mathrm{d}x = 2$ ；

（2）$\displaystyle\int_1^3 3f(x)\mathrm{d}x = 3\int_1^3 f(x)\mathrm{d}x$

$\qquad\qquad\qquad = 3\left(\int_1^0 f(x)\mathrm{d}x + \int_0^3 f(x)\mathrm{d}x\right)$

$\qquad\qquad\qquad = 3\left(\int_0^3 f(x)\mathrm{d}x - \int_0^1 f(x)\mathrm{d}x\right)$

$\qquad\qquad\qquad = 3 \times (6-2) = 12$ ；

（3）$\int_1^0 g(x)\mathrm{d}x = -\int_0^1 g(x)\mathrm{d}x = -3$ ；

（4）$\displaystyle\int_0^1 \dfrac{[f(x)+2g(x)]}{4}\mathrm{d}x = \dfrac{1}{4}\int_0^1 f(x)\mathrm{d}x + \dfrac{1}{2}\int_0^1 g(x)\mathrm{d}x = 2$.

3．解　（1）在区间 $[0,1]$ 上，$x^2 \geqslant x^3$ ，又因为等号仅在 $x=0$ 和 $x=1$ 处成立，故由"性质 5"得 $\int_0^1 x^2 \mathrm{d}x \geqslant \int_0^1 x^3 \mathrm{d}x$ ；

（2）在区间 $\left[1, \dfrac{\pi}{2}\right]$ 上，$\sin x < x$ ，故由"性质 5"得 $\int_1^{\frac{\pi}{2}} \sin x\mathrm{d}x < \int_1^{\frac{\pi}{2}} x\mathrm{d}x$ ；

（3）在区间 $[1,2]$ 上，$\ln x \geqslant \ln^2 x$ ，又因为等号仅在 $x=1$ 处成立，故由"性质 5"得 $\int_1^2 \ln x\mathrm{d}x > \int_1^2 \ln^2 x\mathrm{d}x$ ；

（4）令 $f(x) = \ln(1+x) - x$ ，在区间 $[0,1]$ 上，$f'(x) = \dfrac{1}{1+x} - 1 = \dfrac{-x}{1+x} \leqslant 0$ ，又因为等号仅在 $x=0$ 处成立，所以 $f(x)$ 在 $[0,1]$ 上单调递减，得 $f(x) \leqslant f(0)=0$ ，

即 $\ln(1+x) \leqslant x$ ，故由"性质 5"得 $\int_0^1 \ln(1+x)\mathrm{d}x \geqslant \int_0^1 x\mathrm{d}x$.

4. **解**　（1）因为 $\max\limits_{1 \leqslant x \leqslant 4}\{x^2+1\} = 17$ ， $\min\limits_{1 \leqslant x \leqslant 4}\{x^2+1\} = 2$ ，即 $2 \leqslant x^2+1 \leqslant 17$ ，

故由"性质 6"得 $2 \times 3 \leqslant \int_1^4 (x^2+1)\mathrm{d}x \leqslant 17 \times 3$ ，即 $6 \leqslant \int_1^4 (x^2+1)\mathrm{d}x \leqslant 51$ ；

（2）令 $f(x) = \dfrac{x}{1+x^2}$ ，在区间 $[1,2]$ 上， $f'(x) = \dfrac{1-x^2}{(1+x^2)^2} \leqslant 0$ ，等号仅在 $x=1$ 处

成立，所以 $f(x)$ 在 $[1,2]$ 上单调递减.

当 $x=1$ 时， $f(x)$ 取得最大值 $\dfrac{1}{2}$ ，当 $x=2$ 时，取得最小值 $\dfrac{2}{5}$ ，故由"性质 6"得

$$\frac{2}{5} \leqslant \int_1^2 \frac{x}{1+x^2}\mathrm{d}x \leqslant \frac{1}{2}.$$

5.2　微积分基本公式

5.2.1　知识点分析

1. 积分上限函数

设函数 $f(x)$ 在区间 $[a,b]$ 上连续，则定积分 $\int_a^b f(x)\mathrm{d}x$ 一定存在， $\forall x \in [a,b]$ ，

当上限 x 在区间 $[a,b]$ 上任意变动时，总有一个值 $\varPhi(x) = \int_a^x f(x)\mathrm{d}x$ 与之对应，从而

$\int_a^x f(x)\mathrm{d}x$ 是 x 的函数，称此函数为积分上限函数，记作

$$\varPhi(x) = \int_a^x f(x)\mathrm{d}x \, (a \leqslant x \leqslant b).$$

注　因为定积分的取值与积分变量无关，积分上限函数常记作

$$\varPhi(x) = \int_a^x f(t)\mathrm{d}t \, (a \leqslant x \leqslant b).$$

2. 积分上限函数的求导公式

如果 $f(x)$ 在 $[a,b]$ 上连续，则积分上限的函数 $\varPhi(x) = \int_a^x f(t)\mathrm{d}t$ 在 $[a,b]$ 上具有导

数，且它的导数是 $\varPhi'(x) = \dfrac{\mathrm{d}}{\mathrm{d}x}\int_a^x f(t)\mathrm{d}t = f(x)$ 　 $(a \leqslant x \leqslant b)$.

注　利用复合函数的求导法则可进一步得到下列公式：

（1） $\dfrac{\mathrm{d}}{\mathrm{d}x}\int_a^{\varphi(x)} f(t)\mathrm{d}t = f(\varphi(x))\varphi'(x)$ ；

（2）$\dfrac{\mathrm{d}}{\mathrm{d}x}\displaystyle\int_{\psi(x)}^{\varphi(x)}f(t)\mathrm{d}t = f(\varphi(x))\varphi'(x) - f(\psi(x))\psi'(x)$.

3. 牛顿–莱布尼茨公式

如果函数 $F(x)$ 是连续函数 $f(x)$ 在 $[a,b]$ 上的一个原函数，则

$$\int_a^b f(x)\mathrm{d}x = F(b) - F(a).$$

5.2.2　典例解析

例 1　计算 $\dfrac{\mathrm{d}}{\mathrm{d}x}\displaystyle\int_0^{x^2}\sqrt{1+t^2}\,\mathrm{d}t$.

解　$\dfrac{\mathrm{d}}{\mathrm{d}x}\displaystyle\int_0^{x^2}\sqrt{1+t^2}\,\mathrm{d}t = 2x\sqrt{1+x^4}$.

例 2　求 $\displaystyle\lim_{x\to 0}\dfrac{\displaystyle\int_0^x\cos t^2\mathrm{d}t}{x}$.

解　$\displaystyle\lim_{x\to 0}\dfrac{\displaystyle\int_0^x\cos t^2\mathrm{d}t}{x} = \lim_{x\to 0}\dfrac{\cos x^2}{1} = 1$.

例 3　求 $\displaystyle\lim_{x\to 0}\dfrac{\displaystyle\int_0^x(\sin t - t)\mathrm{d}t}{x(\mathrm{e}^x-1)^3}$.

解　
$$\lim_{x\to 0}\dfrac{\displaystyle\int_0^x(\sin t - t)\mathrm{d}t}{x(\mathrm{e}^x-1)^3} = \lim_{x\to 0}\dfrac{\displaystyle\int_0^x(\sin t - t)\mathrm{d}t}{x\cdot x^3}$$

$$= \lim_{x\to 0}\dfrac{\displaystyle\int_0^x(\sin t - t)\mathrm{d}t}{x^4}$$

$$= \lim_{x\to 0}\dfrac{\sin x - x}{4x^3}$$

$$= \lim_{x\to 0}\dfrac{\cos x - 1}{12x^2}$$

$$= \lim_{x\to 0}\dfrac{-\dfrac{1}{2}x^2}{12x^2} = -\dfrac{1}{24}.$$

例 4　求 $\displaystyle\int_{-\frac{1}{2}}^{\frac{1}{2}}\dfrac{\mathrm{d}x}{\sqrt{1-x^2}}$.

解　由于 $(\arcsin x)' = \dfrac{1}{\sqrt{1-x^2}}$，所以 $\arcsin x$ 是 $\dfrac{1}{\sqrt{1-x^2}}$ 的一个原函数，故

$$\int_{-\frac{1}{2}}^{\frac{1}{2}} \frac{dx}{\sqrt{1-x^2}} = \arcsin x \Big|_{-\frac{1}{2}}^{\frac{1}{2}}$$

$$= \arcsin \frac{1}{2} - \arcsin\left(-\frac{1}{2}\right)$$

$$= \frac{\pi}{6} - \left(-\frac{\pi}{6}\right) = \frac{\pi}{3}.$$

例 5   求 $\int_0^{2\pi} |\sin x| \, dx$.

解   由于 $(-\cos x)' = \sin x$ ，所以 $-\cos x$ 是 $\sin x$ 的一个原函数，

$$\int_0^{2\pi} |\sin x| \, dx = \int_0^\pi \sin x dx - \int_\pi^{2\pi} \sin x dx$$

$$= -\cos x \Big|_0^\pi + \cos x \Big|_\pi^{2\pi}$$

$$= -\cos \pi + \cos 0 + \cos 2\pi - \cos \pi = 4.$$

点拨   在所给积分区间上，当被积函数为分段函数时，需用积分区间的可加性将原积分拆成若干个积分的和.

5.2.3 习题

1. 计算下列导数.

（1） $\dfrac{d}{dx}\displaystyle\int_0^x e^{t^2-t} dt$ ；

（2） $\dfrac{d}{dx}\displaystyle\int_{x^2}^{x^3} \dfrac{1}{\sqrt{1+t^4}} dt$ ；

（3） $\dfrac{d}{dx}\displaystyle\int_{\sin^2 x}^2 \dfrac{1}{1+t^2} dt$ ；

（4） $\dfrac{d}{dx}\displaystyle\int_e^{\sqrt{x}} \cos(t^2+1) dt$.

2. 计算下列极限.

（1） $\displaystyle\lim_{x\to 0} \dfrac{\displaystyle\int_0^x \cos t^2 dt}{x}$ ；

（2） $\displaystyle\lim_{x\to 0} \dfrac{\displaystyle\int_0^x \ln(1+t^2) dt}{x^3}$ ；

（3） $\displaystyle\lim_{x\to 0} \dfrac{\displaystyle\int_0^{x^2} \sqrt{1+t^2} dt}{x^2}$ ；

（4） $\displaystyle\lim_{x\to 1} \dfrac{\displaystyle\int_1^x e^{t^2} dt}{\ln x}$ ；

（5） $\displaystyle\lim_{x\to 0} \dfrac{\left(\displaystyle\int_0^x \sin t^2 dt\right)^2}{\displaystyle\int_0^x t^2 \sin t^3 dt}$.

3. 设 $g(x) = \displaystyle\int_0^{x^2} \dfrac{1}{1+t^3} dt$ ，求 $g''(1)$.

4. 求当 x 为何值时，函数 $I(x) = \displaystyle\int_0^x t e^{-t^2} dt$ 有极值.

5. 计算下列定积分.

（1）$\int_0^{\frac{\pi}{4}} \sec^2 \theta \mathrm{d}\theta$ ；

（2）$\int_{-1}^0 \dfrac{3x^4 + 3x^2 + 1}{x^2 + 1} \mathrm{d}x$ ；

（3）$\int_0^2 |x - 1| \mathrm{d}x$.

6. 设 $f(x) = \begin{cases} x, & x < 1 \\ \mathrm{e}^{x-1}, & x \geqslant 1 \end{cases}$ ，求 $\int_0^2 f(x)\mathrm{d}x$.

7. 设 $f(x) = \begin{cases} x^2, & x \in [0, 1) \\ x, & x \in [1, 2] \end{cases}$ ，求 $\Phi(x) = \int_0^x f(t)\mathrm{d}t$ 在 $[0, 2]$ 上的表达式，并讨论

$\Phi(x)$ 在 $(0, 2)$ 内的连续性.

5.2.4　习题详解

1. **解**（1）$\dfrac{\mathrm{d}}{\mathrm{d}x} \int_0^x \mathrm{e}^{t^2 - t} \mathrm{d}t = \mathrm{e}^{x^2 - x}$ ；

（2）$\dfrac{\mathrm{d}}{\mathrm{d}x} \int_{x^2}^{x^3} \dfrac{1}{\sqrt{1 + t^4}} \mathrm{d}t = \dfrac{3x^2}{\sqrt{1 + x^{12}}} - \dfrac{2x}{\sqrt{1 + x^8}}$ ；

（3）$\dfrac{\mathrm{d}}{\mathrm{d}x} \int_{\sin^2 x}^2 \dfrac{1}{1 + t^2} \mathrm{d}t = -\dfrac{\sin 2x}{1 + \sin^4 x}$ ；

（4）$\dfrac{\mathrm{d}}{\mathrm{d}x} \int_{\mathrm{e}}^{\sqrt{x}} \cos(t^2 + 1)\mathrm{d}t = \dfrac{1}{2\sqrt{x}} \cos(x + 1)$.

2. **解**（1）$\lim\limits_{x \to 0} \dfrac{\int_0^x \cos t^2 \mathrm{d}t}{x} = \lim\limits_{x \to 0} (\cos x)^2 = 1$ ；

（2）$\lim\limits_{x \to 0} \dfrac{\int_0^x \ln(1 + t^2)\mathrm{d}t}{x^3} = \lim\limits_{x \to 0} \dfrac{\ln(1 + x^2)}{3x^2} = \lim\limits_{x \to 0} \dfrac{x^2}{3x^2} = \dfrac{1}{3}$ ；

（3）$\lim\limits_{x \to 0} \dfrac{\int_0^{x^2} \sqrt{1 + t^2}\,\mathrm{d}t}{x^2} = \lim\limits_{x \to 0} \dfrac{\sqrt{1 + x^4}}{2x} 2x = \lim\limits_{x \to 0} \sqrt{1 + x^4} = 1$ ；

（4）$\lim\limits_{x \to 1} \dfrac{\int_1^x \mathrm{e}^{t^2}\mathrm{d}t}{\ln x} = \lim\limits_{x \to 1} \dfrac{\mathrm{e}^{x^2}}{\dfrac{1}{x}} = \mathrm{e}$ ；

（5）$\lim\limits_{x \to 0} \dfrac{\left(\int_0^x \sin t^2 \mathrm{d}t \right)^2}{\int_0^x t^2 \sin t^3 \mathrm{d}t} = \lim\limits_{x \to 0} \dfrac{2\int_0^x \sin t^2 \mathrm{d}t \cdot \sin x^2}{x^2 \sin x^3}$

$\qquad\qquad = \lim\limits_{x \to 0} \dfrac{2\int_0^x \sin t^2 \mathrm{d}t \cdot x^2}{x^2 \cdot x^3}$

$$= \lim_{x \to 0} \frac{2\int_0^x \sin t^2 \mathrm{d}t}{x^3}$$

$$= \lim_{x \to 0} \frac{2\sin x^2}{3x^2} = \frac{2}{3}.$$

3．**解**　因为 $g'(x) = \dfrac{2x}{1+x^6}$，$g''(x) = \dfrac{2(1+x^6) - 2x \cdot 6x^5}{(1+x^6)^2} = \dfrac{2(1-5x^6)}{(1+x^6)^2}$，所以 $g''(1) = -2$．

4．**解**　令 $I'(x) = xe^{-x^2} = 0$，可得 $x = 0$．

$I''(x) = e^{-x^2} - 2x^2 e^{-x^2} = (1-2x^2)e^{-x^2}$，由于 $I''(0) = 1 > 0$，所以 $I(x)$ 在 $x = 0$ 处取得极小值 $I(0) = 0$．

5．**解**　（1）因为 $(\tan\theta)' = \sec^2\theta$，所以 $\tan\theta$ 是 $\sec^2\theta$ 的一个原函数，故

$$\int_0^{\frac{\pi}{4}} \sec^2\theta \mathrm{d}\theta = \tan\theta \Big|_0^{\frac{\pi}{4}} = \tan\frac{\pi}{4} - \tan 0 = 1;$$

（2）$\displaystyle\int_{-1}^0 \frac{3x^4 + 3x^2 + 1}{x^2 + 1}\mathrm{d}x = \int_{-1}^0 \left(3x^2 + \frac{1}{1+x^2}\right)\mathrm{d}x$

$$= \int_{-1}^0 3x^2 \mathrm{d}x + \int_{-1}^0 \frac{1}{1+x^2}\mathrm{d}x,$$

因为 x^3 是 $3x^2$ 的一个原函数，$\arctan x$ 是 $\dfrac{1}{1+x^2}$ 的一个原函数，所以

$$上式 = x^3 \Big|_{-1}^0 + \arctan x \Big|_{-1}^0 = 0 - (-1) + 0 - \left(-\frac{\pi}{4}\right) = 1 + \frac{\pi}{4};$$

（3）$\displaystyle\int_0^2 |x-1|\mathrm{d}x = \int_0^1 (1-x)\mathrm{d}x + \int_1^2 (x-1)\mathrm{d}x$，

因为 $x - \dfrac{x^2}{2}$ 是 $1-x$ 的一个原函数，$\dfrac{x^2}{2} - x$ 是 $x-1$ 的一个原函数，所以

$$上式 = \left(x - \frac{x^2}{2}\right)\Big|_0^1 + \left(\frac{x^2}{2} - x\right)\Big|_1^2 = \frac{1}{2} - 0 + 0 - \left(-\frac{1}{2}\right) = 1.$$

6．**解**　$\displaystyle\int_0^2 f(x)\mathrm{d}x = \int_0^1 f(x)\mathrm{d}x + \int_1^2 f(x)\mathrm{d}x = \int_0^1 x\mathrm{d}x + \int_1^2 e^{x-1}\mathrm{d}x$，

因为 $\dfrac{x^2}{2}$ 是 x 的一个原函数，e^{x-1} 是 e^{x-1} 的一个原函数，所以

$$上式 = \frac{1}{2}x^2 \Big|_0^1 + e^{x-1} \Big|_1^2 = \frac{1}{2} - 0 + e - 1 = e - \frac{1}{2}.$$

7．**解**　当 $0 \leqslant x < 1$ 时，$\Phi(x) = \displaystyle\int_0^x t^2 \mathrm{d}t = \frac{1}{3}t^3 \Big|_0^x = \frac{1}{3}x^3$，

当 $1 \leqslant x \leqslant 2$ 时，$\Phi(x) = \int_0^1 t^2 \mathrm{d}t + \int_1^x t\,\mathrm{d}t = \left.\frac{1}{3}t^3\right|_0^1 + \left.\frac{1}{2}t^2\right|_1^x$

$$= \frac{1}{3} + \frac{1}{2}x^2 - \frac{1}{2} = \frac{1}{2}x^2 - \frac{1}{6},$$

即 $\Phi(x) = \begin{cases} \dfrac{1}{3}x^3 & 0 \leqslant x < 1 \\[2mm] \dfrac{1}{2}x^2 - \dfrac{1}{6} & 1 \leqslant x \leqslant 2 \end{cases}$,

又因为 $\lim\limits_{x \to 1^-} \Phi(x) = \dfrac{1}{3} = \lim\limits_{x \to 1^+} \Phi(x)$ ，所以函数 $\Phi(x)$ 在 $(0,2)$ 内是连续的.

5.3　不定积分的概念与性质

5.3.1　知识点分析

1. 原函数的概念

如果在区间 I 上，可导函数 $F(x)$ 的导函数为 $f(x)$ ，即对任一 $x \in I$ ，都有

$$F'(x) = f(x) \text{ 或 } \mathrm{d}F(x) = f(x)\mathrm{d}(x),$$

那么函数 $F(x)$ 就称为 $f(x)$ 在区间 I 上的原函数.

注　（1）若 $F'(x) = f(x)$ ，则对于任意常数 C ，$F(x) + C$ 都是 $f(x)$ 的原函数;

（2）若 $F(x)$ 和 $G(x)$ 都是 $f(x)$ 的原函数，则 $F(x) - G(x) = C$ （ C 为任意常数）.

2. 不定积分的概念

在区间 I 上，函数 $f(x)$ 的全体原函数称为 $f(x)$ 在 I 上的不定积分，记作

$$\int f(x)\mathrm{d}x .$$

其中，$\int$ 称为积分号；$f(x)$ 称为被积函数；$f(x)\mathrm{d}x$ 称为被积表达式；x 称为积分变量.

注　（1）不定积分和原函数是两个不同的概念，前者是个集合，后者是该集合中的一个元素.

（2）求不定积分时，只需求出它的一个原函数，再将原函数加上一个任意常数 C . 即若 $F(x)$ 是 $f(x)$ 的在区间 I 上的一个原函数，则 $f(x)$ 的不定积分可表示为 $\int f(x)\mathrm{d}x = F(x) + C$ （不定积分的最后结果在形式上可能会不同）.

3. 基本积分公式

① $\int k\mathrm{d}x = kx + C$ （k 是常数）；　　② $\int x^{\mu}\mathrm{d}x = \dfrac{x^{\mu+1}}{\mu+1} + C$ （$\mu \neq -1$）；

③ $\int \dfrac{1}{x}\mathrm{d}x = \ln|x| + C$；　　④ $\int \sin x\mathrm{d}x = -\cos x + C$；

⑤ $\int \cos x\mathrm{d}x = \sin x + C$；　　⑥ $\int \dfrac{1}{\cos^2 x}\mathrm{d}x = \int \sec^2 x\mathrm{d}x = \tan x + C$；

⑦ $\int \dfrac{1}{\sin^2 x}\mathrm{d}x = \int \csc^2 x\mathrm{d}x = -\cot x + C$；　　⑧ $\int \sec x \tan x\mathrm{d}x = \sec x + C$；

⑨ $\int \csc x \cot x\mathrm{d}x = -\csc x + C$；

⑩ $\int \dfrac{1}{1+x^2}\mathrm{d}x = \arctan x + C$，　$\int -\dfrac{1}{1+x^2}\mathrm{d}x = \mathrm{arc}\cot x + C$；

⑪ $\int \dfrac{1}{\sqrt{1-x^2}}\mathrm{d}x = \arcsin x + C$，　$\int -\dfrac{1}{\sqrt{1-x^2}}\mathrm{d}x = \arccos x + C$；

⑫ $\int \mathrm{e}^x\mathrm{d}x = \mathrm{e}^x + C$；

⑬ $\int a^x\mathrm{d}x = \dfrac{a^x}{\ln a} + C$；

注　以上这 13 个基本积分公式是求不定积分的基础，必须牢记.

4. 不定积分的性质

性质 1　设函数 $f(x)$ 和 $g(x)$ 的原函数存在，则其代数和的不定积分等于两个函数的不定积分的代数和，即

$$\int [f(x) + g(x)]\mathrm{d}x = \int f(x)\mathrm{d}x + \int g(x)\mathrm{d}x .$$

注　性质 1 对于有限个函数的和都是成立的.

性质 2　设函数 $f(x)$ 的原函数存在，k 为非零的常数，则不定积分中常数因子可以提到积分号外，即

$$\int kf(x)\mathrm{d}x = k\int f(x)\mathrm{d}x .$$

5. 原函数及不定积分的几何意义

如果 $\int f(x)\mathrm{d}x = F(x) + C$，则对于给定的常数 C，都有一个与 $f(x)$ 相应的原函数，在几何上对应一条曲线，我们称它为 $f(x)$ 的一条积分曲线. 又因为 C 可以取任意值，所以 $F(x) + C$ 对应于一族曲线，称为 $f(x)$ 的积分曲线族.

5.3.2　典例解析

利用函数恒等变形、积分性质和基本积分公式求不定积分的方法称为基本积

分法.

例 1　求 $\int \sin x \cos x \mathrm{d}x$.

解　方法一：因为 $(\sin^2 x)' = 2 \sin x \cos x$，所以

$$\int \sin x \cos x \mathrm{d}x = \frac{1}{2} \sin^2 x + C.$$

方法二：因为 $(\cos^2 x)' = -2 \cos x \sin x$，所以

$$\int \sin x \cos x \mathrm{d}x = -\frac{1}{2} \cos^2 x + C.$$

方法三：因为 $(\cos 2x)' = -2 \sin 2x = -4 \sin x \cos x$，所以

$$\int \sin x \cos x \mathrm{d}x = -\frac{1}{4} \cos 2x + C.$$

例 2　求 $\int \dfrac{\mathrm{d}x}{x \sqrt[3]{x}} \mathrm{d}x$.

解　$\int \dfrac{\mathrm{d}x}{x \sqrt[3]{x}} = \int x^{-\frac{4}{3}} \mathrm{d}x = -3 x^{-\frac{1}{3}} + C.$

点拨　利用幂函数的运算性质进行恒等变形.

例 3　求 $\int \dfrac{x^4}{1+x^2} \mathrm{d}x$.

解　$\begin{aligned}[t] \int \frac{x^4}{1+x^2} \mathrm{d}x &= \int \frac{x^4 - 1 + 1}{1+x^2} \mathrm{d}x \\ &= \int \left(x^2 - 1 + \frac{1}{1+x^2} \right) \mathrm{d}x \\ &= \frac{x^3}{3} - x + \arctan x + C. \end{aligned}$

例 4　求 $\int \dfrac{1}{\sin^2 x \cos^2 x} \mathrm{d}x$.

解　$\begin{aligned}[t] \int \frac{1}{\sin^2 x \cos^2 x} \mathrm{d}x &= \int \frac{\sin^2 x + \cos^2 x}{\sin^2 x \cos^2 x} \mathrm{d}x \\ &= \int \left(\frac{1}{\cos^2 x} + \frac{1}{\sin^2 x} \right) \mathrm{d}x \\ &= \tan x - \cot x + C. \end{aligned}$

点拨　变形时常用的三角函数公式如下：

$1 = \sin^2 x + \cos^2 x$；　　　　　$\tan^2 x = \sec^2 x - 1$；

$\cot^2 x = \csc^2 x - 1$；　　　　　$\sin 2x = 2 \sin x \cos x$；

$\cos 2x = \cos^2 x - \sin^2 x = 2\cos^2 x - 1 = 1 - 2\sin^2 x$；

$$\cos^2 x = \frac{1+\cos 2x}{2}; \qquad \sin^2 x = \frac{1-\cos 2x}{2}.$$

例5 求 $\displaystyle\int \frac{1}{1+\sin x}\mathrm{d}x$.

解 $\displaystyle\int \frac{1}{1+\sin x}\mathrm{d}x = \int \frac{1-\sin x}{(1+\sin x)(1-\sin x)}\mathrm{d}x$

$$= \int \frac{1-\sin x}{\cos^2 x}\mathrm{d}x$$

$$= \int (\sec^2 x - \sec x \tan x)\mathrm{d}x$$

$$= \tan x - \sec x + C .$$

点拨 利用三角函数关系式进行恒等变形.

5.3.3 习题

1．计算不定积分.

（1） $\displaystyle\int \frac{1}{x^4}\mathrm{d}x$;

（2） $\displaystyle\int \frac{\mathrm{d}h}{\sqrt{2gh}}$;

（3） $\displaystyle\int (ax-b)^2\mathrm{d}x$;

（4） $\displaystyle\int (\sqrt{x}+\sqrt[3]{x})^2\mathrm{d}x$;

（5） $\displaystyle\int \frac{x^2+x\sqrt{x}+3}{\sqrt[3]{x}}\mathrm{d}x$;

（6） $\displaystyle\int \frac{\sqrt{x}-x^3\mathrm{e}^x+x^2}{x^3}\mathrm{d}x$;

（7） $\displaystyle\int \left(2\mathrm{e}^x-\frac{3}{x}\right)\mathrm{d}x$;

（8） $\displaystyle\int \frac{x^2}{1+x^2}\mathrm{d}x$;

（9） $\displaystyle\int \frac{x^4+x^2+3}{x^2+1}\mathrm{d}x$;

（10） $\displaystyle\int \frac{\mathrm{d}x}{x^2(x^2+1)}$;

（11） $\displaystyle\int 3^x a^x\mathrm{d}x$;

（12） $\displaystyle\int \frac{2\cdot 3^x-5\cdot 2^x}{3^x}\mathrm{d}x$;

（13） $\displaystyle\int \left(\sin\frac{x}{2}+\cos\frac{x}{2}\right)^2\mathrm{d}x$;

（14） $\displaystyle\int \sin^2\frac{x}{2}\mathrm{d}x$;

（15） $\displaystyle\int \cot^2 x\mathrm{d}x$;

（16） $\displaystyle\int \frac{1+\cos^2 x}{1+\cos 2x}\mathrm{d}x$;

（17） $\displaystyle\int \sec x(\sec x+\tan x)\mathrm{d}x$;

（18） $\displaystyle\int (\tan x+\cot x)^2\mathrm{d}x$;

（19） $\displaystyle\int \frac{\cos 2x}{\cos x-\sin x}\mathrm{d}x$;

（20） $\displaystyle\int \frac{\sqrt{1+x^2}}{\sqrt{1-x^4}}\mathrm{d}x$.

2．已知某产品的边际产量是时间 t 的函数： $f(t)=at+b$（a,b 为常数）. 设此产品的产量函数为 $p(t)$ ，且 $p(0)=0$ ，求 $p(t)$.

5.3.4　习题详解

1. **解**　（1）$\int \dfrac{1}{x^4}\,\mathrm{d}x = \int x^{-4}\,\mathrm{d}x = -\dfrac{1}{3}x^{-3} + C$;

（2）$\displaystyle\int \dfrac{\mathrm{d}h}{\sqrt{2gh}} = \dfrac{1}{\sqrt{2g}}\int h^{-\frac{1}{2}}\,\mathrm{d}h$

$$= \dfrac{1}{\sqrt{2g}}\,2h^{\frac{1}{2}} + C$$

$$= \sqrt{\dfrac{2h}{g}} + C$$;

（3）$\displaystyle\int (ax-b)^2\,\mathrm{d}x = \int (a^2x^2 - 2abx + b^2)\,\mathrm{d}x$

$$= \dfrac{a^2x^3}{3} - abx^2 + b^2x + C$$;

（4）$\displaystyle\int (\sqrt{x} + \sqrt[3]{x})^2\,\mathrm{d}x = \int \left(x^{\frac{1}{2}} + x^{\frac{1}{3}} \right)^2\,\mathrm{d}x$

$$= \int \left(x + x^{\frac{2}{3}} + 2x^{\frac{5}{6}} \right)\,\mathrm{d}x$$

$$= \dfrac{1}{2}x^2 + \dfrac{3}{5}x^{\frac{5}{3}} + \dfrac{12}{11}x^{\frac{11}{6}} + C$$;

（5）$\displaystyle\int \dfrac{x^2 + x\sqrt{x} + 3}{\sqrt[3]{x}}\,\mathrm{d}x = \int \left(x^{\frac{5}{3}} + x^{\frac{7}{6}} + 3x^{-\frac{1}{3}} \right)\,\mathrm{d}x$

$$= \dfrac{3}{8}x^{\frac{8}{3}} + \dfrac{6}{13}x^{\frac{13}{6}} + \dfrac{9}{2}x^{\frac{2}{3}} + C$$;

（6）$\displaystyle\int \dfrac{\sqrt{x} - x^3\mathrm{e}^x + x^2}{x^3}\,\mathrm{d}x = \int \left(x^{-\frac{5}{2}} - \mathrm{e}^x + \dfrac{1}{x} \right)\,\mathrm{d}x$

$$= -\dfrac{2}{3}x^{-\frac{3}{2}} - \mathrm{e}^x + \ln|x| + C$$;

（7）$\displaystyle\int \left(2\mathrm{e}^x - \dfrac{3}{x} \right)\,\mathrm{d}x = 2\int \mathrm{e}^x\,\mathrm{d}x - 3\int \dfrac{1}{x}\,\mathrm{d}x$

$$= 2\mathrm{e}^x - 3\ln|x| + C$$;

（8）$\displaystyle\int \dfrac{x^2}{1+x^2}\,\mathrm{d}x = \int \dfrac{1+x^2-1}{1+x^2}\,\mathrm{d}x$

$$= \int \left(1 - \dfrac{1}{1+x^2} \right)\,\mathrm{d}x$$

$$= x - \arctan x + C \ ;$$

（9）$\displaystyle\int \frac{x^4 + x^2 + 3}{x^2 + 1}\, \mathrm{d}x = \int \frac{x^2(x^2 + 1) + 3}{x^2 + 1}\, \mathrm{d}x$

$$= \int \left(x^2 + \frac{3}{x^2 + 1} \right) \mathrm{d}x$$

$$= \frac{1}{3}x^3 + 3\arctan x + C \ ;$$

（10）$\displaystyle\int \frac{\mathrm{d}x}{x^2(x^2 + 1)} = \int \frac{(1 + x^2) - x^2}{x^2(1 + x^2)}\, \mathrm{d}x$

$$= \int \left(\frac{1}{x^2} - \frac{1}{1 + x^2} \right) \mathrm{d}x$$

$$= -\frac{1}{x} - \arctan x + C \ ;$$

（11）$\displaystyle\int 3^x a^x\, \mathrm{d}x = \int (3a)^x\, \mathrm{d}x = \frac{(3a)^x}{\ln(3a)} + C \ ;$

（12）$\displaystyle\int \frac{2 \cdot 3^x - 5 \cdot 2^x}{3^x}\, \mathrm{d}x = \int \left[2 - 5 \cdot \left(\frac{2}{3} \right)^x \right] \mathrm{d}x$

$$= 2x - \frac{5 \cdot \left(\dfrac{2}{3} \right)^x}{\ln \dfrac{2}{3}} + C \ ;$$

（13）$\displaystyle\int \left(\sin \frac{x}{2} + \cos \frac{x}{2} \right)^2 \mathrm{d}x = \int \left(\sin^2 \frac{x}{2} + \cos^2 \frac{x}{2} + 2\sin \frac{x}{2}\cos \frac{x}{2} \right) \mathrm{d}x$

$$= \int (1 + \sin x)\, \mathrm{d}x$$

$$= x - \cos x + C \ ;$$

（14）$\displaystyle\int \sin^2 \frac{x}{2}\, \mathrm{d}x = \int \frac{1 - \cos x}{2}\, \mathrm{d}x = \frac{1}{2}(x - \sin x) + C \ ;$

（15）$\displaystyle\int \cot^2 x\, \mathrm{d}x = \int (\csc^2 x - 1)\, \mathrm{d}x = -\cot x - x + C \ ;$

（16）$\displaystyle\int \frac{1 + \cos^2 x}{1 + \cos 2x}\, \mathrm{d}x = \int \frac{1 + \cos^2 x}{2\cos^2 x}\, \mathrm{d}x$

$$= \int \left(\frac{1}{2\cos^2 x} + \frac{1}{2} \right) \mathrm{d}x$$

$$= \frac{1}{2}(\tan x + x) + C \ ;$$

（17）$\displaystyle\int \sec x(\sec x + \tan x)\, \mathrm{d}x = \int (\sec^2 x + \sec x \tan x)\, \mathrm{d}x$

$$= \tan x + \sec x + C \; ;$$

（18）$\displaystyle\int (\tan x + \cot x)^2 \; \mathrm{d}x = \int (\tan^2 x + \cot^2 x + 2) \; \mathrm{d}x$

$$= \int (\sec^2 x + \csc^2 x) \; \mathrm{d}x$$

$$= \tan x - \cot x + C \; ;$$

（19）$\displaystyle\int \frac{\cos 2x \; \mathrm{d}x}{\cos x - \sin x} = \int \frac{\cos^2 x - \sin^2 x}{\cos x - \sin x} \mathrm{d}x$

$$= \int (\cos x + \sin x) \; \mathrm{d}x$$

$$= \sin x - \cos x + C \; ;$$

（20）$\displaystyle\int \frac{\sqrt{1+x^2}}{\sqrt{1-x^4}} \; \mathrm{d}x = \int \frac{1}{\sqrt{1-x^2}} \; \mathrm{d}x = \arcsin x + C \; ;$

2．**解**　根据题意知 $p'(t) = f(t)$，故

$$p(t) = \int f(t) \mathrm{d}t$$

$$= \int (at + b) \mathrm{d}t$$

$$= \frac{1}{2} at^2 + bt + C .$$

代入 $p(0) = 0$，得 $C = 0$，所以 $p(t) = \dfrac{1}{2} at^2 + bt$．

5.4　积分的换元法

5.4.1　知识点分析

1．不定积分的第一类换元积分法

设 $f(u)$ 具有原函数，$u = \varphi(x)$ 可导，则有换元公式

$$\int f[\varphi(x)] \varphi'(x) \mathrm{d}x = \left[\int f(u) \mathrm{d}u \right]_{u=\varphi(x)} .$$

注　相对于"微分形式的不变形"，第一类换元法可称为"积分形式的不变形"；从解题过程分析，第一类换元法又可称为"凑微分法".

2．不定积分第二类换元积分法

设 $x = \psi(t)$ 是单调、可导的函数，并且 $\psi'(t) \neq 0$，又设 $f[\psi(t)]\psi'(t)$ 具有原函数，则有换元公式

$$\int f(x) \mathrm{d}x = \left[\int f[\psi(t)] \; \psi'(t) \mathrm{d}t \right]_{t=\psi^{-1}(x)} ,$$

其中，$t = \psi^{-1}(x)$ 是 $x = \psi(t)$ 的反函数.

注 利用第二类换元法进行积分运算时，如果选择得当，可以大幅简化积分运算. 常用的换元有三角函数代换、简单无理函数代换、倒代换和指数代换.

3. 常用的不定积分公式

① $\int \tan x \mathrm{d}x = -\ln|\cos x| + C$；

② $\int \cot x \mathrm{d}x = \ln|\sin x| + C$；

③ $\int \csc \mathrm{d}x = \ln|\csc x - \cot x| + C$；

④ $\int \sec x \mathrm{d}x = \ln|\sec x + \tan x| + C$；

⑤ $\int \dfrac{1}{a^2 + x^2}\mathrm{d}x = \dfrac{1}{a}\arctan\dfrac{x}{a} + C$；

⑥ $\int \dfrac{1}{x^2 - a^2}\mathrm{d}x = \dfrac{1}{2a}\ln\left|\dfrac{x-a}{x+a}\right| + C$；

⑦ $\int \dfrac{1}{\sqrt{a^2 - x^2}}\mathrm{d}x = \arcsin\dfrac{x}{a} + C \ (a > 0)$；

⑧ $\int \dfrac{\mathrm{d}x}{\sqrt{x^2 + a^2}} = \ln(x + \sqrt{x^2 + a^2}) + C$；

⑨ $\int \dfrac{\mathrm{d}x}{\sqrt{x^2 - a^2}} = \ln\left|x + \sqrt{x^2 - a^2}\right| + C$.

4. 定积分的换元法

假设函数 $f(x)$ 在区间 $[a,b]$ 上连续，函数 $x = \varphi(t)$ 满足以下条件：

（1）$\varphi(\alpha) = a$，$\varphi(\beta) = b$，$a \leqslant \varphi(t) \leqslant b$；

（2）$\varphi(t)$ 在 $[\alpha, \beta]$ 上有连续导数.

则有公式 $\displaystyle\int_a^b f(x)\mathrm{d}x = \int_\alpha^\beta f[\varphi(t)]\varphi'(t)\mathrm{d}t$.

注 应用换元公式时要注意以下三点：

（1）用 $x = \varphi(t)$ 把原来变量 x 代换成新变量 t 时，积分限也要换成相应于新变量 t 的积分限，即换元必定换限；

（2）求出 $f[\varphi(t)]\varphi'(t)$ 的一个原函数 $F[\varphi(t)]$ 后，只要把新变量 t 的上、下限分别代入 $F[\varphi(t)]$ 中然后相减即可，不必像计算不定积分那样，需要把 $F[\varphi(t)]$ 换成原来变量 x 的函数；

（3）换元公式也可反过来使用，即 $\displaystyle\int_\alpha^\beta f[\varphi(t)]\varphi'(t)\mathrm{d}t = \int_\alpha^\beta f(\varphi(t))\mathrm{d}(\varphi(t))$，类似于不定积分的凑微分法.

5.4.2 典例解析

例 1 求 $\displaystyle\int\frac{e^x}{1+e^{2x}}dx$.

解 $\displaystyle\int\frac{e^x}{1+e^{2x}}dx=\int\frac{de^x}{1+e^{2x}}$

令 $u=e^x$ 　上式 $=\displaystyle\int\frac{du}{1+u^2}$

$$=\arctan u+C$$

$$=\arctan e^x+C\ .$$

例 2 求 $\displaystyle\int\frac{\cos 2x}{\cos^2 x\sin^2 x}dx$.

解 方法一： $\displaystyle\int\frac{\cos 2x}{\cos^2 x\sin^2 x}dx=\int\frac{\cos^2 x-\sin^2 x}{\cos^2 x\sin^2 x}dx$

$$=\int\csc^2 x dx-\int\sec^2 x dx$$

$$=-\cot x-\tan x+C\ .$$

方法二： $\displaystyle\int\frac{\cos 2x}{\cos^2 x\sin^2 x}dx=\int\frac{\cos 2x}{\dfrac{1}{4}\sin^2 2x}dx$

$$=2\int\frac{d(\sin 2x)}{\sin^2 2x}$$

令 $u=\sin 2x$ 　　　　上式 $=2\displaystyle\int\frac{du}{u^2}$

$$=-\frac{2}{u}+C=-\frac{2}{\sin 2x}+C\ .$$

例 3 求 $\displaystyle\int\frac{dx}{x\sqrt{x^2-1}}$.

解 方法一： $\displaystyle\int\frac{dx}{x\sqrt{x^2-1}}=\int\frac{1}{x^2\sqrt{1-\dfrac{1}{x^2}}}dx$

$$=-\int\frac{1}{\sqrt{1-\dfrac{1}{x^2}}}d\frac{1}{x}=\arccos\frac{1}{x}+C\ .$$

在上例中，我们实际上已经用了变量代换 $u=\dfrac{1}{x}$ ，并在求出了

$-\int \dfrac{1}{\sqrt{1-u^2}}\mathrm{d}u = \arccos u + C$ 之后，代回原积分变量 x ，只是没有把这两步写出来.

注　凑微分后，可将换元及求其积分这两步省略.

方法二：令 $x = \sec t$ ，则 $\mathrm{d}x = \sec t \tan t \mathrm{d}t$ ，

$$\int \dfrac{\mathrm{d}x}{x\sqrt{x^2-1}} = \int \dfrac{1}{\sec t \cdot \tan t} \cdot \sec t \tan t \mathrm{d}t$$

$$= \int \mathrm{d}t$$

$$= t + C$$

$$= \arccos \dfrac{1}{x} + C .$$

例 4　求 $\int \dfrac{\sqrt{x-1}}{x}\mathrm{d}x$.

解　令 $\sqrt{x-1} = t$ ，则 $x = t^2 + 1$ ， $\mathrm{d}x = 2t\mathrm{d}t$ ，故

$$\int \dfrac{\sqrt{x-1}}{x}\mathrm{d}x = \int \dfrac{t}{t^2+1} 2t\mathrm{d}t$$

$$= 2\int \dfrac{t^2+1-1}{t^2+1}\mathrm{d}t$$

$$= 2\int \left(1 - \dfrac{1}{1+t^2}\right)\mathrm{d}t$$

$$= 2t - \arctan t + C$$

$$= 2\sqrt{x-1} - 2\arctan \sqrt{x-1} + C .$$

例 5　求 $\int \dfrac{1}{x\sqrt{x^2-2x-1}}\mathrm{d}x$.

解　令 $x = \dfrac{1}{t}$ ，则 $\mathrm{d}x = -\dfrac{1}{t^2}\mathrm{d}t$ ，故

$$\int \dfrac{1}{x\sqrt{x^2-2x-1}}\mathrm{d}x = \int \dfrac{-\dfrac{1}{t^2}\mathrm{d}t}{\dfrac{1}{t}\sqrt{\dfrac{1}{t^2} - \dfrac{2}{t} - 1}}$$

$$= -\int \dfrac{\mathrm{d}t}{\sqrt{1-2t-t^2}}$$

$$= -\int \dfrac{\mathrm{d}(t+1)}{\sqrt{2-(t+1)^2}}$$

$$= -\arcsin \dfrac{t+1}{\sqrt{2}} + C$$

$$= -\arcsin\frac{(x+1)}{\sqrt{2}x} + C .$$

例 6　求 $\displaystyle\int \frac{\mathrm{d}x}{\mathrm{e}^x(1+\mathrm{e}^{2x})}$.

解　令 $\mathrm{e}^x = t$ ，则 $x = \ln t$ ，$\mathrm{d}x = \dfrac{1}{t}\mathrm{d}t$ ，故

$$\int \frac{\mathrm{d}x}{\mathrm{e}^x(1+\mathrm{e}^{2x})} = \int \frac{1}{t(1+t^2)} \cdot \frac{1}{t}\mathrm{d}t$$

$$= \int \left(\frac{1}{t^2} - \frac{1}{1+t^2} \right)\mathrm{d}t$$

$$= -\frac{1}{t} - \arctan t + C$$

$$= -\mathrm{e}^{-x} - \arctan \mathrm{e}^x + C .$$

例 7　求 $\displaystyle\int \csc \mathrm{d}x$.

解　下面我们列举用三种方法求解积分公式 $\displaystyle\int \csc \mathrm{d}x = \ln|\csc x - \cot x| + C$ 的步骤.

方法一：$\displaystyle\int \csc \mathrm{d}x = \int \frac{1}{\sin x}\mathrm{d}x$

$$= \int \frac{1}{2\sin\dfrac{x}{2}\cos\dfrac{x}{2}}\mathrm{d}x$$

$$= \int \frac{1}{2\cos^2\dfrac{x}{2}\tan\dfrac{x}{2}}\mathrm{d}x$$

$$= = \int \frac{\mathrm{d}\tan\dfrac{x}{2}}{\tan\dfrac{x}{2}} = \ln\left|\tan\dfrac{x}{2}\right| + C$$

$$= \ln|\csc x - \cot x| + C .$$

其中　$\tan\dfrac{x}{2} = \dfrac{\sin\dfrac{x}{2}}{\cos\dfrac{x}{2}} = \dfrac{2\sin^2\dfrac{x}{2}}{\sin x} = \dfrac{1-\cos x}{\sin x} = \csc x - \cot x$.

方法二：$\displaystyle\int \csc \mathrm{d}x = \int \frac{1}{\sin x}\mathrm{d}x$

$$= \int \frac{\sin x}{\sin^2 x}\mathrm{d}x$$

$$= \int \frac{\mathrm{d}\cos x}{\cos^2 x - 1}$$

$$= \frac{1}{2} \int \left(\frac{1}{\cos x - 1} - \frac{1}{\cos x + 1} \right) d\cos x$$

$$= \frac{1}{2} \int \frac{1}{\cos x - 1} d(\cos x - 1) - \frac{1}{2} \int \frac{1}{\cos x + 1} d(\cos x + 1)$$

$$= \frac{1}{2} (\ln|\cos x - 1| - \ln|\cos x + 1|) + C$$

$$= \frac{1}{2} \ln \left| \frac{1 - \cos x}{1 + \cos x} \right| + C$$

$$= \ln|\csc x - \cot x| + C.$$

其中 $\dfrac{1 - \cos x}{1 + \cos x} = \dfrac{(1 - \cos x)^2}{\sin^2 x} = (\csc x - \cot x)^2$.

方法三：$\displaystyle \int \csc x \, dx = \int \frac{\csc x (\csc x - \cot x)}{\csc x - \cot x} dx$

$$= \int \frac{d(\csc x - \cot x)}{\csc x - \cot x}$$

$$= \ln|\csc x - \cot x| + C.$$

例 8　$\displaystyle \int \frac{1}{3 + \cos x} dx$.

　　解　$\displaystyle \int \frac{1}{3 + \cos x} dx = \frac{1}{2} \int \frac{dx}{1 + \cos^2 \dfrac{x}{2}}$

$$= \int \frac{d\left(\dfrac{x}{2} \right)}{\cos^2 \dfrac{x}{2} \left(1 + \sec^2 \dfrac{x}{2} \right)}$$

$$= \int \frac{d \tan \dfrac{x}{2}}{2 + \tan^2 \dfrac{x}{2}}$$

$$= \frac{1}{\sqrt{2}} \arctan \frac{\tan \dfrac{x}{2}}{\sqrt{2}} + C.$$

例 9　求 $\displaystyle \int_0^{\frac{\pi}{2}} \frac{\cos x}{1 + \sin^2 x} dx$.

　　解　$\displaystyle \int_0^{\frac{\pi}{2}} \frac{\cos x}{1 + \sin^2 x} dx = \int_0^{\frac{\pi}{2}} \frac{d \sin x}{1 + \sin^2 x}$

$$= \left[\arctan(\sin x) \right]_0^{\frac{\pi}{2}} = \frac{\pi}{4}.$$

例 10　求 $\int_{-\frac{1}{2}}^{\frac{1}{2}} \dfrac{(\arcsin x)^2}{\sqrt{1-x^2}} \mathrm{d}x$.

解　$\int_{-\frac{1}{2}}^{\frac{1}{2}} \dfrac{(\arcsin x)^2}{\sqrt{1-x^2}} \mathrm{d}x = 2\int_{0}^{\frac{1}{2}} \arcsin^2 x \, \mathrm{d}(\arcsin x)$

$$= 2\left[\frac{\arcsin^3 x}{3} \right]_{0}^{\frac{1}{2}} = \frac{\pi^3}{324} .$$

例 11　求 $\int_{0}^{\ln 2} \sqrt{\mathrm{e}^x - 1}\, \mathrm{d}x$.

解　令 $\sqrt{\mathrm{e}^x - 1} = t$ ，则 $x = \ln(t^2 + 1)$ ， $\mathrm{d}x = \dfrac{2t}{t^2 + 1} \mathrm{d}t$ ，故

$$\int_{0}^{\ln 2} \sqrt{\mathrm{e}^x - 1}\, \mathrm{d}x = \int_{0}^{1} \frac{2t^2}{t^2 + 1} \mathrm{d}t$$

$$= 2\int_{0}^{1} \left(1 - \frac{1}{t^2 + 1} \right) \mathrm{d}t$$

$$= 2\left[t - \arctan t \right]_{0}^{1} = 2 - \frac{\pi}{2} .$$

点拨　对于定积分，换元的同时一定要换限.

5.4.3　拓展例题解析

例 1　求 $\int \dfrac{1 + \sin x}{1 + \cos x} \mathrm{d}x$.

解　方法一：$\int \dfrac{1 + \sin x}{1 + \cos x} \mathrm{d}x = \int \dfrac{\mathrm{d}x}{1 + \cos x} + \int \dfrac{\sin x \, \mathrm{d}x}{1 + \cos x}$

$$= \int \frac{\mathrm{d}x}{2\cos^2 \dfrac{x}{2}} - \int \frac{\mathrm{d}\cos x}{1 + \cos x}$$

$$= \int \frac{1}{\cos^2 \dfrac{x}{2}} \mathrm{d}\frac{x}{2} - \int \frac{1}{1 + \cos x} \mathrm{d}(1 + \cos x)$$

$$= \tan \frac{x}{2} - \ln|1 + \cos x| + C .$$

方法二：令 $\tan \dfrac{x}{2} = t$ ，

则 $\sin x = \dfrac{2t}{1 + t^2}$ ， $\cos x = \dfrac{1 - t^2}{1 + t^2}$ ， $\mathrm{d}x = \dfrac{2\mathrm{d}t}{1 + t^2}$ ，故

$$\int \frac{1+\sin x}{1+\cos x}\mathrm{d}x = \int \frac{1+\dfrac{2t}{1+t^2}}{1+\dfrac{1-t^2}{1+t^2}} \cdot \frac{2\mathrm{d}t}{1+t^2}$$

$$= \int \frac{1+2t+t^2}{t^2+1}\mathrm{d}t$$

$$= \int 1\,\mathrm{d}t + 2\int \frac{t\,\mathrm{d}t}{t^2+1}$$

$$= t + \int \frac{\mathrm{d}(t^2+1)}{t^2+1}$$

$$= t + \ln|t^2+1| + C$$

$$= \tan \frac{x}{2} + \ln\left|\tan^2\frac{x}{2}+1\right| + C .$$

点拨　借助万能公式 $\sin x = \dfrac{2\tan\dfrac{x}{2}}{1+\tan^2\dfrac{x}{2}}$，$\cos x = \dfrac{1-\tan^2\dfrac{x}{2}}{1+\tan^2\dfrac{x}{2}}$ 换元求解积分.

例2　求 $\displaystyle\int \frac{1}{2+\sin x}\mathrm{d}x$.

解　方法一：$\displaystyle\int \frac{1}{2+\sin x}\mathrm{d}x = \int \frac{\mathrm{d}x}{2+2\sin\dfrac{x}{2}\cos\dfrac{x}{2}}$

$$= \int \frac{\mathrm{d}\left(\dfrac{x}{2}\right)}{\sin^2\dfrac{x}{2}\left(\csc^2\dfrac{x}{2}+\cot\dfrac{x}{2}\right)}$$

$$= -\int \frac{\mathrm{d}\left(\cot\dfrac{x}{2}\right)}{\cot^2\dfrac{x}{2}+\cot\dfrac{x}{2}+1}$$

$$= -\int \frac{\mathrm{d}\left(\cot\dfrac{x}{2}+\dfrac{1}{2}\right)}{\left(\cot\dfrac{x}{2}+\dfrac{1}{2}\right)^2+\left(\dfrac{\sqrt{3}}{2}\right)^2}$$

$$= -\frac{2}{\sqrt{3}}\arctan \frac{2\cot\dfrac{x}{2}+1}{\sqrt{3}} + C .$$

方法二：令 $\tan\dfrac{x}{2}=t$，则 $\sin x=\dfrac{2t}{1+t^2}$，$\mathrm{d}x=\dfrac{2\mathrm{d}t}{1+t^2}$，故

$$\int\frac{1}{2+\sin x}\mathrm{d}x=\int\frac{1}{2+\dfrac{2t}{1+t^2}}\cdot\frac{2}{1+t^2}\mathrm{d}t$$

$$=\int\frac{1}{t^2+t+1}\mathrm{d}t$$

$$=\int\frac{1}{\left(t+\dfrac{1}{2}\right)^2+\left(\dfrac{\sqrt{3}}{2}\right)^2}\mathrm{d}\left(t+\frac{1}{2}\right)$$

$$=\frac{2}{\sqrt{3}}\arctan\frac{2}{\sqrt{3}}\left(t+\frac{1}{2}\right)+C$$

$$=\frac{2}{\sqrt{3}}\arctan\frac{2\tan\dfrac{x}{2}+1}{\sqrt{3}}+C.$$

例 3　求 $\displaystyle\int\frac{\mathrm{d}x}{1+\sin x+\cos x}$.

解　方法一：$\displaystyle\int\frac{\mathrm{d}x}{1+\sin x+\cos x}=\int\frac{\mathrm{d}x}{2\cos^2\dfrac{x}{2}+2\sin\dfrac{x}{2}\cos\dfrac{x}{2}}$

$$=\frac{1}{2}\int\frac{\mathrm{d}x}{\cos^2\dfrac{x}{2}\left(1+\tan\dfrac{x}{2}\right)}$$

$$=\int\frac{\mathrm{d}\left(1+\tan\dfrac{x}{2}\right)}{1+\tan\dfrac{x}{2}}$$

$$=\ln\left|1+\tan\frac{x}{2}\right|+C.$$

方法二：令 $\tan\dfrac{x}{2}=t$，则 $\sin x=\dfrac{2t}{1+t^2}$，$\cos x=\dfrac{1-t^2}{1+t^2}$，$\mathrm{d}x=\dfrac{2\mathrm{d}t}{1+t^2}$，故

$$\int\frac{\mathrm{d}x}{1+\sin x+\cos x}=\int\frac{1}{1+\dfrac{2t}{1+t^2}+\dfrac{1-t^2}{1+t^2}}\cdot\frac{2}{1+t^2}\mathrm{d}t$$

$$=\int\frac{1}{t+1}\mathrm{d}t=\ln|t+1|+C$$

$$=\ln\left|\tan\frac{t}{2}+1\right|+C.$$

5.4.4 习题

1．利用第一类换元积分法计算下列不定积分．

（1）$\int (3x+2)^9 \mathrm{d}x$ ；

（2）$\int \dfrac{\mathrm{d}x}{(1-6x)^2}$ ；

（3）$\int (a+bx)^k \mathrm{d}x$（$b \neq 0$）；

（4）$\int \sin 3x \mathrm{d}x$ ；

（5）$\int \cos(\alpha - \beta x)\mathrm{d}x$ ；

（6）$\int \tan 5x \mathrm{d}x$ ；

（7）$\int \mathrm{e}^{-3x} \mathrm{d}x$ ；

（8）$\int 10^{2x} \mathrm{d}x$ ；

（9）$\int \dfrac{\mathrm{d}x}{\sin^2 \left(2x+\dfrac{\pi}{4}\right)}$ ；

（10）$\int \dfrac{\mathrm{d}x}{\sqrt{1-25x^2}}$ ；

（11）$\int \dfrac{\mathrm{d}x}{1+9x^2}$ ；

（12）$\int \dfrac{(2x-3)\mathrm{d}x}{x^2-3x+8}$ ；

（13）$\int \dfrac{x^2 \mathrm{d}x}{x^6+4}$ ；

（14）$\int \dfrac{\sin x + \cos x}{\sqrt{\sin x - \cos x}} \mathrm{d}x$ ；

（15）$\int \dfrac{x^3 \mathrm{d}x}{\sqrt[3]{1+x^4}}$ ；

（16）$\int \dfrac{x\mathrm{d}x}{(1+x^2)^3}$ ；

（17）$\int \mathrm{e}^x \sin \mathrm{e}^x \mathrm{d}x$ ；

（18）$\int x\mathrm{e}^{x^2} \mathrm{d}x$ ；

（19）$\int \dfrac{\sqrt{\ln x}}{x} \mathrm{d}x$ ；

（20）$\int \dfrac{\cot \theta}{\sqrt{\sin \theta}} \mathrm{d}\theta$ ；

（21）$\int \dfrac{(\arctan x)^2}{1+x^2} \mathrm{d}x$ ；

（22）$\int \dfrac{\mathrm{d}x}{(\arcsin x)^2 \sqrt{1-x^2}}$ ；

（23）$\int \cos^2 x \mathrm{d}x$ ；

（24）$\int \cos^3 x \mathrm{d}x$ ；

（25）$\int \sec^4 x \mathrm{d}x$ ；

（26）$\int \cot^4 x \mathrm{d}x$ ；

（27）$\int \dfrac{1}{x^2} \mathrm{e}^{\frac{1}{x}} \mathrm{d}x$ ；

（28）$\int \cot \sqrt{1+x^2} \dfrac{x}{\sqrt{1+x^2}} \mathrm{d}x$ ；

（29）$\int \dfrac{1+\ln x}{(x\ln x)^2} \mathrm{d}x$ ；

（30）$\int \dfrac{\mathrm{d}x}{x^4-x^2}$ ；

（31）$\int \dfrac{\mathrm{d}x}{x(x^2+1)}$ ；

（32）$\int \dfrac{x^2}{1-x^4} \mathrm{d}x$ ．

2．利用第二类换元积分法计算下列不定积分.

（1）$\int \dfrac{\mathrm{d}x}{(1-x^2)^{\frac{3}{2}}}$；

（2）$\int \dfrac{x^2}{\sqrt{a^2-x^2}}\mathrm{d}x\ (a>0)$；

（3）$\int \dfrac{\mathrm{d}x}{(x^2+a^2)^{\frac{3}{2}}}\ (a>0)$；

（4）$\int \dfrac{x^4\mathrm{d}x}{\sqrt{(1-x^2)^3}}$；

（5）$\int \dfrac{1}{\sqrt{x}+\sqrt[4]{x}}\mathrm{d}x$；

（6）$\int \dfrac{1}{1+\sqrt[3]{1+x}}\mathrm{d}x$；

（7）$\int \dfrac{\sqrt{x^2-9}}{x}\mathrm{d}x$；

（8）$\int \dfrac{x+1}{x^2+2x+5}\mathrm{d}x$．

3．计算下列定积分.

（1）$\int_0^{\sqrt{2}a} \dfrac{x}{\sqrt{3a^2-x^2}}\mathrm{d}x\ (a>0)$；

（2）$\int_1^2 \dfrac{1}{(3x-1)^2}\mathrm{d}x$；

（3）$\int_{\frac{\pi}{3}}^{\pi} \sin\left(x+\dfrac{\pi}{3}\right)\mathrm{d}x$；

（4）$\int_1^{e^2} \dfrac{1}{x\sqrt{1+\ln x}}\mathrm{d}x$；

（5）$\int_{-2}^0 \dfrac{1}{x^2+2x+2}\mathrm{d}x$；

（6）$\int_0^{\frac{\pi}{2}} \sin^2 x\cos x\mathrm{d}x$；

（7）$\int_0^{\pi} (1-\sin^3\theta)\mathrm{d}\theta$；

（8）$\int_0^1 \dfrac{1}{\mathrm{e}^x+\mathrm{e}^{-x}}\mathrm{d}x$；

（9）$\int_0^{\sqrt{2}} \sqrt{2-x^2}\mathrm{d}x$；

（10）$\int_{-\sqrt{2}}^{\sqrt{2}} \sqrt{8-2t^2}\mathrm{d}t$；

（11）$\int_1^4 \dfrac{1}{1+\sqrt{x}}\mathrm{d}x$；

（12）$\int_{\frac{3}{4}}^1 \dfrac{1}{\sqrt{1-x}-1}\mathrm{d}x$；

（13）$\int_{-1}^1 \dfrac{x}{\sqrt{5-4x}}\mathrm{d}x$；

（14）$\int_0^{\ln 3} \dfrac{1}{\sqrt{1+\mathrm{e}^x}}\mathrm{d}x$．

4．利用函数的奇偶性计算下列定积分.

（1）$\int_{-1}^1 (x+|x|)^2\mathrm{d}x$；

（2）$\int_{-\frac{\pi}{2}}^{\frac{\pi}{2}} \sqrt{\cos x-\cos^3 x}\mathrm{d}x$．

5．设 $f(x)$ 在 $[a,b]$ 上连续，证明：$\int_a^b f(x)\mathrm{d}x=\int_a^b f(a+b-x)\mathrm{d}x$．

6．证明：$\int_x^1 \dfrac{1}{1+x^2}\mathrm{d}x=\int_1^{\frac{1}{x}} \dfrac{1}{1+x^2}\mathrm{d}x\ (x>0)$．

7．证明：$\int_0^{\pi} \sin^n x\mathrm{d}x=2\int_0^{\frac{\pi}{2}} \sin^n x\mathrm{d}x$．

5.4.5　习题详解

1. 解　（1）$\displaystyle\int (3x+2)^9\,\mathrm{d}x = \frac{1}{3}\int (3x+2)^9\mathrm{d}(3x+2)$

$$= \frac{1}{30}(3x+2)^{10}+C\ ;$$

（2）$\displaystyle\int \frac{\mathrm{d}x}{(1-6x)^2} = -\frac{1}{6}\int \frac{1}{(1-6x)^2}\,\mathrm{d}(1-6x)$

$$= \frac{1}{6(1-6x)}+C\ ;$$

（3）当 $k=-1$ 时，$\displaystyle\int (a+bx)^k\,\mathrm{d}x = \frac{1}{b}\int \frac{1}{a+bx}\,\mathrm{d}(a+bx)$

$$= \frac{1}{b}\ln|a+bx|+C\ ;$$

当 $k\neq -1$ 时，$\displaystyle\int (a+bx)^k\,\mathrm{d}x = \frac{1}{b}\int (a+bx)^k\mathrm{d}(a+bx)$

$$= \frac{1}{b(k+1)}(a+bx)^{k+1}+C\ ;$$

综上得 $\displaystyle\int (a+bx)^k\,\mathrm{d}x = \begin{cases} \dfrac{1}{b(k+1)}(a+bx)^{k+1}+C, & k\neq -1 \\[3mm] \dfrac{1}{b}\ln|a+bx|+C, & k=-1 \end{cases}$ ；

（4）$\displaystyle\int \sin 3x\,\mathrm{d}x = \frac{1}{3}\int \sin 3x\,\mathrm{d}3x = -\frac{1}{3}\cos 3x+C\ ;$

（5）$\displaystyle\int \cos(\alpha-\beta x)\,\mathrm{d}x = -\frac{1}{\beta}\int \cos(\alpha-\beta x)\,\mathrm{d}(\alpha-\beta x)$

$$= -\frac{1}{\beta}\sin(\alpha-\beta x)+C\ ;$$

（6）$\displaystyle\int \tan 5x\,\mathrm{d}x = \frac{1}{5}\int \tan 5x\,\mathrm{d}(5x)$

$$= -\frac{1}{5}\ln|\cos 5x|+C\ ;$$

（7）$\displaystyle\int \mathrm{e}^{-3x}\,\mathrm{d}x = -\frac{1}{3}\int \mathrm{e}^{-3x}\,\mathrm{d}(-3x)$

$$= -\frac{1}{3}\mathrm{e}^{-3x}+C\ ;$$

（8）$\displaystyle\int 10^{2x}\,\mathrm{d}x = \frac{1}{2}\int 10^{2x}\mathrm{d}(2x)$

$$= \frac{1}{2} \cdot \frac{10^{2x}}{\ln 10} + C = \frac{10^{2x}}{2\ln 10} + C \; ;$$

（9）$\displaystyle \int \frac{\mathrm{d}x}{\sin^2 \left(2x + \dfrac{\pi}{4}\right)} = \frac{1}{2} \int \frac{1}{\sin^2 \left(2x + \dfrac{\pi}{4}\right)} \, \mathrm{d}\left(2x + \frac{\pi}{4}\right)$

$$= -\frac{1}{2} \cot\left(2x + \frac{\pi}{4}\right) + C \; ;$$

（10）$\displaystyle \int \frac{\mathrm{d}x}{\sqrt{1 - 25x^2}} = \frac{1}{5} \int \frac{1}{\sqrt{1 - (5x)^2}} \, \mathrm{d}(5x)$

$$= \frac{1}{5} \arcsin 5x + C \; ;$$

（11）$\displaystyle \int \frac{\mathrm{d}x}{1 + 9x^2} = \frac{1}{3} \int \frac{1}{1 + (3x)^2} \, \mathrm{d}(3x)$

$$= \frac{1}{3} \arctan 3x + C \; ;$$

（12）$\displaystyle \int \frac{(2x - 3)\, \mathrm{d}x}{x^2 - 3x + 8} = \int \frac{1}{x^2 - 3x + 8} \, \mathrm{d}(x^2 - 3x + 8)$

$$= \ln(x^2 - 3x + 8) + C \; ;$$

（13）$\displaystyle \int \frac{x^2 \, \mathrm{d}x}{x^6 + 4} = \frac{1}{3} \int \frac{1}{(x^3)^2 + 4} \, \mathrm{d}x^3$

$$= \frac{1}{6} \int \frac{1}{\left(\dfrac{x^3}{2}\right)^2 + 1} \, \mathrm{d}\left(\frac{x^3}{2}\right)$$

$$= \frac{1}{6} \arctan \frac{x^3}{2} + C \; ;$$

（14）$\displaystyle \int \frac{\sin x + \cos x}{\sqrt{\sin x - \cos x}} \mathrm{d}x = \int (\sin x - \cos x)^{-\frac{1}{2}} \mathrm{d}(\sin x - \cos x)$

$$= 2(\sin x - \cos x)^{\frac{1}{2}} + C$$

$$= 2\sqrt{\sin x - \cos x} + C \; ;$$

（15）$\displaystyle \int \frac{x^3 \, \mathrm{d}x}{\sqrt[3]{1 + x^4}} = \frac{1}{4} \int \frac{1}{\sqrt[3]{1 + x^4}} \, \mathrm{d}(1 + x^4)$

$$= \frac{1}{4} \int (1 + x^4)^{-\frac{1}{3}} \, \mathrm{d}(1 + x^4)$$

$$= \frac{1}{4} \cdot \frac{3}{2} (1 + x^4)^{\frac{2}{3}} + C$$

$$=\frac{3}{8}\sqrt[3]{(x^4+1)^2}+C\text{；}$$

（16）$\displaystyle\int\frac{x\,\mathrm{d}x}{(1+x^2)^3}=\frac{1}{2}\int\frac{1}{(1+x^2)^3}\,\mathrm{d}(1+x^2)$

$$=-\frac{1}{4}(1+x^2)^{-2}+C\text{；}$$

（17）$\displaystyle\int\mathrm{e}^x\sin\mathrm{e}^x\,\mathrm{d}x=\int\sin\mathrm{e}^x\,\mathrm{d}\mathrm{e}^x=-\cos\mathrm{e}^x+C\text{；}$

（18）$\displaystyle\int x\mathrm{e}^{x^2}\,\mathrm{d}x=\frac{1}{2}\int\mathrm{e}^{x^2}\,\mathrm{d}x^2=\frac{1}{2}\mathrm{e}^{x^2}+C\text{；}$

（19）$\displaystyle\int\frac{\sqrt{\ln x}}{x}\,\mathrm{d}x=\int\sqrt{\ln x}\,\mathrm{d}(\ln x)=\frac{2}{3}\ln^{\frac{3}{2}}x+C\text{；}$

（20）$\displaystyle\int\frac{\cot\theta}{\sqrt{\sin\theta}}\,\mathrm{d}\theta=\int\frac{\cos\theta}{\sin^{\frac{3}{2}}\theta}\,\mathrm{d}\theta$

$$=\int(\sin\theta)^{-\frac{3}{2}}\,\mathrm{d}\sin\theta$$

$$=-2(\sin\theta)^{-\frac{1}{2}}+C$$

$$=-\frac{2}{\sqrt{\sin\theta}}+C\text{；}$$

（21）$\displaystyle\int\frac{(\arctan x)^2}{1+x^2}\,\mathrm{d}x=\int(\arctan x)^2\,\mathrm{d}\arctan x$

$$=\frac{1}{3}(\arctan x)^3+C\text{；}$$

（22）$\displaystyle\int\frac{\mathrm{d}x}{(\arcsin x)^2\sqrt{1-x^2}}=\int\frac{1}{(\arcsin x)^2}\,\mathrm{d}\arcsin x$

$$=-\frac{1}{\arcsin x}+C\text{；}$$

（23）$\displaystyle\int\cos^2x\,\mathrm{d}x=\frac{1}{2}\int(1+\cos 2x)\,\mathrm{d}x$

$$=\frac{1}{2}\int\mathrm{d}x+\frac{1}{4}\int\cos 2x\,\mathrm{d}(2x)$$

$$=\frac{1}{2}x+\frac{1}{4}\sin 2x+C\text{；}$$

（24）$\displaystyle\int\cos^3x\mathrm{d}x=\int\cos^2x\mathrm{d}(\sin x)$

$$=\int(1-\sin^2x)\mathrm{d}(\sin x)$$

$$=\int\mathrm{d}(\sin x)-\int\sin^2x\mathrm{d}(\sin x)$$

$$= \sin x - \frac{1}{3}\sin^3 x + C \text{；}$$

（25）$\displaystyle\int \sec^4 x \mathrm{d}x = \int \sec^2 x \mathrm{d}\tan x$

$$= \int (\tan^2 x + 1)\mathrm{d}\tan x$$

$$= \int \tan^2 x \mathrm{d}\tan x + \int \mathrm{d}\tan x$$

$$= \frac{1}{3}\tan^3 x + \tan x + C \text{；}$$

（26）$\displaystyle\int \cot^4 x \mathrm{d}x = \int \cot^2 x(\csc^2 x - 1)\mathrm{d}x$

$$= \int \cot^2 x \csc^2 x \mathrm{d}x - \int \cot^2 x \mathrm{d}x$$

$$= -\int \cot^2 x \mathrm{d}\cot x - \int (\csc^2 x - 1)\mathrm{d}x$$

$$= -\frac{1}{3}\cot^3 x + \cot x + x + C \text{；}$$

（27）$\displaystyle\int \frac{1}{x^2}\mathrm{e}^{\frac{1}{x}}\mathrm{d}x = -\int \mathrm{e}^{\frac{1}{x}}\mathrm{d}\frac{1}{x} = -\mathrm{e}^{\frac{1}{x}} + C \text{；}$

（28）$\displaystyle\int \cot\sqrt{1+x^2}\,\frac{x}{\sqrt{1+x^2}}\mathrm{d}x = \int \cot\sqrt{1+x^2}\,\mathrm{d}\sqrt{1+x^2}$

$$= \ln\left|\sin\sqrt{x^2+1}\right| + C \text{；}$$

（29）$\displaystyle\int \frac{1+\ln x}{(x\ln x)^2}\mathrm{d}x = \int \frac{1}{(x\ln x)^2}\mathrm{d}(x\ln x)$

$$= -\frac{1}{x\ln x} + C \text{；}$$

（30）$\displaystyle\int \frac{\mathrm{d}x}{x^4 - x^2} = \int \frac{1}{x^2(x^2-1)}\mathrm{d}x$

$$= \int \left(\frac{1}{x^2-1} - \frac{1}{x^2}\right)\mathrm{d}x$$

$$= \int \left(-\frac{1}{x^2}\right)\mathrm{d}x + \int \frac{1}{(x-1)(x+1)}\mathrm{d}x$$

$$= \frac{1}{x} + \frac{1}{2}\int \left(\frac{1}{x-1} - \frac{1}{x+1}\right)\mathrm{d}x$$

$$= \frac{1}{x} + \frac{1}{2}\ln\left|\frac{x-1}{x+1}\right| + C \text{；}$$

（31）$\displaystyle\int \frac{\mathrm{d}x}{x(x^2+1)} = \int \frac{x}{x^2(x^2+1)}\mathrm{d}x$

$$= \frac{1}{2} \int \left(\frac{1}{x^2} - \frac{1}{x^2+1} \right) dx^2$$

$$= \frac{1}{2} \int \frac{1}{x^2} dx^2 - \frac{1}{2} \int \frac{1}{x^2+1} d(x^2+1)$$

$$= \frac{1}{2} \ln x^2 - \frac{1}{2} \ln(x^2+1) + C \; ;$$

（32）$\displaystyle \int \frac{x^2 dx}{1-x^4} = \frac{1}{2} \int \frac{(1+x^2)-(1-x^2)}{(1+x^2)(1-x^2)} dx$

$$= \frac{1}{2} \int \left(\frac{1}{1-x^2} - \frac{1}{1+x^2} \right) dx$$

$$= \frac{1}{4} \int \left(\frac{1}{1+x} + \frac{1}{1-x} \right) dx - \frac{1}{2} \int \frac{1}{1+x^2} dx$$

$$= \frac{1}{4} \int \frac{1}{1+x} d(1+x) - \frac{1}{4} \int \frac{1}{1-x} d(1-x) - \frac{1}{2} \int \frac{1}{1+x^2} dx$$

$$= \frac{1}{4} \ln \left| \frac{1+x}{1-x} \right| - \frac{1}{2} \arctan x + C \; .$$

2．**解**　（1）令 $x = \sin t$ ，则 $dx = \cos t dt$ ，故

$$\int \frac{dx}{(1-x^2)^{\frac{3}{2}}} = \int \frac{1}{\cos^3 t} \cos t dt$$

$$= \int \sec^2 t dt$$

$$= \tan t + C$$

$$= \frac{x}{\sqrt{1-x^2}} + C \; ;$$

（2）令 $x = a \sin t$ ，则 $dx = a \cos t dt$ ，故

$$\int \frac{x^2}{\sqrt{a^2-x^2}} dx = \int \frac{a^2 \sin^2 t}{a \cos t} a \cos t dt$$

$$= \int a^2 \sin^2 t dt$$

$$= \frac{a^2}{2} \int (1 - \cos 2t) dt$$

$$= \frac{a^2}{2} \int dt - \frac{a^2}{4} \int \cos 2t d(2t)$$

$$= \frac{a^2}{2} t - \frac{a^2}{4} \sin 2t + C$$

$$= \frac{a^2}{2} \arcsin \frac{x}{a} - \frac{x}{2} \sqrt{a^2-x^2} + C \; ;$$

（3）令 $x = a\tan t$ ，则 $\mathrm{d}x = a\sec^2 t\,\mathrm{d}t$ ，故

$$\int \frac{\mathrm{d}x}{(x^2 + a^2)^{\frac{3}{2}}} = \int \frac{a\sec^2 t}{a^3 \sec^3 t}\,\mathrm{d}t$$

$$= \frac{1}{a^2} \int \cos t\,\mathrm{d}t$$

$$= \frac{1}{a^2} \sin t + C$$

$$= \frac{1}{a^2} \frac{x}{\sqrt{a^2 + x^2}} + C ;$$

（4）令 $x = \sin t$ ，则 $\mathrm{d}x = \cos t\,\mathrm{d}t$ ，故

$$\int \frac{x^4 \mathrm{d}x}{\sqrt{(1 - x^2)^3}} = \int \frac{\sin^4 t}{\cos^2 t}\,\mathrm{d}t$$

$$= \int \frac{1 - 2\cos^2 t + \cos^4 t}{\cos^2 t}\,\mathrm{d}t$$

$$= \int \frac{1}{\cos^2 t}\,\mathrm{d}t - 2\int \mathrm{d}t + \int \cos^2 t\,\mathrm{d}t$$

$$= \int \frac{1}{\cos^2 t}\,\mathrm{d}t - 2\int \mathrm{d}t + \frac{1}{2}\int (1 + \cos 2t)\,\mathrm{d}t$$

$$= \tan t - 2t + \frac{1}{2}t + \frac{1}{4}\sin 2t + C$$

$$= \frac{x}{\sqrt{1 - x^2}} - \frac{3}{2}\arcsin x + \frac{1}{2}x\sqrt{1 - x^2} + C ;$$

（5）令 $t = \sqrt[4]{x}$ ，则 $x = t^4$ ，$\mathrm{d}x = 4t^3\,\mathrm{d}t$ ，故

$$\int \frac{1}{\sqrt{x} + \sqrt[4]{x}}\,\mathrm{d}x = \int \frac{4t^3}{t^2 + t}\,\mathrm{d}t$$

$$= \int \frac{4t^2}{t + 1}\,\mathrm{d}t$$

$$= 4\int \frac{t^2 - 1 + 1}{t + 1}\,\mathrm{d}t$$

$$= 4\int \left(t - 1 + \frac{1}{t + 1} \right)\mathrm{d}t$$

$$= 2t^2 - 4t + 4\ln(t + 1) + C$$

$$= 2\sqrt{x} - 4\sqrt[4]{x} + 4\ln(1 + \sqrt[4]{x}) + C ;$$

（6）令 $t = \sqrt[3]{1 + x}$ ，则 $x = t^3 - 1$ ，$\mathrm{d}x = 3t^2\,\mathrm{d}t$ ，故

$$\int \frac{1}{1+\sqrt[3]{1+x}} dx = \int \frac{3t^2}{1+t} dt$$

$$= 3 \int \frac{t^2 - 1 + 1}{1+t} dt$$

$$= 3 \int \left(t - 1 + \frac{1}{1+t} \right) dt$$

$$= \frac{3}{2} t^2 - 3t + 3 \ln |1+t| + C$$

$$= \frac{3}{2} \sqrt[3]{(x+1)^2} - 3 \sqrt[3]{x+1} + 3 \ln |1 + \sqrt[3]{x+1}| + C ;$$

（7）令 $x = 3 \sec t$ ，则 $dx = 3 \sec t \tan t \, dt$ ，故

$$\int \frac{\sqrt{x^2 - 9}}{x} dx = \int \frac{3 \tan t}{3 \sec t} 3 \sec t \tan t \, dt$$

$$= 3 \int (\sec^2 t - 1) \, dt$$

$$= 3 (\tan t - t) + C$$

$$= \sqrt{x^2 - 9} - 3 \arccos \frac{3}{x} + C ;$$

（8）$\int \frac{x+1}{x^2 + 2x + 5} dx = \int \frac{x+1}{(x+1)^2 + 4} dx$ ，令 $x + 1 = t$ ，

$$则上式 = \int \frac{t}{t^2 + 4} dt$$

$$= \frac{1}{2} \int \frac{1}{t^2 + 4} d(t^2 + 4)$$

$$= \frac{1}{2} \ln(t^2 + 4) + C$$

$$= \frac{1}{2} \ln(x^2 + 2x + 5) + C.$$

3．解　（1）$\int_0^{\sqrt{2}a} \frac{x}{\sqrt{3a^2 - x^2}} dx = -\frac{1}{2} \int_0^{\sqrt{2}a} \frac{1}{\sqrt{3a^2 - x^2}} d(3a^2 - x^2)$

$$= -\sqrt{3a^2 - x^2} \Big|_0^{\sqrt{2}a} = a - \sqrt{3} a ;$$

（2）$\int_1^2 \frac{1}{(3x-1)^2} dx = \frac{1}{3} \int_1^2 \frac{1}{(3x-1)^2} d(3x-1)$

$$= -\frac{1}{3} (3x-1)^{-1} \Big|_1^2 = \frac{1}{10} ;$$

（3）$\int_{\frac{\pi}{3}}^{\pi} \sin\left(x+\frac{\pi}{3}\right) dx = \int_{\frac{\pi}{3}}^{\pi} \sin\left(x+\frac{\pi}{3}\right) d\left(x+\frac{\pi}{3}\right)$

$$= -\cos\left(x+\frac{\pi}{3}\right)\Big|_{\frac{\pi}{3}}^{\pi} = 0 ;$$

（4）$\int_{1}^{e^2} \frac{1}{x\sqrt{1+\ln x}} dx = \int_{1}^{e^2} \frac{1}{\sqrt{1+\ln x}} d(1+\ln x)$

$$= 2\sqrt{1+\ln x}\Big|_{1}^{e^2} = 2\sqrt{3} - 2 ;$$

（5）$\int_{-2}^{0} \frac{1}{x^2+2x+2} dx = \int_{-2}^{0} \frac{1}{(x+1)^2+1} d(x+1)$

$$= \arctan(x+1)\Big|_{-2}^{0} = \frac{\pi}{2} ;$$

（6）$\int_{0}^{\frac{\pi}{2}} \sin^2 x \cos x dx = \int_{0}^{\frac{\pi}{2}} \sin^2 x d\sin x$

$$= \frac{\sin^3 x}{3}\Big|_{0}^{\frac{\pi}{2}} = \frac{1}{3} ;$$

（7）$\int_{0}^{\pi} (1-\sin^3\theta) d\theta = \theta\Big|_{0}^{\pi} - \int_{0}^{\pi} (\cos^2\theta - 1) d\cos\theta$

$$= \pi - \left(\frac{1}{3}\cos^3\theta - \cos\theta\right)\Big|_{0}^{\pi} = \pi - \frac{4}{3} ;$$

（8）令 $t = e^x$，则 $x = \ln t$，$dx = \frac{1}{t} dt$，故

$$\int_{0}^{1} \frac{1}{e^x + e^{-x}} dx = \int_{1}^{e} \frac{1}{t+\dfrac{1}{t}} \cdot \frac{1}{t} dt$$

$$= \int_{1}^{e} \frac{1}{t^2+1} dt$$

$$= \arctan t\Big|_{1}^{e} = \arctan e - \frac{\pi}{4} ;$$

（9）令 $x = \sqrt{2}\sin t$，则 $dx = \sqrt{2}\cos t\, dt$，故

$$\int_{0}^{\sqrt{2}} \sqrt{2-x^2} dx = \int_{0}^{\frac{\pi}{2}} 2\cos^2 t dt$$

$$= \int_{0}^{\frac{\pi}{2}} (\cos 2t + 1) dt$$

$$= \left[\frac{1}{2}\sin 2t + t\right]_{0}^{\frac{\pi}{2}} = \frac{\pi}{2} ;$$

（10）令 $t = 2\sin x$ ，则 $\mathrm{d}t = 2\cos x\mathrm{d}x$ ，故

$$\int_{-\sqrt{2}}^{\sqrt{2}} \sqrt{8-2t^2}\,\mathrm{d}t = \sqrt{2}\int_{-\frac{\pi}{4}}^{\frac{\pi}{4}} \sqrt{4-4\sin^2 x}\,2\cos x\mathrm{d}x$$

$$= 2\sqrt{2}\int_{-\frac{\pi}{4}}^{\frac{\pi}{4}} (\cos 2x + 1)\mathrm{d}x$$

$$= 2\sqrt{2}\left(\frac{1}{2}\sin 2x + x\right)\Big|_{-\frac{\pi}{4}}^{\frac{\pi}{4}} = \sqrt{2}(\pi + 2)\ ;$$

（11）令 $\sqrt{x} = t$ ，则 $x = t^2$ ，$\mathrm{d}x = 2t\mathrm{d}t$ ，故

$$\int_{1}^{4} \frac{1}{1+\sqrt{x}}\mathrm{d}x = \int_{1}^{2} \frac{2t}{1+t}\mathrm{d}t$$

$$= 2\int_{1}^{2} \frac{1+t-1}{1+t}\mathrm{d}t$$

$$= 2\int_{1}^{2} \left(1 - \frac{1}{1+t}\right)\mathrm{d}t$$

$$= 2[t - \ln(1+t)]_{1}^{2}$$

$$= 2 + 2\ln 2 - 2\ln 3\ ;$$

（12）令 $\sqrt{1-x} = t$ ，则 $x = 1 - t^2$，$\mathrm{d}x = -2t\mathrm{d}t$ ，故

$$\int_{\frac{3}{4}}^{1} \frac{1}{\sqrt{1-x}-1}\mathrm{d}x = \int_{0}^{\frac{1}{2}} \frac{2t}{t-1}\mathrm{d}t$$

$$= 2\int_{0}^{\frac{1}{2}} \frac{t-1+1}{t-1}\mathrm{d}t$$

$$= 2\int_{0}^{\frac{1}{2}} \left(1 + \frac{1}{t-1}\right)\mathrm{d}t$$

$$= 2[t + \ln|t-1|]_{0}^{\frac{1}{2}}$$

$$= 1 - 2\ln 2\ ;$$

（13）令 $\sqrt{5-4x} = t$ ，则 $x = \frac{5-t^2}{4}$ ，$\mathrm{d}x = \frac{-t}{2}\mathrm{d}t$ ，故

$$\int_{-1}^{1} \frac{x}{\sqrt{5-4x}}\mathrm{d}x = \int_{1}^{3} \frac{5-t^2}{8}\mathrm{d}t$$

$$= \left(\frac{5}{8}t - \frac{1}{24}t^3\right)\Big|_{1}^{3} = \frac{1}{6}\ ;$$

（14）令 $\sqrt{1+e^x}=t$，则 $x=\ln(t^2-1)$，$dx=\dfrac{2t}{t^2-1}dt$，故

$$\int_0^{\ln 3}\frac{1}{\sqrt{1+e^x}}dx=\int_{\sqrt{2}}^2\frac{1}{t}\frac{2t}{t^2-1}dt$$

$$=2\int_{\sqrt{2}}^2\frac{1}{t^2-1}dt$$

$$=\int_{\sqrt{2}}^2\left(\frac{1}{t-1}-\frac{1}{t+1}\right)dt$$

$$=\ln\left|\frac{t-1}{t+1}\right|\Big|_{\sqrt{2}}^2=\ln\frac{1}{3}-2\ln(\sqrt{2}-1).$$

4. 解 （1）$\displaystyle\int_{-1}^1(x+|x|)^2dx=\int_{-1}^1(2x^2+2x|x|)dx$

$$=\int_0^1 4x^2dx+\int_{-1}^1 2x|x|dx$$

$$=\frac{4}{3}x^3\Big|_0^1+0=\frac{4}{3};$$

（2）$\displaystyle\int_{-\frac{\pi}{2}}^{\frac{\pi}{2}}\sqrt{\cos x-\cos^3 x}dx=2\int_0^{\frac{\pi}{2}}\sqrt{\cos x-\cos^3 x}dx$

$$=2\int_0^{\frac{\pi}{2}}\sqrt{\cos x\sin^2 x}dx$$

$$=2\int_0^{\frac{\pi}{2}}\sqrt{\cos x}\sin xdx$$

$$=-2\int_0^{\frac{\pi}{2}}\sqrt{\cos x}d\cos x$$

$$=\left[-\frac{4}{3}\cos^{\frac{3}{2}}x\right]_0^{\frac{\pi}{2}}=\frac{4}{3}.$$

5. 证 令 $x=a+b-t$，则 $dx=-dt$，故

$$\int_a^b f(x)dx=-\int_b^a f(a+b-t)dt$$

$$=\int_a^b f(a+b-t)dt$$

$$=\int_a^b f(a+b-x)dx.$$

6. 证 左边 $=\displaystyle\int_x^1\frac{1}{1+t^2}dt$，

令 $u=\dfrac{1}{t}$，则 $t=\dfrac{1}{u}$，$dt=-\dfrac{1}{u^2}du$，故

$$\text{左边} = -\int_{\frac{1}{x}}^{1} \frac{1}{1+u^2} \mathrm{d}u$$

$$= \int_{1}^{\frac{1}{x}} \frac{1}{1+u^2} \mathrm{d}u$$

$$= \int_{1}^{\frac{1}{x}} \frac{1}{1+t^2} \mathrm{d}t = \text{右边，得证.}$$

7. 证　左边 $= \int_{0}^{\frac{\pi}{2}} \sin^n x \mathrm{d}x + \int_{\frac{\pi}{2}}^{\pi} \sin^n x \mathrm{d}x$ ，

令 $\pi - x = t$ ，则 $\mathrm{d}x = -\mathrm{d}t$ ，故 $\int_{\frac{\pi}{2}}^{\pi} \sin^n x \mathrm{d}x = -\int_{\frac{\pi}{2}}^{0} \sin^n t \mathrm{d}t = \int_{0}^{\frac{\pi}{2}} \sin^n x \mathrm{d}x$ ，

所以左边 $= 2\int_{0}^{\frac{\pi}{2}} \sin^n x \mathrm{d}x$.

5.5　分部积分法

5.5.1　知识点分析

1. 不定积分的分部积分法

若函数 $u = u(x)$, $v = v(x)$ 具有连续的导数，则

$$\int uv' \mathrm{d}x = uv - \int u'v \mathrm{d}x .$$

注　为了方便记忆，常用口诀"反、对、幂、三、指"，通常选取口诀中前面那个字所代表的函数做 u ，余下的表达式凑微分做 $\mathrm{d}v$ ，来决定分部积分法中的 u 和 v .

2. 定积分的分部积分法

设函数 $u(x)$ ， $v(x)$ 在区间 $[a,b]$ 上具有连续导数，则

$$\int_{a}^{b} u(x)v'(x)\mathrm{d}x = \left[u(x)v(x)\right]_{a}^{b} - \int_{a}^{b} v(x)\mathrm{d}u(x) ,$$

简记为　　　　　　　　　　 $\int_{a}^{b} u\mathrm{d}v = \left[uv\right]_{a}^{b} - \int_{a}^{b} v\mathrm{d}u$.

注　此处， $u(x)$ ， $v(x)$ 的选取原则与不定积分中分部积分法一致.

5.5.2　典例解析

例 1　求 $\int x\cos\frac{x}{2}\mathrm{d}x$.

解　$\displaystyle\int x\cos\frac{x}{2}\mathrm{d}x=2\int x\,\mathrm{d}\sin\frac{x}{2}$

$$=2\left(x\sin\frac{x}{2}-\int\sin\frac{x}{2}\mathrm{d}x\right)$$

$$=2x\sin\frac{x}{2}-4\int\sin\frac{x}{2}\mathrm{d}\frac{x}{2}$$

$$=2x\sin\frac{x}{2}+4\cos\frac{x}{2}+C\,.$$

点拨　被积函数为幂函数与三角函数的乘积时，将三角函数凑微分．

例 2　求 $\displaystyle\int x^2\arctan x\mathrm{d}x$ ．

解　$\displaystyle\int x^2\arctan x\mathrm{d}x=\frac{1}{3}\int\arctan x\mathrm{d}x^3$

$$=\frac{1}{3}x^3\arctan x-\frac{1}{3}\int x^3\cdot\frac{1}{1+x^2}\mathrm{d}x$$

$$=\frac{1}{3}x^3\arctan x-\frac{1}{6}\int\frac{x^2}{1+x^2}\mathrm{d}x^2$$

$$=\frac{1}{3}x^3\arctan x-\frac{1}{6}\int\left(1-\frac{1}{1+x^2}\right)\mathrm{d}x^2$$

$$=\frac{1}{3}x^3\arctan x-\frac{1}{6}x^2+\frac{1}{6}\ln(1+x^2)+C\,.$$

点拨　被积函数为幂函数与反三角函数的乘积时，将幂函数凑微分．

例 3　求 $\displaystyle\int(\sec^2 x)\ln(\sin x)\mathrm{d}x$ ．

解　$\displaystyle\int(\sec^2 x)\ln(\sin x)\mathrm{d}x=\int\ln(\sin x)\mathrm{d}\tan x$

$$=\tan x\ln\sin x-\int\tan x\cdot\frac{\cos x}{\sin x}\mathrm{d}x$$

$$=\tan x\ln\sin x-\int\mathrm{d}x$$

$$=\tan x\ln\sin x-x+C\,.$$

点拨　被积函数为对数函数与三角函数的乘积时，将三角函数凑微分．

例 4　求 $\displaystyle\int\mathrm{e}^{\sqrt{2x-1}}\mathrm{d}x$ ．

解　令 $\sqrt{2x-1}=t$ ，则 $x=\dfrac{t^2+1}{2}$ ， $\mathrm{d}x=t\mathrm{d}t$ ，故

$$\int\mathrm{e}^{\sqrt{2x-1}}\mathrm{d}x=\int t\mathrm{e}^t\mathrm{d}t$$

$$=\int t\mathrm{d}\mathrm{e}^t$$

$$=t\mathrm{e}^t-\int\mathrm{e}^t\mathrm{d}t$$

$$= (t-1)e^t + C$$

$$= (\sqrt{2x-1}-1)e^{\sqrt{2x-1}} + C.$$

点拨　此题为综合利用多种方法进行求解，先利用根式代换法，后利用分部积分法.

例5　求 $\int_1^e \sin(\ln x)dx$ ；

解　方法一：$\int_1^e \sin(\ln x)dx = x \cdot \sin(\ln x)\Big|_1^e - \int_1^e x \cdot \cos(\ln x) \cdot \dfrac{1}{x}dx$

$$= e \cdot \sin 1 - \int_1^e \cos(\ln x)dx$$

$$= e \cdot \sin 1 - x \cdot \cos(\ln x)\Big|_1^e - \int_1^e x \cdot \sin(\ln x) \cdot \dfrac{1}{x}dx$$

$$= e \cdot \sin 1 - e \cdot \cos 1 + 1 - \int_0^e \sin(\ln x)dx,$$

故 $\int_1^e \sin(\ln x)dx = \dfrac{1}{2}(e \cdot \sin 1 - e \cdot \cos 1 + 1)$.

点拨　两次运用分部积分法，得到关于"所求定积分"的方程.

方法二：令 $\ln x = t$ ，则 $x = e^t$ ， $dx = e^t dt$ ，故

$\int_1^e \sin(\ln x)dx = \int_0^1 \sin t \cdot e^t dt$ ，又因为

$$\int_0^1 \sin t \cdot e^t dt = \int_0^1 \sin t de^t$$

$$= e^t \sin t\Big|_0^1 - \int_0^1 e^t \cos t dt$$

$$= e \cdot \sin 1 - \int_0^1 \cos t de^t$$

$$= e \cdot \sin 1 - e^t \cos t\Big|_0^1 - \int_0^1 e^t \sin t dt$$

$$= e \cdot \sin 1 - e \cdot \cos 1 + 1 - \int_0^1 e^t \sin t dt,$$

所以 $\int_0^1 e^t \sin t dt = \dfrac{1}{2}(e \cdot \sin 1 - e \cdot \cos 1 + 1)$ ，因此 $\int_1^e \sin(\ln x)dx = \dfrac{1}{2}(e \cdot \sin 1 - e \cdot \cos 1 + 1)$.

点拨　换元法和分部积分法的综合运用.

5.5.3　习题

1．计算下列不定积分.

（1）$\int x\sin 2x dx$ ；

（2）$\int \dfrac{x}{2}\left(e^x - e^{-x}\right)dx$ ；

（3）$\int x^2 \cos \omega x dx$ ；

（4）$\int x^2 a^x dx$ ；

（5）$\int \ln x \mathrm{d}x$ ；   （6）$\int \ln^2 x \mathrm{d}x$ ；

（7）$\int \arctan x \mathrm{d}x$ ；   （8）$\int x \operatorname{arc cot} x \mathrm{d}x$ ；

（9）$\int x^2 \ln(1+x)\mathrm{d}x$ ；   （10）$\int \dfrac{\ln^3 x}{x^2}\mathrm{d}x$ ；

（11）$\int (\arcsin x)^2 \mathrm{d}x$ ； （12）$\int x \cos^2 x \mathrm{d}x$ ；

（13）$\int x \tan^2 x \mathrm{d}x$ ；   （14）$\int x^2 \sin^2 x \mathrm{d}x$ ；

（15）$\int \dfrac{\ln \cos x}{\cos^2 x}\mathrm{d}x$ ； （16）$\int \mathrm{e}^{\sqrt[3]{x}}\mathrm{d}x$ ；

（17）$\int \arctan \sqrt{x}\,\mathrm{d}x$ ； （18）$\int \mathrm{e}^{ax}\cos nx \mathrm{d}x$.

2．计算下列定积分.

（1）$\int_0^1 x^2 \mathrm{e}^{-x}\mathrm{d}x$ ； （2）$\int_1^4 \dfrac{\ln x}{\sqrt{x}}\mathrm{d}x$ ；

（3）$\int_0^{\frac{\pi}{4}} x \cos 2x \mathrm{d}x$ ； （4）$\int_0^{\frac{\pi}{3}} \dfrac{x}{\cos^2 x}\mathrm{d}x$ ；

（5）$\int_e^{e^2} \dfrac{\ln x}{(x-1)^2}\mathrm{d}x$ ； （6）$\int_1^2 \ln(x+1)\mathrm{d}x$.

3．已知 $f(2x+1) = x\mathrm{e}^x$ ，求 $\int_3^5 f(x)\mathrm{d}x$.

5.5.4 习题详解

1．解　（1）$\int x \sin 2x \mathrm{d}x = -\dfrac{1}{2}\int x \mathrm{d}(\cos 2x)$

$$= -\dfrac{1}{2}x\cos 2x + \dfrac{1}{2}\int \cos 2x \mathrm{d}x$$

$$= -\dfrac{1}{2}x\cos 2x + \dfrac{1}{4}\sin 2x + C ;$$

（2）$\int \dfrac{x}{2}(\mathrm{e}^x - \mathrm{e}^{-x})\mathrm{d}x = \dfrac{1}{2}\int x \mathrm{d}(\mathrm{e}^x + \mathrm{e}^{-x})$

$$= \dfrac{1}{2}\left[x(\mathrm{e}^x + \mathrm{e}^{-x}) - \int (\mathrm{e}^x + \mathrm{e}^{-x})\mathrm{d}x \right]$$

$$= \dfrac{1}{2}x(\mathrm{e}^x + \mathrm{e}^{-x}) - \dfrac{1}{2}(\mathrm{e}^x - \mathrm{e}^{-x}) + C ;$$

（3）$\int x^2 \cos \omega x \mathrm{d}x = \dfrac{1}{\omega}\int x^2 \mathrm{d}(\sin \omega x)$

$$= \dfrac{1}{\omega}\left(x^2 \sin \omega x - \int \sin \omega x \mathrm{d}x^2 \right)$$

$$= \frac{1}{\omega} x^2 \sin \omega x - \frac{2}{\omega} \int x \sin \omega x \mathrm{d}x$$

$$= \frac{1}{\omega} x^2 \sin \omega x + \frac{2}{\omega^2} \int x \mathrm{d}\cos \omega x$$

$$= \frac{1}{\omega} x^2 \sin \omega x + \frac{2}{\omega^2} \left(x \cos \omega x - \int \cos \omega x \mathrm{d}x \right)$$

$$= \frac{1}{\omega} x^2 \sin \omega x + \frac{2}{\omega^2} x \cos \omega x - \frac{2}{\omega^3} \sin \omega x + C ;$$

（4）$\displaystyle \int x^2 a^x \mathrm{d}x = \frac{1}{\ln a} \int x^2 \mathrm{d}a^x$

$$= \frac{1}{\ln a} x^2 a^2 - \frac{2}{\ln a} \int a^x x \mathrm{d}x$$

$$= \frac{1}{\ln a} x^2 a^2 - \frac{2}{\ln^2 a} \int x \mathrm{d}a^x$$

$$= \frac{1}{\ln a} x^2 a^2 - \frac{2}{\ln^2 a} x a^x + \frac{2}{\ln^2 a} \int a^x \mathrm{d}x$$

$$= \frac{1}{\ln a} x^2 a^2 - \frac{2}{\ln^2 a} x a^x + \frac{2}{\ln^3 a} a^x + C ;$$

（5）$\displaystyle \int \ln x \mathrm{d}x = x \ln x - \int x \mathrm{d}(\ln x)$

$$= x \ln x - \int x \cdot \frac{1}{x} \mathrm{d}x$$

$$= x \ln x - x + C ;$$

（6）$\displaystyle \int \ln^2 x \mathrm{d}x = x \ln^2 x - \int x \mathrm{d}(\ln^2 x)$

$$= x \ln^2 x - 2 \int \ln x \mathrm{d}x$$

$$= x \ln^2 x - 2 \left(x \ln x - \int x \mathrm{d}\ln x \right)$$

$$= x \ln^2 x - 2 x \ln x + 2 \int \mathrm{d}x$$

$$= x \ln^2 x - 2 x \ln x + 2x + C ;$$

（7）$\displaystyle \int \arctan x \mathrm{d}x = x \arctan x - \int x \mathrm{d}(\arctan x)$

$$= x \arctan x - \int \frac{x}{1+x^2} \mathrm{d}x$$

$$= x \arctan x - \frac{1}{2} \int \frac{1}{1+x^2} \mathrm{d}(1+x^2)$$

$$= x \arctan x - \frac{1}{2} \ln(1+x^2) + C ;$$

（8）$\displaystyle\int x\operatorname{arccot}x\mathrm{d}x = \frac{1}{2}\int \operatorname{arccot}x\mathrm{d}x^2$

$\displaystyle\qquad = \frac{1}{2}x^2\operatorname{arccot}x - \int x^2\mathrm{d}\operatorname{arccot}x$

$\displaystyle\qquad = \frac{1}{2}x^2\operatorname{arccot}x + \int x^2\frac{1}{1+x^2}\mathrm{d}x$

$\displaystyle\qquad = \frac{1}{2}x^2\operatorname{arccot}x + \int\left(1-\frac{1}{1+x^2}\right)\mathrm{d}x$

$\displaystyle\qquad = \frac{1}{2}x^2\operatorname{arccot}x + x - \arctan x + C\ ;$

（9）$\displaystyle\int x^2\ln(1+x)\mathrm{d}x = \frac{1}{3}\int \ln(1+x)\mathrm{d}x^3$

$\displaystyle\qquad = \frac{1}{3}x^3\ln(1+x) - \frac{1}{3}\int x^3\mathrm{d}\ln(1+x)$

$\displaystyle\qquad = \frac{1}{3}x^3\ln(1+x) - \frac{1}{3}\int\frac{x^3}{1+x}\mathrm{d}x$

$\displaystyle\qquad = \frac{1}{3}x^3\ln(1+x) - \frac{1}{3}\int\frac{1+x^3-1}{1+x}\mathrm{d}x$

$\displaystyle\qquad = \frac{1}{3}x^3\ln(1+x) - \frac{1}{3}\int\left(x^2-x+1-\frac{1}{1+x}\right)\mathrm{d}x$

$\displaystyle\qquad = \frac{1}{3}x^3\ln(1+x) - \frac{1}{9}x^3 + \frac{1}{6}x^2 - \frac{1}{3}x + \frac{1}{3}\ln(1+x) + C$

$\displaystyle\qquad = \frac{1}{3}(x^3+1)\ln(x+1) - \frac{1}{9}x^3 + \frac{1}{6}x^2 - \frac{1}{3}x + C\ ;$

（10）$\displaystyle\int\frac{\ln^3 x}{x^2}\mathrm{d}x = \int \ln^3 x\mathrm{d}\left(-\frac{1}{x}\right)$

$\displaystyle\qquad = -\frac{\ln^3 x}{x} + \int\frac{1}{x}\mathrm{d}(\ln^3 x)$

$\displaystyle\qquad = -\frac{\ln^3 x}{x} + 3\int\frac{\ln^2 x}{x^2}\mathrm{d}x$

$\displaystyle\qquad = -\frac{\ln^3 x}{x} - 3\int\ln^2 x\mathrm{d}\frac{1}{x}$

$\displaystyle\qquad = -\frac{\ln^3 x}{x} - 3\frac{\ln^2 x}{x} + 6\int\frac{\ln x}{x^2}\mathrm{d}x$

$\displaystyle\qquad = -\frac{\ln^3 x}{x} - 3\frac{\ln^2 x}{x} - 6\int\ln x\mathrm{d}\frac{1}{x}$

$\displaystyle\qquad = -\frac{\ln^3 x}{x} - 3\frac{\ln^2 x}{x} - 6\frac{\ln x}{x} + 6\int\frac{1}{x^2}\mathrm{d}x$

$$= -\frac{1}{x}(\ln^3 x + 3\ln^2 x + 6\ln x + 6) + C \ ;$$

（11）$\displaystyle\int (\arcsin x)^2 \mathrm{d}x = x(\arcsin x)^2 - \int x\mathrm{d}(\arcsin x)^2$

$$= x(\arcsin x)^2 - \int \frac{2x\arcsin x}{\sqrt{1-x^2}}\mathrm{d}x$$

$$= x(\arcsin x)^2 + 2\int \arcsin x\mathrm{d}\sqrt{1-x^2}$$

$$= x(\arcsin x)^2 + 2\sqrt{1-x^2}\arcsin x - 2\int \sqrt{1-x^2}\mathrm{d}\arcsin x$$

$$= x(\arcsin x)^2 + 2\sqrt{1-x^2}\arcsin x - 2\int \mathrm{d}x$$

$$= x(\arcsin x)^2 + 2\sqrt{1-x^2}\arcsin x - 2x + C \ ;$$

（12）$\displaystyle\int x\cos^2 x\mathrm{d}x = \frac{1}{2}\int x(1+\cos 2x)\mathrm{d}x$

$$= \frac{1}{2}\int x\mathrm{d}x + \frac{1}{2}\int x\cos 2x\mathrm{d}x$$

$$= \frac{1}{4}x^2 + \frac{1}{4}\int x\mathrm{d}(\sin 2x)$$

$$= \frac{1}{4}x^2 + \frac{1}{4}x\sin 2x - \frac{1}{8}\int \sin 2x\mathrm{d}(2x)$$

$$= \frac{1}{4}(x^2 + x\sin 2x + \frac{1}{2}\cos 2x) + C \ ;$$

（13）$\displaystyle\int x\tan^2 x\mathrm{d}x = \int x(\sec^2 x - 1)\mathrm{d}x$

$$= \int x\sec^2 x\mathrm{d}x - \frac{1}{2}x^2$$

$$= \int x\mathrm{d}\tan x - \frac{1}{2}x^2$$

$$= x\tan x - \int \tan x\mathrm{d}x - \frac{1}{2}x^2$$

$$= x\tan x + \ln|\cos x| - \frac{1}{2}x^2 + C \ ;$$

（14）$\displaystyle\int x^2\sin^2 x\mathrm{d}x = \frac{1}{2}\int x^2(1-\cos 2x)\mathrm{d}x$

$$= \frac{1}{2}\int x^2\mathrm{d}x - \frac{1}{2}\int x^2\cos 2x\mathrm{d}x$$

$$= \frac{1}{6}x^3 - \frac{1}{4}\int x^2\mathrm{d}\sin 2x$$

$$= \frac{1}{6}x^3 - \frac{1}{4}x^2\sin 2x + \frac{1}{2}\int x\sin 2x\mathrm{d}x$$

$$= \frac{1}{6}x^3 - \frac{1}{4}x^2 \sin 2x - \frac{1}{4}\int x \mathrm{d}\cos 2x$$

$$= \frac{1}{6}x^3 - \frac{1}{4}x^2 \sin 2x - \frac{1}{4}x \cos 2x + \frac{1}{4}\int \cos 2x \mathrm{d}x$$

$$= \frac{1}{6}x^3 - \frac{1}{4}x^2 \sin 2x - \frac{1}{4}x \cos^2 x + \frac{1}{8}\sin 2x + C ;$$

（15）$\displaystyle\int \frac{\ln\cos x}{\cos^2 x}\mathrm{d}x = \int \ln\cos x \mathrm{d}\tan x$

$$= \tan x \ln\cos x - \int \tan x \mathrm{d}(\ln\cos x)$$

$$= \tan x \ln\cos x + \int \tan^2 x \mathrm{d}x$$

$$= \tan x \ln\cos x + \int (\sec^2 x - 1)\mathrm{d}x$$

$$= \tan x \ln\cos x + \tan x - x + C ;$$

（16）令 $\sqrt[3]{x} = t$ ，则 $x = t^3$ ， $\mathrm{d}x = 3t^2\mathrm{d}t$ ，故

$$\int \mathrm{e}^{\sqrt[3]{x}}\mathrm{d}x = \int 3t^2 \mathrm{e}^t \mathrm{d}t$$

$$= 3\int t^2 \mathrm{d}\mathrm{e}^t$$

$$= 3t^2 \mathrm{e}^t - 3\int \mathrm{e}^t \mathrm{d}t^2$$

$$= 3t^2 \mathrm{e}^t - 6\int t\mathrm{e}^t \mathrm{d}t$$

$$= 3t^2 \mathrm{e}^t - 6\int t\mathrm{d}\mathrm{e}^t$$

$$= 3t^2 \mathrm{e}^t - 6t\mathrm{e}^t + 6\int \mathrm{e}^t \mathrm{d}t$$

$$= 3t^2 \mathrm{e}^t - 6t\mathrm{e}^t + 6\mathrm{e}^t + C$$

$$= 3\sqrt[3]{x^2}\mathrm{e}^{\sqrt[3]{x}} - 6\sqrt[3]{x}\mathrm{e}^{\sqrt[3]{x}} + 6\mathrm{e}^{\sqrt[3]{x}} + C ;$$

（17）令 $\sqrt{x} = t$ ，则 $x = t^2$ ，故

$$\int \arctan\sqrt{x}\mathrm{d}x = \int \arctan t \mathrm{d}t^2$$

$$= t^2 \arctan t - \int t^2 \mathrm{d}\arctan t$$

$$= t^2 \arctan t - \int \frac{t^2}{1+t^2}\mathrm{d}t$$

$$= t^2 \arctan t - \int \left(1 - \frac{1}{1+t^2}\right)\mathrm{d}t$$

$$= t^2 \arctan t - t + \arctan t + C$$

$$= x\arctan\sqrt{x} - \sqrt{x} + \arctan\sqrt{x} + C ;$$

（18）$\int e^{ax}\cos nx dx = \dfrac{1}{a}\int \cos nx d(e^{ax})$

$$= \dfrac{1}{a}e^{ax}\cos nx - \dfrac{1}{a}\int e^{ax}d\cos nx$$

$$= \dfrac{1}{a}e^{ax}\cos nx + \dfrac{n}{a}\int e^{ax}\sin nx dx$$

$$= \dfrac{1}{a}e^{ax}\cos nx + \dfrac{n}{a^2}\int \sin nx d(e^{ax})$$

$$= \dfrac{1}{a}e^{ax}\cos nx + \dfrac{n}{a^2}e^{ax}\sin nx - \dfrac{n}{a^2}\int e^{ax}d\sin nx$$

$$= \dfrac{1}{a}e^{ax}\cos nx + \dfrac{n}{a^2}e^{ax}\sin nx - \dfrac{n^2}{a^2}\int e^{ax}\cos nx dx ，\text{所以}$$

$$\int e^{ax}\cos nx dx = \dfrac{a^2}{a^2+n^2}e^{ax}\left(\dfrac{1}{a}\cos nx + \dfrac{n}{a^2}\sin nx\right) + C$$

$$= \dfrac{e^{ax}}{a^2+n^2}(a\cos nx + n\sin nx) + C .$$

2．解　（1）$\displaystyle\int_0^1 x^2 e^{-x}dx = -\int_0^1 x^2 de^{-x}$

$$= -\left[x^2 e^{-x}\Big|_0^1 - \int_0^1 e^{-x}dx^2 \right]$$

$$= -\left[x^2 e^{-x}\Big|_0^1 - 2\int_0^1 xe^{-x}dx \right]$$

$$= -\left[\dfrac{1}{e} + 2\int_0^1 x de^{-x} \right]$$

$$= -\left[\dfrac{1}{e} + 2xe^{-x}\Big|_0^1 - 2\int_0^1 e^{-x}dx \right]$$

$$= -\left[\dfrac{3}{e} + 2e^{-x}\Big|_0^1 \right] = 2 - \dfrac{5}{e} ;$$

（2）$\displaystyle\int_1^4 \dfrac{\ln x}{\sqrt{x}}dx = \int_1^4 2\ln x d\sqrt{x}$

$$= 2(\ln x)\sqrt{x}\Big|_1^4 - 2\int_1^4 \sqrt{x}d\ln x$$

$$= 2(\ln x)\sqrt{x}\Big|_1^4 - 2\int_1^4 \dfrac{1}{\sqrt{x}}dx$$

$$= 2(\ln x)\sqrt{x}\Big|_1^4 - 4\sqrt{x}\Big|_1^4 = 8\ln 2 - 4 ;$$

（3）$\displaystyle\int_0^{\frac{\pi}{4}} x\cos 2x dx = \dfrac{1}{2}\int_0^{\frac{\pi}{4}} x\, d(\sin 2x)$

$$= \frac{1}{2} \left(x \sin 2x \Big|_0^{\frac{\pi}{4}} - \int_0^{\frac{\pi}{4}} \sin 2x \mathrm{d}x \right)$$

$$= \frac{\pi}{8} + \frac{\cos 2x}{4} \Big|_0^{\frac{\pi}{4}} = \frac{\pi}{8} - \frac{1}{4} ;$$

（4） $\int_0^{\frac{\pi}{3}} \frac{x}{\cos^2 x} \mathrm{d}x = \int_0^{\frac{\pi}{3}} x \mathrm{d} \tan x$

$$= x \tan x \Big|_0^{\frac{\pi}{3}} - \int_0^{\frac{\pi}{3}} \tan x \mathrm{d}x$$

$$= \frac{\sqrt{3}}{3} \pi + \ln |\cos x| \Big|_0^{\frac{\pi}{3}}$$

$$= \frac{\sqrt{3}}{3} \pi - \ln 2 ;$$

（5） $\int_e^{e^2} \frac{\ln x}{(x-1)^2} \mathrm{d}x = -\int_e^{e^2} \ln x \mathrm{d} \frac{1}{x-1}$

$$= -\left(\frac{\ln x}{x-1} \Big|_e^{e^2} - \int_e^{e^2} \frac{1}{(x-1)x} \mathrm{d}x \right)$$

$$= -\left[\frac{2}{e^2-1} - \frac{1}{e-1} - \int_e^{e^2} \left(\frac{1}{x-1} - \frac{1}{x} \right) \mathrm{d}x \right]$$

$$= -\left(\frac{2}{e^2-1} - \frac{1}{e-1} - \ln \frac{x-1}{x} \Big|_e^{e^2} \right)$$

$$= \ln(e+1) - \frac{e}{e+1} ;$$

（6） $\int_1^2 \ln(x+1) \mathrm{d}x = x \ln(x+1) \Big|_1^2 - \int_1^2 \frac{x}{x+1} \mathrm{d}x$

$$= 2 \ln 3 - \ln 2 - \int_1^2 \left(1 - \frac{1}{x+1} \right) \mathrm{d}x$$

$$= 2 \ln 3 - \ln 2 - \left[x - \ln(x+1) \right]_1^2$$

$$= 3 \ln 3 - 2 \ln 2 - 1 .$$

3． 已知 $f(2x+1) = x \mathrm{e}^x$ ， 求 $\int_3^5 f(x) \mathrm{d}x$ ．

解 令 $x = 2t+1$ ， 则 $\mathrm{d}x = 2 \mathrm{d}t$ ， 故

$$\int_3^5 f(x) \mathrm{d}x = 2 \int_1^2 f(2t+1) \mathrm{d}t = 2 \int_1^2 t \mathrm{e}^t \mathrm{d}t$$

$$= 2 \int_1^2 t \mathrm{d} \mathrm{e}^t = 2 \left(t \mathrm{e}^t \Big|_1^2 - \int_1^2 \mathrm{e}^t \mathrm{d}t \right) = 2 \left(2 \mathrm{e}^2 - \mathrm{e} - \mathrm{e}^t \Big|_1^2 \right) = 2 \mathrm{e}^2 .$$

5.6　反常积分

5.6.1　知识点分析

1．无穷限的反常积分

（1）设函数 $f(x)$ 在区间 $[a,+\infty)$ 上连续，取 $t>a$，如果极限 $\lim\limits_{t\to+\infty}\int_a^t f(x)\mathrm{d}x$ 存在，则称此极限为函数 $f(x)$ 在无穷区间 $[a,+\infty)$ 上的反常积分，记作 $\int_a^{+\infty} f(x)\mathrm{d}x$，并称反常积分 $\int_a^{+\infty} f(x)\mathrm{d}x$ 收敛；如果极限 $\lim\limits_{t\to+\infty}\int_a^t f(x)\mathrm{d}x$ 不存在，则称反常积分 $\int_a^{+\infty} f(x)\mathrm{d}x$ 发散，此时记号 $\int_a^{+\infty} f(x)\mathrm{d}x$ 不再表示数值．

（2）取 $t<b$，如果极限 $\lim\limits_{t\to-\infty}\int_t^b f(x)\mathrm{d}x$ 存在，则称此极限为函数 $f(x)$ 在无穷区间 $(-\infty,b]$ 上的反常积分，记作 $\int_{-\infty}^b f(x)\mathrm{d}x$，并称反常积分 $\int_{-\infty}^b f(x)\mathrm{d}x$ 收敛；如果 $\lim\limits_{t\to-\infty}\int_t^b f(x)\mathrm{d}x$ 极限不存在，则称反常积分 $\int_{-\infty}^b f(x)\mathrm{d}x$ 发散．

（3）如果反常积分 $\int_{-\infty}^0 f(x)\mathrm{d}x$ 和 $\int_0^{+\infty} f(x)\mathrm{d}x$ 都收敛，则称上述两反常积分之和为函数 $f(x)$ 在无穷区间 $(-\infty,+\infty)$ 上的反常积分，记作 $\int_{-\infty}^{+\infty} f(x)\mathrm{d}x$，即

$$\int_{-\infty}^{+\infty} f(x)\mathrm{d}x=\int_{-\infty}^0 f(x)\mathrm{d}x+\int_0^{+\infty} f(x)\mathrm{d}x=\lim_{t\to-\infty}\int_t^0 f(x)\mathrm{d}x+\lim_{t\to+\infty}\int_0^t f(x)\mathrm{d}x，$$

这时称反常积分 $\int_{-\infty}^{+\infty} f(x)\mathrm{d}x$ 收敛；如果 $\int_{-\infty}^0 f(x)\mathrm{d}x$ 和 $\int_0^{+\infty} f(x)\mathrm{d}x$ 不都收敛，则称反常积分 $\int_{-\infty}^{+\infty} f(x)\mathrm{d}x$ 发散．

综上，无穷限的反常积分可分为三种情况：积分上限为无穷的；积分下限为无穷的；积分上限和积分下限都为无穷的．

2．瑕点

如果函数 $f(x)$ 在点 a 的任一邻域内都无界，则称点 a 为函数 $f(x)$ 的瑕点（又称无界间断点）．

3．无界函数的反常积分

（1）设函数 $f(x)$ 在区间 $(a,b]$ 上连续，点 a 为 $f(x)$ 的瑕点．取 $t>a$，如果极限 $\lim\limits_{t\to a^+}\int_t^b f(x)\mathrm{d}x$ 存在，则称此极限为函数 $f(x)$ 在区间 $(a,b]$ 上的反常积分，记作

$$\int_a^b f(x)\mathrm{d}x = \lim_{t\to a^+}\int_t^b f(x)\mathrm{d}x$$，这时称反常积分 $\lim\limits_{t\to a^+}\int_t^b f(x)\mathrm{d}x$ 收敛；如果极限 $\lim\limits_{t\to a^+}\int_t^b f(x)\mathrm{d}x$ 不存在，则称反常积分 $\lim\limits_{t\to a^+}\int_t^b f(x)\mathrm{d}x$ 发散.

（2）若点 b 为 $f(x)$ 的瑕点，取 $t<b$，如果极限 $\lim\limits_{t\to b^-}\int_a^t f(x)\mathrm{d}x$ 存在，则称此极限为函数 $f(x)$ 在区间上的反常积分，记作 $\int_a^b f(x)\mathrm{d}x = \lim\limits_{t\to b^-}\int_a^t f(x)\mathrm{d}x$，这时称反常积分 $\lim\limits_{t\to b^-}\int_a^t f(x)\mathrm{d}x$ 收敛；如果极限 $\lim\limits_{t\to b^-}\int_a^t f(x)\mathrm{d}x$ 不存在，称反常积分 $\lim\limits_{t\to b^-}\int_a^t f(x)\mathrm{d}x$ 发散.

（3）设函数 $f(x)$ 在区间 $[a,b]$ 上除点 c（$a<c<b$）外连续，点 c 为 $f(x)$ 的瑕点．如果两个反常积分 $\int_a^c f(x)\mathrm{d}x$ 和 $\int_c^b f(x)\mathrm{d}x$ 都收敛，则定义

$$\int_a^b f(x)\mathrm{d}x = \int_a^c f(x)\mathrm{d}x + \int_c^b f(x)\mathrm{d}x$$
$$= \lim_{t\to c^-}\int_a^t f(x)\mathrm{d}x + \lim_{t\to c^+}\int_t^b f(x)\mathrm{d}x ,$$

这时称反常积分 $\int_a^b f(x)\mathrm{d}x$ 收敛；否则，就称反常积分 $\int_a^b f(x)\mathrm{d}x$ 发散.

综上，瑕积分有三种形式：积分下限是瑕点；积分上限是瑕点；积分区间内部某一点为瑕点.

注 计算两类反常积分均可借助于牛顿-莱布尼茨公式.

4. Γ – 函数

称反常积分 $\Gamma(s) = \int_0^{+\infty} x^{s-1}\mathrm{e}^{-x}\mathrm{d}x$（$s>0$）为 Γ – 函数.

5. Γ – 函数的性质

（1）$\Gamma(s+1) = s\Gamma(s)$（$s>0$）.

（2）$\Gamma(n+1) = n!$（n 为正整数）.

（3）$\Gamma(s)\Gamma(1-s) = \dfrac{\pi}{\sin\pi s}$（$0<s<1$）.

5.6.2 典例解析

例 1 求 $\int_1^{+\infty}\dfrac{\mathrm{d}x}{x^4}$.

解 $\displaystyle\int_1^{+\infty}\dfrac{\mathrm{d}x}{x^4} = -\dfrac{1}{3}x^{-3}\Big|_1^{+\infty}$

$\qquad = \lim\limits_{x\to+\infty}\left(-\dfrac{1}{3}x^{-3}\right) + \dfrac{1}{3} = \dfrac{1}{3}$.

例2 求 $\int_0^1 \dfrac{x}{\sqrt{1-x^2}}\mathrm{d}x$.

解 这是无界函数的反常积分，$x=1$ 是被积函数的瑕点.

$$\int_0^1 \frac{x}{\sqrt{1-x^2}}\mathrm{d}x = -\sqrt{1-x^2}\ \Big|_0^{1^-}$$

$$= \lim_{x\to 1^-}(-\sqrt{1-x^2})+1 = 1 .$$

例3 求 $\int_{-\infty}^{+\infty} \dfrac{\mathrm{d}x}{x^2+2x+2}$.

解 $\displaystyle\int_{-\infty}^{+\infty} \frac{\mathrm{d}x}{x^2+2x+2} = \int_{-\infty}^{+\infty} \frac{\mathrm{d}(x+1)}{1+(x+1)^2}$

$$= \arctan(x+1)\ \Big|_{-\infty}^{+\infty}$$

$$= \lim_{x\to+\infty}\arctan(x+1) - \lim_{x\to-\infty}\arctan(x+1)$$

$$= \frac{\pi}{2} - \left(-\frac{\pi}{2}\right) = \pi .$$

例4 求 $\int_{-1}^1 \dfrac{\mathrm{d}x}{x(x+2)}$.

解 $x=0$ 为瑕点，$\displaystyle\int_{-1}^1 \frac{\mathrm{d}x}{x(x+2)} = \int_{-1}^0 \frac{\mathrm{d}x}{x(x+2)} + \int_0^1 \frac{\mathrm{d}x}{x(x+2)}$ ，

而 $\displaystyle\int_{-1}^0 \frac{\mathrm{d}x}{x(x+2)} = \frac{1}{2}\int_{-1}^0 \left(\frac{1}{x} - \frac{1}{x+2}\right)\mathrm{d}x$

$$= \frac{1}{2}\left[\ln\left|\frac{x}{x+2}\right|\right]_{-1}^0$$

$$= \frac{1}{2}\lim_{x\to 0^-}\ln\left|\frac{x}{x+2}\right| \quad \text{不存在.}$$

故根据定义知，原积分发散.

例5 求 $\int_0^{+\infty} x\mathrm{e}^{-x}\mathrm{d}x$.

解 $\displaystyle\int_0^{+\infty} x\mathrm{e}^{-x}\mathrm{d}x = \Gamma(2) = 1! = 1$.

5.6.3 习题

1. 计算下列反常积分.

  （1）$\displaystyle\int_{-\infty}^{+\infty} \frac{1}{4x^2+4x+5}\mathrm{d}x$ ；

  （2）$\displaystyle\int_0^{-\infty} \mathrm{e}^{3x}\mathrm{d}x$ ；

（3）$\int_0^{+\infty} x^3 e^{-x^2} dx$；

（4）$\int_1^{+\infty} \dfrac{\ln x}{x^2} dx$；

（5）$\int_{-1}^1 \dfrac{1}{\sqrt{1-x^2}} dx$；

（6）$\int_1^5 \dfrac{1}{\sqrt{5-x}} dx$．

2．判断下列反常积分的敛散性.

（1）$\int_1^{+\infty} \dfrac{1}{x^4} dx$；

（2）$\int_3^{+\infty} \dfrac{1}{x(x-1)} dx$；

（3）$\int_{-1}^2 \dfrac{2x}{x^2-4} dx$；

（4）$\int_0^{\frac{\pi}{2}} \dfrac{1}{\sin x} dx$．

3．计算下列各值.

（1）$\dfrac{\Gamma(7)}{2\Gamma(4)\Gamma(3)}$；

（2）$\int_0^{+\infty} x^2 e^{-2x^2} dx$．

5.6.4　习题详解

1．**解**　（1）$\displaystyle\int_{-\infty}^{+\infty} \frac{1}{4x^2+4x+5} dx = \int_{-\infty}^{+\infty} \frac{1}{(2x+1)^2+4} dx$

$$= \frac{1}{2}\int_{-\infty}^{+\infty} \frac{d(2x+1)}{(2x+1)^2+4}$$

$$= \frac{1}{4}\arctan\left(x+\frac{1}{2}\right)\Bigg|_{-\infty}^{+\infty}$$

$$= \frac{1}{4}\left[\lim_{x\to+\infty}\arctan\left(x+\frac{1}{2}\right) - \lim_{x\to-\infty}\arctan\left(x+\frac{1}{2}\right)\right]$$

$$= \frac{1}{4}\left[\frac{\pi}{2}-\left(-\frac{\pi}{2}\right)\right] = \frac{\pi}{4}；$$

（2）$\displaystyle\int_0^{-\infty} e^{3x} dx = \frac{1}{3} e^{3x}\Big|_0^{-\infty}$

$$= \frac{1}{3}\left(\lim_{x\to-\infty} e^{3x} - 1\right) = -\frac{1}{3}；$$

（3）$\displaystyle\int_0^{+\infty} x^3 e^{-x^2} dx = -\frac{1}{2}\int_0^{+\infty} x^2 de^{-x^2}$

$$= -\frac{1}{2} x^2 e^{-x^2}\Bigg|_0^{+\infty} + \frac{1}{2}\int_0^{+\infty} e^{-x^2} dx^2$$

$$= -\frac{1}{2}\lim_{x\to+\infty} x^2 e^{-x^2} + \int_0^{+\infty} x e^{-x^2} dx$$

$$= -\frac{1}{2}\lim_{x\to+\infty} \frac{x^2}{e^{x^2}} - \frac{1}{2} e^{-x^2}\Bigg|_0^{+\infty}$$

$$= -\frac{1}{2}\lim_{x\to+\infty}\frac{2x}{2x e^{x^2}} - \frac{1}{2}\left(\lim_{x\to+\infty} e^{-x^2} - 1\right)$$

$$= 0 - \frac{1}{2}(0-1) = \frac{1}{2} \ ;$$

（4）$\displaystyle\int_1^{+\infty}\frac{\ln x}{x^2}\mathrm{d}x = -\int_1^{+\infty}\ln x\,\mathrm{d}\frac{1}{x}$

$$= -\frac{1}{x}\ln x\Big|_1^{+\infty} + \int_1^{+\infty}\frac{1}{x}\,\mathrm{d}\ln x$$

$$= -\lim_{x\to+\infty}\frac{\ln x}{x} + \int_1^{+\infty}\frac{1}{x^2}\mathrm{d}x$$

$$= -\lim_{x\to+\infty}\frac{1}{x} + \left[-\frac{1}{x}\right]_1^{+\infty}$$

$$= 0 + \lim_{x\to+\infty}\left(-\frac{1}{x}\right) - (-1) = 1 \ ;$$

（5）$\displaystyle\int_{-1}^1\frac{1}{\sqrt{1-x^2}}\mathrm{d}x = \arcsin x\Big|_{-1^+}^{1^-}$

$$= \lim_{x\to1^-}\arcsin x - \lim_{x\to-1^+}\arcsin x$$

$$= \frac{\pi}{2} - \left(-\frac{\pi}{2}\right) = \pi \ ;$$

（6）$\displaystyle\int_1^5\frac{1}{\sqrt{5-x}}\mathrm{d}x = -\int_1^5\frac{1}{\sqrt{5-x}}\mathrm{d}(5-x)$

$$= -2\sqrt{5-x}\Big|_1^{5^-}$$

$$= -2\lim_{x\to5^-}\sqrt{5-x} + 4 = 4\ .$$

2. 解　（1）$\displaystyle\int_1^{+\infty}\frac{1}{x^4}\mathrm{d}x = -\frac{1}{3}x^{-3}\Big|_1^{+\infty}$

$$= -\frac{1}{3}\lim_{x\to+\infty}x^{-3} + \frac{1}{3} = \frac{1}{3}\ ,$$

故 $\displaystyle\int_1^{+\infty}\frac{1}{x^4}\mathrm{d}x$ 收敛；

（2）$\displaystyle\int_3^{+\infty}\frac{1}{x(x-1)}\mathrm{d}x = \int_3^{+\infty}\left(\frac{1}{x-1} - \frac{1}{x}\right)\mathrm{d}x$

$$= \ln\frac{x-1}{x}\Big|_3^{+\infty}$$

$$= \lim_{x\to+\infty}\ln\frac{x-1}{x} - \ln\frac{2}{3} = \ln\frac{3}{2}\ ,$$

故 $\int_3^{+\infty} \dfrac{1}{x(x-1)} \mathrm{d}x$ 收敛；

（3）$\displaystyle\int_{-1}^2 \dfrac{2x}{x^2-4}\mathrm{d}x = \int_{-1}^2 \dfrac{1}{x^2-4}\mathrm{d}(x^2-4)$

$$= \ln|x^2-4|\,\Big\|_{-1}^{2^-}$$

$$= \lim_{x\to 2^-}\ln|x^2-4| - \ln 3\,,$$

因为 $\displaystyle\lim_{x\to 2^-}\ln|x^2-4|$ 不存在，故 $\displaystyle\int_{-1}^2 \dfrac{2x}{x^2-4}\mathrm{d}x$ 发散；

（4）$\displaystyle\int_0^{\frac{\pi}{2}} \dfrac{1}{\sin x}\mathrm{d}x = \int_0^{\frac{\pi}{2}} \csc x\,\mathrm{d}x$

$$= \ln|\csc x - \cot x|\,\Big\|_{0^+}^{\frac{\pi}{2}}$$

$$= 0 - \lim_{x\to 0^+}\ln|\csc x - \cot x|\,,$$

因为 $\displaystyle\lim_{x\to 0^+}\ln|\csc x - \cot x| = \lim_{x\to 0^+}\ln\dfrac{1-\cos x}{\sin x} = \infty$ ，故 $\displaystyle\int_0^{\frac{\pi}{2}} \dfrac{1}{\sin x}\mathrm{d}x$ 发散.

3．**解**　（1）$\dfrac{\Gamma(7)}{2\Gamma(4)\Gamma(3)} == \dfrac{6!}{2\times 3!\times 2!} = 30$ ；

（2）令 $2x^2 = t$ ，则 $x = \sqrt{\dfrac{t}{2}}$ ，$\mathrm{d}x = \dfrac{1}{2\sqrt{2}\sqrt{t}}\mathrm{d}t$ ，故

$$\int_0^{+\infty} x^2 \mathrm{e}^{-2x^2}\mathrm{d}x = \dfrac{1}{4\sqrt{2}}\int_0^{+\infty} t^{\frac{1}{2}}\mathrm{e}^{-t}\mathrm{d}t$$

$$= \dfrac{1}{4\sqrt{2}}\Gamma\left(\dfrac{3}{2}\right)$$

$$= \dfrac{1}{4\sqrt{2}}\cdot\dfrac{1}{2}\Gamma\left(\dfrac{1}{2}\right) = \dfrac{\sqrt{2\pi}}{16}\,.$$

5.7　一元函数积分的几何应用与经济应用

5.7.1　知识点分析

1．定积分的元素法

一般地，如果某一实际问题中的所求量 U 符合下列条件：

（1）U 是一个与变量 $x(y)$ 有关的量，$x(y)$ 的变化区间为 $[a,b]$（或 $[c,d]$）；

（2）U 对于区间 $[a,b]$（或 $[c,d]$）具有可加性，即如果把区间 $[a,b]$（或 $[c,d]$）

分成若干部分区间，则 U 相应地被分成若干部分量，而 U 等于所有部分量之和；

（3）若部分量 ΔU_i 的近似值等于 $f(\xi_i)\Delta x_i$（$g(\eta_i)\Delta y_i$），则我们称 $f(x)\mathrm{d}x$（$g(y)\mathrm{d}y$）为所求量 U 的元素，记为 $\mathrm{d}U$．以元素为被积表达式作定积分，从而求出所求量的方法称为元素法．

注   在求曲边梯形的面积问题时，可将曲边梯形分割成多个细长的小曲边梯形，其中一个小曲边梯形的面积近似为 $f(\xi_i)\Delta x_i$，则面积元素为 $f(x)\mathrm{d}x$，由元素法可知曲边梯形的面积为 $S = \int_a^b f(x)\mathrm{d}x$．

2．定积分在几何学上的应用——计算平面图形的面积

一般地，由两条曲线 $y = f_1(x)$，$y = f_2(x)$（$f_1(x) \geqslant f_2(x)$）与直线 $x = a$，$x = b$ 围成的图形的面积元素为 $\mathrm{d}A = [f_1(x) - f_2(x)]\mathrm{d}x$，因此该图形的面积为 $A = \int_a^b [f_1(x) - f_2(x)]\mathrm{d}x$．

类似地，按照定积分元素法，由曲线 $x = g_1(y)$，$x = g_2(y)$（$g_1(y) \leqslant g_2(y)$）与直线 $y = c$，$y = d$ 所围平面图形的面积为 $A = \int_c^d [g_1(y) - g_2(y)]\mathrm{d}y$．

3．定积分在几何学上的应用——计算旋转体的体积

由一个平面图形绕该平面内一条直线旋转一周而成的立体称为旋转体，这条直线称为旋转轴．

设一旋转体由连续曲线 $y = f(x)$、直线 $x = a$、$x = b$ 及 x 轴所围成的曲边梯形绕 x 轴旋转一周而成．

取 x 为积分变量，变化区间为 $[a,b]$，任取小区间 $[x, x + \mathrm{d}x] \subset [a,b]$，相应于小区间 $[x, x + \mathrm{d}x]$ 上的旋转体薄片的体积可近似地看作以 $f(x)$ 为底面半径、$\mathrm{d}x$ 为高的扁圆柱体的体积，即体积元素 $\mathrm{d}V = \pi[f(x)]^2\mathrm{d}x$，所求旋转体的体积公式 $V = \int_a^b \pi[f(x)]^2\mathrm{d}x = \pi \int_a^b [f(x)]^2\mathrm{d}x$．

类似地，由连续曲线 $x = \varphi(y)$、直线 $y = c$、$y = d$ 及 y 轴所围成的曲边梯形绕 x 轴旋转一周而成的立体，其体积为 $V = \int_c^d \pi[\varphi(y)]^2\mathrm{d}y = \pi \int_c^d [\varphi(y)]^2\mathrm{d}y$．

4．定积分在几何学上的应用——计算平行截面面积为已知的立体体积

如果一个立体不是旋转体，但却知道该立体上垂直于一定轴的各个截面面积，那么这个立体的体积也可用定积分来计算．

注   如图 5.1 所示，取上述定轴为 x 轴，并设该立体在过点 $x = a$、$x = b$ 且垂直于 x 轴的两个平行平面之间，并设过任意一点 x 的截面面积为 $A(x)$，这里 $A(x)$ 是连续函数．

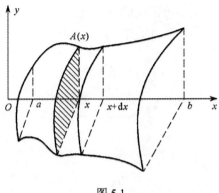

图 5.1

取 x 为积分变量，变化区间为 $[a,b]$，任取 $[x, x+\mathrm{d}x] \subset [a,b]$，相应薄片的体积近似于以底面积为 $A(x)$、高为 $\mathrm{d}x$ 的扁柱体的体积，则体积元素为 $\mathrm{d}V = A(x)\mathrm{d}x$，从而，所求立体的体积为 $R = \int_a^b A(x)\mathrm{d}x$．

5．定积分在经济中的应用

（1）由边际函数求原函数．设经济应用函数 $u(x)$ 的边际函数为 $u'(x)$，则有
$$\int_0^x u'(t)\mathrm{d}t = u(x) - u(0)，$$
于是可以得到边际函数的原函数为
$$u(x) = u(0) + \int_0^x u'(t)\mathrm{d}t．$$

（2）已知贴现率求现金流量的现值．设 t 时刻的收益流量为 $R(t)$，若按年利率为 r 的连续复利计算，那么到 n 年末该项投资的总收益现值为
$$R = \int_0^n R(t)\mathrm{e}^{-rt}\mathrm{d}t．$$

5.7.2　典例解析

例 1　求图 5.2 中阴影部分的面积．

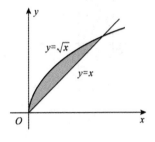

图 5.2

解　阴影部分在 x 轴上的投影区间为[0,1]，所求的阴影部分的面积为

$$A = \int_0^1 (\sqrt{x} - x)\mathrm{d}x$$

$$= [\frac{2}{3}x^{\frac{3}{2}} - \frac{1}{2}x^2]_0^1 = \frac{1}{6}.$$

例2　求图 5.3 中阴影部分的面积.

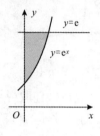

图 5.3

解　方法一：　阴影部分在 x 轴上的投影区间为[0,1]，所求的阴影部的面积为

$$A = \int_0^1 (\mathrm{e} - \mathrm{e}^x)\mathrm{d}x$$

$$= (\mathrm{e}x - \mathrm{e}^x)\,\big|_0^1 = 1.$$

方法二：阴影部分在 y 轴上的投影区间为[1,e]，所求的阴影部分的面积为

$$A = \int_1^{\mathrm{e}} \ln y\,\mathrm{d}y$$

$$= y\ln y\,\big|_1^{\mathrm{e}} - \int_1^{\mathrm{e}} \mathrm{d}y$$

$$= \mathrm{e} - (\mathrm{e} - 1) = 1.$$

例3　把抛物线 $y^2 = 4ax$ 及直线 $x = x_0\ (x_0 > 0)$ 所围成的图形绕 x 轴旋转，如图 5.4 所示，计算所得旋转体的体积.

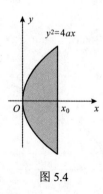

图 5.4

解　所得旋转体的体积为

$$V = \int_0^{x_0} \pi y^2 \mathrm{d}x = \int_0^{x_0} \pi \cdot 4ax \mathrm{d}x$$

$$= 2a\pi x^2 \Big|_0^{x_0} = 2a\pi x_0^2 .$$

例 4　计算底面是半径为 R 的圆，而垂直于底面上一条固定直径的所有截面都是等边三角形的立体体积.

解　如图 5.5 所示建立坐标系，设过点 x 且垂直于 x 轴的截面面积为 $A(x)$，由已知条件知，该截面的面积是边长为 $2\sqrt{R^2 - x}$ 的等边三角形的面积，其值为 $A(x) = \sqrt{3}(R^2 - x^2)$，所以

$$V = \int_{-R}^{R} \sqrt{3}(R^2 - x^2)\mathrm{d}x$$

$$= \sqrt{3}\left[R^2 x - \frac{1}{3}x^3 \right]_{-R}^{R} = \frac{4}{3}\sqrt{3}R^3 .$$

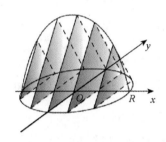

图 5.5

例 5　求由抛物线 $y = x^2$ 和 $y^2 = x$ 所围成的平面图形绕 x 轴旋转一周所得旋转体的体积.

解　如图 5.6 所示，两抛物线交点为 $(0, 0)$ $(1, 1)$，所求旋转体的体积为

$$V = \pi \int_0^1 \left(x - x^4 \right)\mathrm{d}x$$

$$= \pi \left[\frac{x^2}{2} - \frac{x^5}{5} \right]_0^1 = \frac{3\pi}{10} .$$

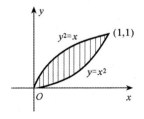

图 5.6

例 6   计算曲线 $y = \sin x\,(0 \leqslant x \leqslant \pi)$ 和 x 轴所围成的图形绕 y 轴旋转所得旋转体的体积.

解   所求体积为

$$V = 2\pi \int_0^\pi x \sin x \, \mathrm{d}x$$

$$= -2\pi \int_0^\pi x \mathrm{d}\cos x$$

$$= -2\pi (x\cos x + \sin x)\Big|_0^\pi = 2\pi^2.$$

例 7   已知边际成本为 $C'(x) = 30 + 4x$，固定成本为 100，求总成本函数.

解   总成本函数为

$$C(x) = C(0) + \int_0^x C'(t)\mathrm{d}t$$

$$= 100 + \int_0^x (30 + 4t)\mathrm{d}t$$

$$= 100 + \left[30t + 2t^2\right]_0^x$$

$$= 100 + 30x + 2x^2.$$

例 8   已知某商场销售电视机的边际利润为 $L'(x) = 250 - \dfrac{x}{10}$（$x \geqslant 20$），试求：

（1）售出 40 台电视机的总利润；

（2）售出 60 台电视机时，前 30 台与后 30 台的平均利润各是多少？

解（1）售出 40 台电视机的总利润为

$$L(40) = L(0) + \int_0^{40} L'(t)\mathrm{d}t$$

$$= 0 + \int_0^{40} \left(250 - \frac{t}{10}\right)\mathrm{d}t$$

$$= \left[250t - \frac{t^2}{20}\right]_0^{40} = 9920 \,;$$

（2）前 30 台的总利润为

$$L_1 = L(0) + \int_0^{30} L'(t)\mathrm{d}t$$

$$= 0 + \int_0^{30} \left(250 - \frac{t}{10}\right)\mathrm{d}t$$

$$= \left[250t - \frac{t^2}{20}\right]_0^{30} = 7455 \,,$$

平均利润为 $\overline{L_1} = \dfrac{7455}{30} = 248.5.$

后 30 台的总利润为

$$L_2 = \int_{30}^{60} L'(t)\mathrm{d}t$$

$$= \int_{30}^{60}\left(250 - \frac{t}{10}\right)\mathrm{d}t$$

$$= \left[250t - \frac{t^2}{20}\right]_{30}^{60} = 7365,$$

平均利润为 $\overline{L_2} = \dfrac{7365}{30} = 245.5$.

例 9　某企业一项为期 10 年的投资需购置成本 80 万元，每年的收益流为 10 万元. 求内部利率 μ（注：内部利率是使收益价值等于成本的利率）.

解　由收益流的现值等于成本得

$$80 = \int_0^{10} 10\mathrm{e}^{-\mu t}\mathrm{d}t$$

$$= \left[-\frac{10}{\mu}\mathrm{e}^{-\mu t}\right]_0^{10} = \frac{10}{\mu}\left(1 - \mathrm{e}^{-10\mu}\right),$$

用近似计算得 $\mu \approx 0.04$.

例 10　某实验室准备采购一台仪器，其使用寿命为 15 年. 这台仪器的现价为 100 万元，如果租用该仪器每月需支付租金 1 万元，资金的年利率为 5%，以连续复利进行计算. 试判断：是购买仪器合算还是租用仪器合算？

解　将 15 年租金总值的现值与该仪器现价进行比较，即可作出决策.

由于租用仪器时每月需支付租金 1 万元，故每年租金为 12 万元，即租金流的变化率为 $f(t) = 12$，于是租金流总值的现值为

$$\text{租金总值的现值} = \int_0^{15} 12\mathrm{e}^{-0.05t}\mathrm{d}t$$

$$= \left[-\frac{12}{0.05}\mathrm{e}^{-0.05t}\right]_0^{15}$$

$$= 240\left(1 - \mathrm{e}^{-0.75}\right) \approx 126.6 \text{（万元）},$$

与该仪器现价 100 万元相比较可知，还是购买仪器合算.

5.7.3　习题

1．计算由下列各曲线所围成的图形的面积.

（1）$y = \dfrac{1}{2}x^2$ 与 $x^2 + y^2 = 8$（两部分都要计算）；

（2）$y = \sqrt{x}$ 与 $y = x$；

（3）$y = \dfrac{1}{x}$，$y = x$ 与 $y = 2$；

（4）$y = \sin x$ 在区间 $\left[0, \dfrac{\pi}{2}\right]$ 上的部分与直线 $x = 0$，$y = 1$；

（5）$y^2 = 2 - x$ 与 y 轴；

（6）$y = x^2 - 25$ 与直线 $y = x - 13$.

2．计算下列曲线所围成的图形绕指定轴旋转而形成的旋转体的体积.

（1）$y = \sin x \, (0 \leqslant x \leqslant \pi)$，$y = 0$，绕 x 轴；

（2）$y = x^2$，$y = 0$，$x = 1$，$x = 2$，绕 x 轴；

（3）$y = x^2$，$y^2 = 8x$，分别绕 x 轴和 y 轴.

3．已知某产品的月销售率为 $f(t) = 2t + 5$（单位/月），求该产品上半年的总销售量为多少？

4．设某产品在时刻 t 总产量的变化率为 $f(t) = 100 + 12t - 0.6t^2$（单位/天），求该产品从第 5 天到第 10 天的产量.

5．某印刷厂在印刷了 x 份广告时印刷一份广告的边际成本是 $\dfrac{\mathrm{d}C}{\mathrm{d}x} = \dfrac{1}{2\sqrt{x}}$ 元，求该产品：

（1）印刷 2—100 份广告的成本；

（2）印刷 101—400 份广告的成本.

6．已知边际成本函数为 $C'(x) = 30 + 2x$，边际收益函数为 $R'(x) = 60 - x$，x 为产量，固定成本为 10 万元，求最大利润时的产量及最大利润.

5.7.4　习题详解

1．**解**　（1）如图 5.7 所示，

$$A_1 = \int_{-2}^{2} \left(\sqrt{8 - x^2} - \frac{1}{2}x^2 \right) \mathrm{d}x = 2\int_0^2 \left(\sqrt{8 - x^2} - \frac{1}{2}x^2 \right) \mathrm{d}x$$

$$= 2\int_0^2 \sqrt{8 - x^2}\,\mathrm{d}x - \frac{1}{3}x^3 \Big|_0^2 = 2\int_0^2 \sqrt{8 - x^2}\,\mathrm{d}x - \frac{8}{3},$$

令 $x = 2\sqrt{2}\sin t$，则 $\mathrm{d}x = 2\sqrt{2}\cos t \,\mathrm{d}t$，故

上式 $= 2\int_0^{\frac{\pi}{4}} 8\cos^2 t \,\mathrm{d}t - \dfrac{8}{3}$

$\qquad = 8\int_0^{\frac{\pi}{4}} (\cos 2t + 1)\,\mathrm{d}t - \dfrac{8}{3}$

$$=4\sin 2t\Big|_0^{\frac{\pi}{4}}+2\pi-\frac{8}{3}=\frac{4}{3}+2\pi,$$

$$A_2=8\pi-A_1=6\pi-\frac{4}{3};$$

（2）如图 5.8 所示，$S=\int_0^1(\sqrt{x}-x)\mathrm{d}x=\left[\frac{2}{3}x^{\frac{3}{2}}-\frac{1}{2}x^2\right]_0^1=\frac{2}{3}-\frac{1}{2}=\frac{1}{6}$；

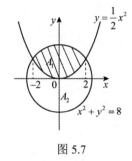

图 5.7

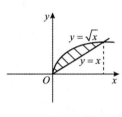

图 5.8

（3）如图 5.9 所示，$S=\int_{\frac{1}{2}}^1\left(2-\frac{1}{x}\right)\mathrm{d}x+\int_1^2(2-x)\mathrm{d}x$

$$=(2x-\ln x)\Big|_{\frac{1}{2}}^1+\left(2x-\frac{1}{2}x^2\right)\Big|_1^2=\frac{3}{2}-\ln 2\,;$$

（4）如图 5.10 所示，联立两曲线方程得交点为 $(0,0)$，$(0,1)$，$\left(\frac{\pi}{2},1\right)$，

$$S=\int_0^{\frac{\pi}{2}}(1-\sin x)\mathrm{d}x$$

$$=(x+\cos x)\Big|_0^{\frac{\pi}{2}}$$

$$=\left(\frac{\pi}{2}+0\right)-1=\frac{\pi}{2}-1\,;$$

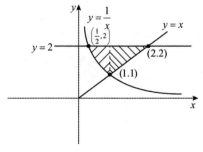

图 5.9

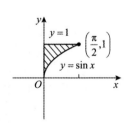

图 5.10

（5）如图 5.11 所示，$S = \int_{-\sqrt{2}}^{\sqrt{2}} (2 - y^2)\mathrm{d}y$

$$= \left(2y - \frac{1}{3}y^3\right)\Bigg|_{-\sqrt{2}}^{\sqrt{2}}$$

$$= \left(2\sqrt{2} - \frac{2}{3}\sqrt{2}\right) - \left(-2\sqrt{2} + \frac{2}{3}\sqrt{2}\right) = \frac{8}{3}\sqrt{2} ;$$

（6）如图 5.12 所示，联立得交点 $(-3, -16), (4, 9)$，

$$S = \int_{-3}^{4} (x - 13 - x^2 + 25)\mathrm{d}x$$

$$= \left(\frac{1}{2}x^2 - \frac{1}{3}x^3 + 12x\right)\Bigg|_{-3}^{4} = \frac{343}{6} .$$

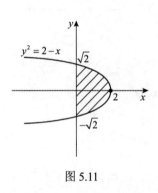

图 5.11

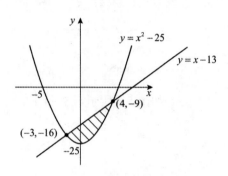

图 5.12

2. **解**（1）如图 5.13 所示，

$$V = \int_0^\pi \pi \sin^2 x\,\mathrm{d}x$$

$$= \frac{\pi}{2} \int_0^\pi (1 - \cos 2x)\mathrm{d}x$$

$$= \frac{\pi}{2}\left[x - \frac{\sin 2x}{2}\right]_0^\pi = \frac{\pi^2}{2} ;$$

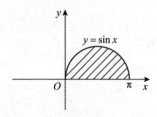

图 5.13

（2）如图 5.14 所示，交点为 $(1, 1)$，$(2, 4)$，绕 x 轴旋转所得的旋转体的体积为

$$V = \pi \int_1^2 x^4 dx = \pi \left(\frac{1}{5} x^5 \right) \Big|_1^2 = \frac{31}{5} \pi \, ;$$

（3）如图 5.15 所示，求得交点为 $(0, 0)$，$(2, 4)$，绕 x 轴旋转一周所得的旋转体的体积：

$$V_x = \pi \int_0^2 (8x - x^4) dx = \pi \left(4x^2 - \frac{1}{5} x^5 \right) \Big|_0^2 = \frac{48}{5} \pi \, ;$$

绕 y 轴旋转一周所得的旋转体的体积：

$$V_y = \int_0^4 \pi \left(y - \frac{y^4}{64} \right) dy = \frac{24}{5} \pi \, .$$

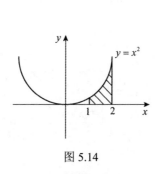

图 5.14

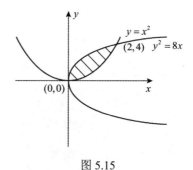

图 5.15

3. **解**　$S = \int_0^6 (2t + 5) dt = (t^2 + 5t) \Big|_0^6 = 66$.

4. **解**　$y = \int_4^{10} (100 + 12t - 0.6t^2) dt$

　　$= (100t + 6t^2 - 0.2t^3) \Big|_4^{10} = 916.8$.

5. **解**　（1）$\int_1^{100} \frac{1}{2\sqrt{x}} dx = \sqrt{x} \Big|_1^{100} = 9$ ；

　　（2）$\int_{100}^{400} \frac{1}{2\sqrt{x}} dx = \sqrt{x} \Big|_{100}^{400} = 10$.

6. **解**　由极值存在的必要条件，令 $L'(x) = R'(x) - C'(x) = 0$ ，即

$$60 - x - (30 + 2x) = 0 \, , \quad 解得 \ x = 10 \, .$$

又因为 $L''(x) = R''(x) - C''(x) = -3$ ，$L''(10) < 0$ ，故 $x = 10$ 时，利润最大，最大利润为

$$L(10) = \int_0^{10} L'(x) dx + L(0)$$

$$= \int_0^{10} [R'(x) - C'(x)] dx - 10$$

$$= \int_0^{10} (30 - 3x)\mathrm{d}x - 10 = 140 \text{（万元）}.$$

所以取得最大利润时的产量为 10 ，最大利润为 140 万元.

本章练习 A

1. 单项选择题.

（1）曲线 $y = f(x)$ 在点 $(x, f(x))$ 处的切线斜率为 $\dfrac{1}{x}$ ，且过点 $(e^2, 3)$ ，则该曲线方程为（　　）.

    A．$y = \ln x$ B．$y = \ln x + 1$

    C．$y = -\dfrac{1}{x^2} + 1$ D．$y = \ln x + 3$

（2）设 $f(x)$ 的一个原函数是 e^{-x^2} ，则 $\displaystyle\int x f'(x)\mathrm{d}x = $（　　）.

    A．$-2x^2 e^{-x^2} + C$ B．$-2x^2 e^{-x^2}$

    C．$e^{-x^2}(-2x^2 - 1) + C$ D．$xf(x) + \displaystyle\int f(x)\mathrm{d}x$

（3）设 $f(x)$ 的原函数为 $\dfrac{1}{x}$ ，则 $f'(x)$ 等于（　　）.

    A．$\ln|x|$ B．$\dfrac{1}{x}$ C．$-\dfrac{1}{x^2}$ D．$\dfrac{2}{x^3}$

（4）$\displaystyle\int x 2^x \mathrm{d}x = $（　　）.

    A．$2^x x - 2^x + C$ B．$\dfrac{2^x x}{\ln 2} - \dfrac{2^x}{(\ln 2)^2} + C$

    C．$2^x x \ln x - (\ln 2)^2 2^x + C$ D．$\dfrac{2^x x^2}{2} + C$

（5）下列关于定积分 $\displaystyle\int_a^b f(x)\mathrm{d}x$ 的说法正确的是（　　）.

    A．与 $f(x)$ 无关   B．与区间 $[a, b]$ 无关

    C．与 $\displaystyle\int_a^b f(t)\mathrm{d}t$ 相等   D．是变量 x 的函数

（6）下列反常积分收敛的是（　　）.

    A．$\displaystyle\int_0^{+\infty} e^x \mathrm{d}x$ B．$\displaystyle\int_e^{+\infty} \dfrac{1}{x \ln x}\mathrm{d}x$

    C．$\displaystyle\int_{-1}^1 \dfrac{1}{\sin x}\mathrm{d}x$ D．$\displaystyle\int_1^{+\infty} x^{-\frac{3}{2}}\mathrm{d}x$

（7） $\dfrac{\mathrm{d}}{\mathrm{d}x}\displaystyle\int_a^b \arctan x \mathrm{d}x = $（　　）.

  A．$\arctan x$　　　　　　　　　　B．$\dfrac{1}{1+x^2}$

  C．$\arctan b - \arctan a$　　　　D．0

（8）设 $f(x)$ 在 $[a,b]$ 上有定义，若 $f(x)$ 在 $[a,b]$ 上可积，则以下结论正确的是
（　　）.

  A．$f(x)$ 在 $[a,b]$ 上有有限个间断点　　B．$f(x)$ 在 $[a,b]$ 上有界

  C．$f(x)$ 在 $[a,b]$ 上连续　　　　　　D．$f(x)$ 在 $[a,b]$ 上可导

（9） $\varphi(x)$ 在 $[a,b]$ 上连续， $f(x)=(x-b)\displaystyle\int_a^x \varphi(t)\mathrm{d}t$ ，则由罗尔定理，必有
$\xi \in [a,b]$ ，使得 $f'(\xi)=$（　　）.

  A．1　　　　　B．0　　　　　C．1　　　　D．e−1

（10）已知 $\displaystyle\int_0^x [2f(t)-1]\mathrm{d}t = f(x)-1$ ，则 $f'(0)=$（　　）.

  A．2　　　　　B．2e−1　　　　C．−1　　　　D．e−1

（11）设定积分 $I_1 = \displaystyle\int_1^e \ln x \mathrm{d}x$ ， $I_2 = \displaystyle\int_1^e \ln^2 x \mathrm{d}x$ ，则（　　）.

  A．$I_2 - I_1 = 0$　　　　　　　　B．$I_2 - 2I_1 = 0$

  C．$I_2 - 2I_1 = e$　　　　　　　D．$I_2 + 2I_1 = e$

2．填空题.

（1） $\displaystyle\int \dfrac{e^x}{1+e^{2x}}\mathrm{d}x = $_____.

（2） $\displaystyle\int \cos^2 \dfrac{x}{2}\mathrm{d}x = $_____.

（3） $\displaystyle\int \dfrac{\mathrm{d}x}{\sqrt[3]{2-3x}} = $_____.

（4） $\dfrac{\mathrm{d}}{\mathrm{d}x}\displaystyle\int_1^{x^3} \dfrac{\mathrm{d}t}{\sqrt{1+t^4}} = $_____.

（5） $\displaystyle\int_0^5 \dfrac{x}{x^2+1}\mathrm{d}x = $_____.

（6） $\displaystyle\int_{-1}^1 \dfrac{x^3}{1+\sin^2 x}\mathrm{d}x = $_____.

（7）函数 $f(x)$ 在 $[a,b]$ 上有界是 $f(x)$ 在 $[a,b]$ 上可积的_____条件，而
$f(x)$ 在 $[a,b]$ 连续是 $f(x)$ 在 $[a,b]$ 可积的_____条件.

（8）对 $[a,+\infty)$ 上非负的连续函数 $f(x)$ ，它的变上限积分 $\displaystyle\int_a^x f(t)\mathrm{d}t$ 在 $[a,+\infty)$ 上

有界是反常积分 $\int_a^{+\infty} f(x)\mathrm{d}x$ 收敛的_____条件.

（9）设 $f(5)=2$，$\int_0^5 f(x)\mathrm{d}x=3$，则 $\int_0^5 xf'(x)\mathrm{d}x=$_____.

3．计算下列不定积分.

（1）$\int \dfrac{\arcsin\sqrt{x}}{\sqrt{x}}\mathrm{d}x$；

（2）$\int \dfrac{1}{\mathrm{e}^x+\mathrm{e}^{-x}}\mathrm{d}x$；

（3）$\int \dfrac{\mathrm{d}x}{x^2+2x+5}$；

（4）$\int \mathrm{e}^{\cos x}\sin x\mathrm{d}x$；

（5）$\int \dfrac{x^7\mathrm{d}x}{(1+x^4)^2}$；

（6）$\int (\arccos x)^3 \dfrac{1}{\sqrt{1-x^2}}\mathrm{d}x$；

（7）$\int \dfrac{\mathrm{d}x}{\sqrt{5-2x+x^2}}$；

（8）$\int \dfrac{\mathrm{e}^x(x+1)}{2+x\mathrm{e}^x}\mathrm{d}x$；

（9）$\int \dfrac{x-1}{x^2-x-2}\mathrm{d}x$；

（10）$\int \dfrac{\mathrm{e}^x(1+\mathrm{e}^x)}{\sqrt{1-\mathrm{e}^{2x}}}\mathrm{d}x$；

（11）$\int \dfrac{\mathrm{d}x}{x^4-1}$；

（12）$\int \dfrac{\mathrm{d}x}{\sqrt{x-x^2}}$；

（13）$\int \dfrac{\mathrm{d}x}{\sqrt{x}+\sqrt[3]{x}}$；

（14）$\int x\sqrt{2x^2-3}\,\mathrm{d}x$；

（15）$\int \dfrac{\mathrm{d}x}{\sqrt{9-16x^2}}$；

（16）$\int \dfrac{2^x}{\sqrt{1-4^x}}\mathrm{d}x$；

（17）$\int \left(\dfrac{\sec x}{1+\tan x}\right)^2\mathrm{d}x$；

（18）$\int x\ln(1+x^2)\mathrm{d}x$.

4．计算下列极限.

（1）$\lim\limits_{x\to 0} \dfrac{\int_0^x \cos t^2\mathrm{d}t}{x}$；

（2）$\lim\limits_{x\to a} \dfrac{x}{x-a}\int_a^x f(t)\mathrm{d}t$，其中 $f(x)$ 连续；

（3）$\lim\limits_{x\to 0} \dfrac{\int_0^{x^2} t\mathrm{e}^t\mathrm{d}t}{x^4}$.

5．计算下列定积分.

（1）$\int_{-2}^1 \dfrac{1}{(11+5x)^3}\mathrm{d}x$；

（2）$\int_1^{\mathrm{e}} x\ln x\mathrm{d}x$；

（3）$\int_0^1 \dfrac{\mathrm{d}x}{\mathrm{e}^x+1}$；

（4）$\int_0^{16} \dfrac{1}{\sqrt{x+9}-\sqrt{x}}\mathrm{d}x$；

（5）$\int_0^{2\pi} \sin^3 x \mathrm{d}x$；　　　　　　　（6）$\int_0^{\frac{\pi}{2}} \dfrac{x+\sin x}{1+\cos x}\mathrm{d}x$；

（7）$\int_0^{\frac{\pi}{2}} \dfrac{1}{1+\cos^2 x}\mathrm{d}x$；　　　　　（8）$\int_0^1 \dfrac{1}{x^2+4x+5}\mathrm{d}x$．

6．设 $f(x)=\int_1^{x^2} \dfrac{\sin t}{t}\mathrm{d}t$，计算 $\int_0^1 xf(x)\mathrm{d}x$．

7．计算曲线 $y=x^2$，$4y=x^2$ 及直线 $y=1$ 所围图形面积．

8．已知边际成本函数为 $C'(x)=7+\dfrac{25}{\sqrt{x}}$，固定成本为 1000，求总成本函数．

本章练习 B

1．单项选择题．

（1）下列函数中原函数是同一函数的是（　　）．

　　A．$\dfrac{\ln x}{x^2}$ 与 $\dfrac{\ln x}{x}$　　　　　　　　B．$\arcsin x$ 与 $-\arccos x$

　　C．$\arctan x$ 与 $\operatorname{arccot} x$　　　　　　　D．$\cos 2x$ 与 $\cos x$

（2）设 $\int f'(x^3)\mathrm{d}x=x^3+C$，则 $f(x)$ 等于（　　）．

　　A．$\dfrac{1}{2}x^3+C$　　　　B．$\dfrac{9}{5}x^{\frac{5}{3}}+C$　　　C．$\dfrac{5}{9}x^{\frac{3}{5}}+C$　　D．$\dfrac{3}{5}x^{\frac{5}{3}}+C$

（3）设 u,v 都是 x 的可微函数，则 $\int u\mathrm{d}v=$（　　）．

　　A．$uv-\int v\mathrm{d}u$　　　　　　　　　　B．$uv-\int u'v\mathrm{d}u$

　　C．$uv-\int v'\mathrm{d}u$　　　　　　　　　　D．$uv-\int uv'\mathrm{d}u$

（4）$\int_a^b f(x)\mathrm{d}x=\lim\limits_{\lambda\to 0}\sum\limits_{i=1}^n f(\xi_i)\Delta x_i$ 说明（　　）．

　　A．$[a,b]$ 必须 n 等分，ξ_i 是 $[x_{i-1},x_i]$ 的端点

　　B．$[a,b]$ 可以任意分法，ξ_i 必须是 $[x_{i-1},x_i]$ 的端点

　　C．$[a,b]$ 可任意分法，$\lambda=\max\{\Delta x_i\}\to 0$，$\xi_i$ 可在 $[x_{i-1},x_i]$ 内任取

　　D．$[a,b]$ 必须等分，$\lambda=\max\{\Delta x_i\}\to 0$，$\xi_i$ 可在 $[x_{i-1},x_i]$ 内任取

（5）设 $f(x)$ 在 $[a,b]$ 上连续，$\phi(x)=\int_a^x f(t)\mathrm{d}t$，则（　　）．

　　A．$\phi(x)$ 是 $f(x)$ 在 $[a,b]$ 上的一个原函数

　　B．$f(x)$ 是 $\phi(x)$ 在 $[a,b]$ 上的一个原函数

　　C．$\phi(x)$ 是 $f(x)$ 在 $[a,b]$ 上唯一的一个原函数

D. $f(x)$ 是 $\phi(x)$ 在 $[a,b]$ 上唯一的一个原函数

（6）设 $f(x)$ 在 $[a,b]$ 上连续且 $\int_a^b f(x)\mathrm{d}x = 0$，则（　　）.

　A. 在 $[a,b]$ 的某个小区间上 $f(x) = 0$

　B. $[a,b]$ 上的一切 x 均使 $f(x) = 0$

　C. $[a,b]$ 内至少有一点 x，使 $f(x) = 0$

　D. $[a,b]$ 内不一定有 x，使 $f(x) = 0$

（7）下列反常积分中（　　）是收敛的.

　A. $\displaystyle\int_{-1}^1 \frac{1}{t}\mathrm{d}t$ 　　　　　　B. $\displaystyle\int_{-\infty}^0 e^t\mathrm{d}t$

　C. $\displaystyle\int_0^{+\infty} e^t\mathrm{d}t$ 　　　　　　D. $\displaystyle\int_1^{+\infty} \frac{1}{\sqrt{t}}\mathrm{d}t$

（8）设 $a > 0$，则 $\displaystyle\int_a^{2a} f(2a-x)\mathrm{d}x = $（　　）.

　A. $\displaystyle\int_0^a f(t)\mathrm{d}t$ 　　　　　　B. $-\displaystyle\int_0^a f(t)\mathrm{d}t$

　C. $2\displaystyle\int_0^a f(t)\mathrm{d}t$ 　　　　　　D. $-2\displaystyle\int_0^a f(t)\mathrm{d}t$

（9）$\displaystyle\int_{-a}^a x\big[f(x)+f(-x)\big]\mathrm{d}x = $（　　）.

　A. $4\displaystyle\int_0^a tf(t)\mathrm{d}t$ 　　　　　　B. $2\displaystyle\int_0^a x\big[f(x)+f(-x)\big]\mathrm{d}x$

　C. 0 　　　　　　　　　　D. 以上都不正确

2. 填空题.

（1）若 $f(x)$ 的一个原函数为 $\cos x$，则 $\displaystyle\int f(x)\mathrm{d}x = $＿＿＿＿＿＿.

（2）设 $\displaystyle\int f(x)\mathrm{d}x = \sin x + C$，则 $\displaystyle\int xf(1-x^2)\mathrm{d}x = $＿＿＿＿＿＿.

（3）设 $\displaystyle\int xf(x)\mathrm{d}x = \arcsin x + C$，则 $\displaystyle\int \frac{1}{f(x)}\mathrm{d}x = $＿＿＿＿＿＿.

（4）$\displaystyle\int x\sin x\mathrm{d}x = $＿＿＿＿＿＿.

（5）$\displaystyle\int_0^{\ln 2} xe^{-x}\mathrm{d}x = $＿＿＿＿＿＿.

（6）$\displaystyle\int_{\frac{\pi}{2}}^{\pi} \sin(x+\frac{\pi}{3})\mathrm{d}x = $＿＿＿＿＿＿.

（7）$\dfrac{\mathrm{d}}{\mathrm{d}x}\displaystyle\int_{x^2}^{x^3} \frac{\mathrm{d}x}{\sqrt{1+t^4}} = $＿＿＿＿＿＿.

（8）设 xe^{-x} 为 $f(x)$ 的一个原函数，则 $\displaystyle\int_0^1 xf'(x)\mathrm{d}x = $＿＿＿＿＿＿.

（9）$\int_{-1}^{1}(x+\sqrt{1-x^2})\mathrm{d}x = $ _____．

（10）函数 $f(x)$ 在 $[a,b]$ 上有定义且 $|f(x)|$ 在 $[a,b]$ 上可积，此时积分 $\int_{a}^{b}f(x)\mathrm{d}x$ _____ 存在．

3．计算下列不定积分．

（1）$\int \dfrac{(2x-1)(\sqrt{x}+1)}{\sqrt{x}}\mathrm{d}x$；

（2）$\int \sin^2 x\cos^3 x\mathrm{d}x$；

（3）$\int \dfrac{x+1}{\sqrt[3]{3x+1}}\mathrm{d}x$；

（4）$\int \dfrac{1}{x\sqrt{1+x^4}}\mathrm{d}x$；

（5）$\int \dfrac{\mathrm{d}x}{\sqrt{(x^2+1)^3}}$；

（6）$\int x^2\ln x\mathrm{d}x$；

（7）$\int \dfrac{1+2x^2}{x^2(1+x^2)}\mathrm{d}x$；

（8）$\int \dfrac{2^{\arcsin x}}{\sqrt{1-x^2}}\mathrm{d}x$；

（9）$\int \dfrac{\mathrm{d}x}{(1+\sqrt[3]{x})\sqrt{x}}$；

（10）$\int \arctan\sqrt{x}\mathrm{d}x$；

（11）$\int \cos^4 x\mathrm{d}x$；

（12）$\int \dfrac{\sqrt{x^2-9}}{x}\mathrm{d}x$．

4．计算下列极限．

（1）$\lim\limits_{x\to 0}\dfrac{\int_{0}^{x}(\sin t-t)\mathrm{d}t}{x(\mathrm{e}^x-1)^3}$；

（2）$\lim\limits_{x\to 0}\dfrac{\int_{0}^{\sin^2 x}\ln(1+t)\mathrm{d}t}{\sqrt{1+x^4}-1}$；

（3）$\lim\limits_{x\to 0}\dfrac{\int_{0}^{x^2}\sin t\mathrm{d}t}{\int_{x}^{0}t\ln(1+t^2)\mathrm{d}t}$．

5．计算下列定积分．

（1）$\int_{1}^{4}\dfrac{1}{\sqrt{x}(1+x)}\mathrm{d}x$；

（2）$\int_{\frac{1}{\sqrt{2}}}^{1}\dfrac{\sqrt{1-x^2}}{x^2}\mathrm{d}x$；

（3）$\int_{1}^{2}x\log_2 x\mathrm{d}x$；

（4）$\int_{-\frac{1}{2}}^{\frac{1}{2}}\dfrac{x\arcsin x}{\sqrt{1-x^2}}\mathrm{d}x$；

（5）$\int_{1}^{\mathrm{e}}\dfrac{1}{x\sqrt{1-\ln^2 x}}\mathrm{d}x$；

（6）$\int_{\frac{1}{\mathrm{e}}}^{\mathrm{e}}|\ln x|\mathrm{d}x$；

（7）$\int_{-\infty}^{\frac{2}{\pi}}\dfrac{1}{x^2}\sin\dfrac{1}{x}\mathrm{d}x$；

（8）$\int_{1}^{2}\dfrac{x}{\sqrt{x-1}}\mathrm{d}x$．

6．求抛物线 $y=-x^2+4x-3$ 及其在点 $(0,-3)$ 和 $(3,0)$ 处的切线所围成的图形的面积.

7．计算由 $y = x^{\frac{3}{2}}$，$x = 4$，$y = 0$ 所围图形绕 y 轴旋转而成的旋转体的体积.

8．设某商品的需求量 Q 是价格 P 的函数，该商品的最大需求量为 10^4（即 $P = 0$ 时，$Q = 10^4$），已知需求量的变化率为

$$Q'(P) = -2 \cdot 10^3 \cdot e^{-\frac{P}{5}},$$

求需求量关于价格的弹性.

9．已知边际收益函数为 $R'(x) = a - bx$，求收益函数.

本章练习 A 答案

1．单项选择题.

（1）B．提示：根据题意知 $y' = \dfrac{1}{x}$.

（2）C．提示：$\int x f'(x) \mathrm{d}x = \int x \mathrm{d}f(x)$，从而使用分部积分公式.

（3）D．提示：根据题意知 $f(x) = \left(\dfrac{1}{x}\right)' = -\dfrac{1}{x^2}$.

（4）B．提示：$\int x 2^x \mathrm{d}x = \dfrac{1}{\ln 2} \int x \mathrm{d}2^x$，从而使用分部积分公式.

（5）C.

（6）D．提示：A 项：$\int_0^{+\infty} e^x \mathrm{d}x = e^x \Big|_0^{+\infty} = +\infty$，

B 项：$\int_e^{+\infty} \dfrac{1}{x \ln x} \mathrm{d}x = \int_e^{+\infty} \dfrac{1}{\ln x} \mathrm{d}\ln x = \ln(\ln x)\Big|_e^{+\infty} = +\infty$，

C 项：$\int_{-1}^1 \dfrac{1}{\sin x} \mathrm{d}x = \int_{-1}^0 \dfrac{1}{\sin x} \mathrm{d}x + \int_0^1 \dfrac{1}{\sin x} \mathrm{d}x$，而 $\int_{-1}^0 \dfrac{1}{\sin x} \mathrm{d}x = \ln|\csc x - \cot x|\Big|_{-1}^0 = \infty$，

D 项：$\int_1^{+\infty} x^{-\frac{3}{2}} \mathrm{d}x = -2 \dfrac{1}{\sqrt{x}}\Big|_1^{+\infty} = 2$.

（7）D．提示：$\int_a^b \arctan x \mathrm{d}x$ 是一个数.

（8）B．提示：有界是可积的必要条件.

（9）B．提示：$f(b) = 0$，$f(a) = 0$，所以，至少存在一点 $\xi \in (a, b)$，使得 $f'(\xi) = 0$.

（10）C．提示：$2f(x) - 1 = f'(x)$，且 $\int_0^0 [2f(t) - 1]\mathrm{d}t = 0 = f(0) - 1$，所以 $f(0) = 1$.

（11）D. 提示：$I_2 = x\ln^2 x\Big|_1^e - \int_1^e xd\ln^2 x = e - 2\int_1^e \ln xdx = e - 2I_1$.

2. 填空题.

（1） $\arctan e^x + C$.   （2）$\frac{1}{2}(x + \sin x) + C$.   （3）$-\frac{1}{2}(2-3x)^{\frac{2}{3}} + C$.

（4） $\dfrac{3x^2}{\sqrt{1+x^{12}}}$.   （5）$\frac{1}{2}\ln 26$.   （6）$0$.

（7）必要　充分.   （8）必要.   （9）7.

3. 计算下列不定积分.

解　（1）令 $t = \sqrt{x}$，则 $x = t^2$，$dx = 2t\,dt$，故

$$\int \frac{\arcsin\sqrt{x}}{\sqrt{x}}dx = 2\int \frac{\arcsin t}{t}t\,dt$$

$$= 2\int \arcsin t\,dt$$

$$= 2t\arcsin t - 2\int t\,d\arcsin t$$

$$= 2t\arcsin t - 2\int \frac{t}{\sqrt{1-t^2}}dt$$

$$= 2t\arcsin t + \int \frac{1}{\sqrt{1-t^2}}d(1-t^2)$$

$$= 2t\arcsin t + 2\sqrt{1-t^2} + C$$

$$= 2\sqrt{x}\arcsin\sqrt{x} + 2\sqrt{1-x} + C;$$

（2）令 $e^x = t$，则 $x = \ln t$，$dx = \frac{1}{t}dt$，故

$$\int \frac{1}{e^x + e^{-x}}dx = \int \frac{1}{t + \frac{1}{t}}\cdot\frac{1}{t}dt$$

$$= \int \frac{1}{t^2 + 1}dt$$

$$= \arctan t + C$$

$$= \arctan e^x + C;$$

（3）$\displaystyle\int \frac{dx}{x^2 + 2x + 5} = \int \frac{d(x+1)}{(x+1)^2 + 2^2}$

$$= \frac{1}{2}\arctan\frac{x+1}{2} + C;$$

（4）$\int e^{\cos x} \sin x dx = -\int e^{\cos x} d\cos x = -e^{\cos x} + C$；

（5）$\int \dfrac{x^7 dx}{(1+x^4)^2} = \dfrac{1}{4}\int \dfrac{x^4}{(1+x^4)^2} dx^4$

$$= \dfrac{1}{4}\int \dfrac{x^4+1-1}{(1+x^4)^2} dx^4$$

$$= \dfrac{1}{4}\int \left[\dfrac{1}{1+x^4} - \dfrac{1}{(1+x^4)^2}\right] d(1+x^4)$$

$$= \dfrac{1}{4}\left[\ln(1+x^4) + \dfrac{1}{1+x^4}\right] + C$$；

（6）$\int (\arccos x)^3 \dfrac{1}{\sqrt{1-x^2}} dx = -\int (\arccos x)^3 d(\arccos x)$

$$= -\dfrac{1}{4}(\arccos x)^4 + C$$；

（7）$\int \dfrac{dx}{\sqrt{5-2x+x^2}} = \int \dfrac{d(x-1)}{\sqrt{(x-1)^2+2^2}}$

$$= \ln(x-1+\sqrt{x^2-2x+5}) + C$$；

（8）$\int \dfrac{e^x(x+1)}{2+xe^x} dx = \int \dfrac{1}{2+xe^x} d(xe^x+2) = \ln|2+xe^x| + C$；

（9）$\int \dfrac{x-1}{x^2-x-2} dx = \int \dfrac{x-1}{(x-2)(x+1)} dx$

$$= \dfrac{1}{3}\int \left(\dfrac{1}{x-2} + \dfrac{2}{x+1}\right) dx$$

$$= \dfrac{1}{3}\ln|x-2| + \dfrac{2}{3}\ln|x+1| + C$$；

（10）$\int \dfrac{e^x(1+e^x)}{\sqrt{1-e^{2x}}} dx = \int \dfrac{e^x+e^{2x}}{\sqrt{1-e^{2x}}} dx$

$$= \int \dfrac{e^x}{\sqrt{1-e^{2x}}} dx + \int \dfrac{e^{2x}}{\sqrt{1-e^{2x}}} dx$$

$$= \int \dfrac{1}{\sqrt{1-e^{2x}}} de^x - \dfrac{1}{2}\int \dfrac{1}{\sqrt{1-e^{2x}}} d(1-e^{2x})$$

$$= \arcsin e^x - \sqrt{1-e^{2x}} + C$$；

（11）$\int \dfrac{dx}{x^4-1} = \int \dfrac{dx}{(x^2+1)(x^2-1)}$

$$= \dfrac{1}{2}\int \left(\dfrac{1}{x^2-1} - \dfrac{1}{x^2+1}\right) dx$$

$$= \frac{1}{4} \int \left(\frac{1}{x-1} - \frac{1}{x+1} \right) dx - \frac{1}{2} \arctan x$$

$$= \frac{1}{4} \ln \left| \frac{x-1}{x+1} \right| - \frac{1}{2} \arctan x + C \ ;$$

（12）$\displaystyle \int \frac{dx}{\sqrt{x-x^2}} = \int \frac{2dx}{\sqrt{1-(2x-1)^2}}$

$$= \int \frac{1}{\sqrt{1-(2x-1)^2}} d(2x-1)$$

$$= \arcsin(2x-1) + C \ ;$$

（13）令 $t = \sqrt[6]{x}$ ，则 $x = t^6$ ， $dx = 6t^5 \, dt$ ，故

$$\int \frac{dx}{\sqrt{x}+\sqrt[3]{x}} = \int \frac{6t^5 \, dt}{t^3+t^2}$$

$$= 6 \int \frac{t^3}{t+1} dt$$

$$= 6 \int \frac{t^3+1-1}{t+1} dt$$

$$= 6 \int \left(t^2 - t + 1 - \frac{1}{t+1} \right) dt$$

$$= 2t^3 - 3t^2 + 6t - 6\ln(t+1) + C$$

$$= 2\sqrt{x} - 3\sqrt[3]{x} + 6\sqrt[6]{x} - \ln(1+\sqrt[6]{x}) + C \ ;$$

（14）$\displaystyle \int x\sqrt{2x^2-3} \, dx = \frac{1}{4} \int \sqrt{2x^2-3} \, d(2x^2-3) = \frac{1}{6} \sqrt{(2x^2-3)^3} + C \ ;$

（15）$\displaystyle \int \frac{dx}{\sqrt{9-16x^2}} = \frac{1}{4} \int \frac{d(4x)}{\sqrt{3^2-(4x)^2}} = \frac{1}{4} \arcsin \frac{4x}{3} + C \ ;$

（16）$\displaystyle \int \frac{2^x}{\sqrt{1-4^x}} dx = \frac{1}{\ln 2} \int \frac{t}{\sqrt{1-(2^x)^2}} d2^x$

$$= \frac{1}{\ln 2} \arcsin 2^x + C \ ;$$

（17）$\displaystyle \int \left(\frac{\sec x}{1+\tan x} \right)^2 dx = \int \frac{\sec^2 x}{(1+\tan x)^2} dx$

$$= \int \frac{1}{(1+\tan x)^2} d(1+\tan x)$$

$$= -\frac{1}{1+\tan x} + C \ ;$$

（18）$\int \ln(1+x^2)\mathrm{d}x = \int \dfrac{1}{2}\ln(1+x^2)\mathrm{d}(x^2+1)$

$$= \dfrac{1}{2}(x^2+1)\ln(1+x^2) - \dfrac{1}{2}\int (x^2+1)\mathrm{d}\ln(1+x^2)$$

$$= \dfrac{1}{2}(x^2+1)\ln(1+x^2) - \int x\mathrm{d}x$$

$$= \dfrac{x^2+1}{2}\ln(1+x^2) - \dfrac{x^2}{2} + C .$$

4．计算下列极限．

解　（1）$\lim\limits_{x\to 0}\dfrac{\int_0^x \cos t^2\mathrm{d}t}{x} = \lim\limits_{x\to 0}\dfrac{\cos x^2}{1} = 1$；

（2）$\lim\limits_{x\to a}\dfrac{x}{x-a}\int_a^x f(t)\mathrm{d}t = \lim\limits_{x\to a}\left(\int_a^x f(t)\mathrm{d}t + xf(x)\right) = af(a)$；

（3）$\lim\limits_{x\to 0}\dfrac{\int_0^{x^2} t\mathrm{e}^t\mathrm{d}t}{x^4} = \lim\limits_{x\to 0}\dfrac{x^2\mathrm{e}^{x^2}\cdot 2x}{4x^3} = \dfrac{1}{2}$．

5．计算下列定积分．

解　（1）$\int_{-2}^1 \dfrac{1}{(11+5x)^3}\mathrm{d}x = \dfrac{1}{5}\int_{-2}^1 \dfrac{\mathrm{d}(11+5x)}{(11+5x)^3} = \dfrac{51}{512}$；

（2）$\int_1^{\mathrm{e}} x\ln x\mathrm{d}x = \dfrac{1}{2}\int_1^{\mathrm{e}} \ln x\mathrm{d}x^2$

$$= \dfrac{1}{2}\left[x^2\ln x\right]_1^{\mathrm{e}} - \dfrac{1}{2}\int_1^{\mathrm{e}} x^2\cdot\dfrac{1}{x}\mathrm{d}x$$

$$= \dfrac{1}{2}\mathrm{e}^2 - \dfrac{1}{4}\left[x^2\right]_1^{\mathrm{e}} = \dfrac{1}{4}(\mathrm{e}^2+1)$；

（3）$\int_0^1 \dfrac{\mathrm{d}x}{\mathrm{e}^x+1} = \int_0^1 \dfrac{\mathrm{e}^x+1-\mathrm{e}^x}{\mathrm{e}^x+1}\mathrm{d}x$

$$= \int_0^1 \mathrm{d}x - \int_0^1 \dfrac{\mathrm{e}^x\mathrm{d}x}{\mathrm{e}^x+1}$$

$$= 1 - \left[\ln(\mathrm{e}^x+1)\right]_0^1 = 1 - \ln(1+\mathrm{e}) + \ln 2$；

（4）$\int_0^{16} \dfrac{1}{\sqrt{x+9}-\sqrt{x}}\mathrm{d}x = \int_0^{16} \dfrac{\sqrt{x+9}+\sqrt{x}}{9}\mathrm{d}x$

$$= \left(\dfrac{1}{9}\times\dfrac{2}{3}\right)\times\left[(x+9)^{\frac{3}{2}} + x^{\frac{3}{2}}\right]_0^{16} = 12$；

（5）$\int_0^{2\pi} \sin^3 x\mathrm{d}x = -\int_0^{2\pi}(1-\cos^2 x)\mathrm{d}\cos x = \left(-\cos x + \dfrac{1}{3}\cos^3 x\right)\bigg|_0^{2\pi} = 0$；

（6）$\displaystyle\int_0^{\frac{\pi}{2}}\frac{x+\sin x}{1+\cos x}\mathrm{d}x=\int_0^{\frac{\pi}{2}}\frac{x}{1+\cos x}\mathrm{d}x+\int_0^{\frac{\pi}{2}}\frac{\sin x}{1+\cos x}\mathrm{d}x$

$$=\int_0^{\frac{\pi}{2}}\frac{x}{2\cos^2\frac{x}{2}}\mathrm{d}x-\int_0^{\frac{\pi}{2}}\frac{1}{1+\cos x}\mathrm{d}(1+\cos x)$$

$$=\int_0^{\frac{\pi}{2}}x\mathrm{d}\tan\frac{x}{2}-\ln|1+\cos x|\Big|_0^{\frac{\pi}{2}}$$

$$=x\tan\frac{x}{2}\Big|_0^{\frac{\pi}{2}}-\int_0^{\frac{\pi}{2}}\tan\frac{x}{2}\mathrm{d}x+\ln 2$$

$$=\frac{\pi}{2}+2\ln\Big|\cos\frac{x}{2}\Big|\Big|_0^{\frac{\pi}{2}}+\ln 2=\frac{\pi}{2};$$

（7）$\displaystyle\int_0^{\frac{\pi}{2}}\frac{1}{1+\cos^2 x}\mathrm{d}x=\int_0^{\frac{\pi}{2}}\frac{\sec^2 x}{1+\sec^2 x}\mathrm{d}x$

$$=\int_0^{\frac{\pi}{2}}\frac{1}{2+\tan^2 x}\mathrm{d}\tan x$$

$$=\frac{1}{\sqrt{2}}\arctan\frac{\tan x}{\sqrt{2}}\Big|_0^{\frac{\pi}{2}}=\frac{\sqrt{2}}{4}\pi;$$

（8）$\displaystyle\int_0^1\frac{1}{x^2+4x+5}\mathrm{d}x=\int_0^1\frac{1}{(x+2)^2+1}\mathrm{d}(x+2)$

$$=\arctan(x+2)\Big|_0^1=\arctan 3-\arctan 2.$$

6. **解**　$\displaystyle\int_0^1 xf(x)\mathrm{d}x=\frac{1}{2}\int_0^1 f(x)\mathrm{d}x^2$

$$=\frac{1}{2}x^2 f(x)\Big|_0^1-\frac{1}{2}\int_0^1 x^2 f'(x)\mathrm{d}x$$

$$=\frac{1}{2}f(1)-\frac{1}{2}\int_0^1 x^2 f'(x)\mathrm{d}x,$$

由 $f(1)=0$，$f'(x)=\dfrac{\sin x^2}{x^2}\cdot 2x=\dfrac{2\sin x^2}{x}$，　故，

上式 $=-\dfrac{1}{2}\displaystyle\int_0^1 2x\sin x^2\mathrm{d}x=-\dfrac{1}{2}\int_0^1\sin x^2\mathrm{d}x^2$

$$=\frac{1}{2}\cos x^2\Big|_0^1=\frac{1}{2}(\cos 1-1).$$

7. **解**　如图 5.16 所示，$S=2\displaystyle\int_0^1(x_1-x_2)\mathrm{d}y$

$$= 2\int_0^1 (2\sqrt{y} - \sqrt{y})\mathrm{d}y$$

$$= 2\int_0^1 \sqrt{y}\mathrm{d}y = \frac{4}{3} y^{\frac{3}{2}} \Big|_0^1 = \frac{4}{3}.$$

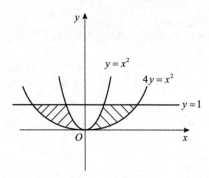

图 5.16

8.　**解**　$C(x) = \int C'(x)\mathrm{d}x = \int \left(7 + \frac{25}{\sqrt{x}}\right)\mathrm{d}x = 7x + 50\sqrt{x} + C$，

当 $x = 0$ 时，$C = 1000$，所以 $C(x) = 7x + 50\sqrt{x} + 1000$．

本章练习 B 答案

1.　单项选择题.

（1）B.

（2）B. 提示：$f'(x^3) = (x^3)' = 3x^2$，令 $x^3 = u$，$f'(u) = 3u^{\frac{2}{3}}$，再求出 $f(u)$．

（3）A.　（4）C.　（5）A.

（6）C. 提示：利用积分中值定理即可得出答案.

（7）B. 提示：$\int_{-\infty}^0 \mathrm{e}^t \mathrm{d}t = \mathrm{e}^t \big|_{-\infty}^0 = 1$．

（8）A. 提示：令 $2a - x = t$，$\int_a^{2a} f(2a - x)\mathrm{d}x = -\int_a^0 f(t)\mathrm{d}t = \int_0^a f(t)\mathrm{d}t$．

（9）C. 提示：$[f(x) + f(-x)]$ 为奇函数.

2.　填空题.

（1）$\cos x + C$．　（2）$-\frac{1}{2}\sin(1 - x^2) + C$．　（3）$-\frac{1}{3}(1 - x^2)^{\frac{3}{2}} + C$．

（4）$-x\cos x+\sin x+C$．　（5）$\dfrac{1}{2}(1-\ln 2)$．　（6）$\dfrac{1}{2}-\dfrac{\sqrt{3}}{2}$．

（7）$\dfrac{3x^2}{\sqrt{1+x^{12}}}-\dfrac{2x}{\sqrt{1+x^8}}$．　（8）$-\mathrm{e}^{-1}$．　（9）$\dfrac{\pi}{2}$．

（10）不一定.

3．计算下列不定积分.

解　（1）$\displaystyle\int\dfrac{(2x-1)(\sqrt{x}+1)}{\sqrt{x}}\,\mathrm{d}x=\int\dfrac{2x\sqrt{x}-2x-\sqrt{x}-1}{\sqrt{x}}\,\mathrm{d}x$

$$=\int\left(2x+2\sqrt{x}-1-\dfrac{1}{\sqrt{x}}\right)\mathrm{d}x$$

$$=x^2+\dfrac{4}{3}x^{\frac{3}{2}}-x-2x^{\frac{1}{2}}+C\,;$$

（2）$\displaystyle\int\sin^2 x\cos^3 x\,\mathrm{d}x=\int\sin^2 x\cos^2 x\,\mathrm{d}\sin x$

$$=\int(\sin^2 x-\sin^4 x)\mathrm{d}\sin x$$

$$=\dfrac{1}{3}\sin^3 x-\dfrac{1}{5}\sin^5 x+C\,;$$

（3）令 $\sqrt[3]{3x+1}=t$，则 $3x=t^3-1$，$\mathrm{d}x=t^2\mathrm{d}t$，故

$$\int\dfrac{x+1}{\sqrt[3]{3x+1}}\,\mathrm{d}x=\int\dfrac{\dfrac{t^3-1}{3}+1}{t}\cdot t^2\mathrm{d}t$$

$$=\dfrac{1}{3}\int(t^4+2t)\mathrm{d}t=\dfrac{1}{15}t^5+\dfrac{1}{3}t^2+C\,(t=\sqrt[3]{3x+1})\,;$$

（4）令 $x=\dfrac{1}{t}$，则 $\mathrm{d}x=-\dfrac{1}{t^2}\mathrm{d}t$，故

$$\int\dfrac{1}{x\sqrt{1+x^4}}\,\mathrm{d}x=\int\dfrac{-\dfrac{1}{t^2}\mathrm{d}t}{\dfrac{1}{t}\sqrt{1+\dfrac{1}{t^4}}}=-\int\dfrac{t\mathrm{d}t}{\sqrt{1+t^4}}$$

$$=-\dfrac{1}{2}\int\dfrac{\mathrm{d}t^2}{\sqrt{1+(t^2)^2}}$$

$$=\dfrac{1}{2}\ln(t^2+\sqrt{1+t^4})+C$$

$$=-\dfrac{1}{2}\ln\dfrac{1+\sqrt{1+x^4}}{x^2}+C\,;$$

（5）令 $x=\tan t$ ，则 $\mathrm{d}x=\sec^2 t\mathrm{d}t$ ，故

$$\int \frac{\mathrm{d}x}{\sqrt{(x^2+1)^3}} = \int \frac{1}{\sqrt{(\tan^2 t+1)^3}} \sec^2 t\mathrm{d}t$$

$$= \int \cos t\mathrm{d}t = \sin t + C$$

$$= \frac{x}{\sqrt{x^2+1}} + C;$$

（6）$\displaystyle\int x^2 \ln x\mathrm{d}x = \frac{1}{3} \int \ln x\mathrm{d}x^3$

$$= \frac{1}{3}x^3 \ln x - \frac{1}{3} \int x^3 \mathrm{d}\ln x$$

$$= \frac{1}{3}x^3 \ln x - \frac{1}{3} \int x^2 \mathrm{d}x$$

$$= \frac{1}{3}x^3 \ln x - \frac{1}{9}x^3 + C;$$

（7）$\displaystyle\int \frac{1+2x^2}{x^2(1+x^2)} \mathrm{d}x = \int \left(\frac{1}{1+x^2} + \frac{1}{x^2} \right)\mathrm{d}x$

$$= \int \frac{\mathrm{d}x}{1+x^2} + \int \frac{\mathrm{d}x}{x^2} = \arctan x - \frac{1}{x} + C;$$

（8）$\displaystyle\int \frac{2^{\arcsin x}}{\sqrt{1-x^2}} \mathrm{d}x = \int 2^{\arcsin x} \mathrm{d}(\arcsin x)$

$$= \frac{1}{\ln 2} 2^{\arcsin x} + C;$$

（9）令 $x=t^6$ ，则 $\mathrm{d}x=6t^5\mathrm{d}t$ ，故

$$\int \frac{\mathrm{d}x}{(1+\sqrt[3]{x})\sqrt{x}} = \int \frac{6t^5\mathrm{d}t}{(1+t^2)t^3}$$

$$= 6\int \frac{t^2\mathrm{d}t}{1+t^2}$$

$$= 6\int \left(1 - \frac{1}{1+t^2}\right)\mathrm{d}t$$

$$= -6\arctan t + 6t + C$$

$$= -6\arctan \sqrt[6]{x} + 6\sqrt[6]{x} + C;$$

（10）$\displaystyle\int \arctan \sqrt{x}\mathrm{d}x = x\arctan \sqrt{x} - \int x \cdot \frac{1}{1+x} \cdot \frac{\mathrm{d}x}{2\sqrt{x}}$

$$= x\arctan \sqrt{x} - \frac{1}{2} \int \frac{\sqrt{x}\mathrm{d}x}{1+x},$$

令 $\sqrt{x}=t$ ，则 $x=t^2$ ， $\mathrm{d}x=2t\mathrm{d}t$ ，故

$$\int\dfrac{\sqrt{x}\mathrm{d}x}{1+x}=2\int\dfrac{t^2\mathrm{d}t}{1+t^2}$$

$$=2\int\left(1-\dfrac{1}{1+t^2}\right)\mathrm{d}t$$

$$=2t-2\arctan t+C=2\sqrt{x}-2\arctan\sqrt{x}+C ，$$

所以 $\int\arctan\sqrt{x}\mathrm{d}x=x\arctan\sqrt{x}-\sqrt{x}+\arctan\sqrt{x}+C$ ；

（11） $\displaystyle\int\cos^4 x\mathrm{d}x=\int\left(\dfrac{1+\cos 2x}{2}\right)^2\mathrm{d}x$

$$=\dfrac{x}{4}+\int\dfrac{\cos 2x}{2}\mathrm{d}x+\int\dfrac{\cos^2 2x}{4}\mathrm{d}x$$

$$=\dfrac{x}{4}+\dfrac{1}{4}\sin 2x+\dfrac{1}{8}\int(1+\cos 4x)\mathrm{d}x$$

$$=\dfrac{x}{4}+\dfrac{1}{4}\sin 2x+\dfrac{x}{8}+\dfrac{1}{32}\sin 4x+C$$

$$=\dfrac{3}{8}x+\dfrac{1}{4}\sin 2x+\dfrac{1}{32}\sin 4x+C ；$$

（12）令 $x=3\sec t$ ，则 $\mathrm{d}x=3\sec t\tan t\mathrm{d}t$ ，故

$$\int\dfrac{\sqrt{x^2-9}}{x}\mathrm{d}x=\int\dfrac{3\tan t}{3\sec t}\cdot 3\sec t\tan t\mathrm{d}t$$

$$=3\int\tan^2 t\mathrm{d}t$$

$$=3\int(\sec^2 t-1)\mathrm{d}t$$

$$=3\tan t-3t+C=\sqrt{x^2-9}-3\arccos\dfrac{3}{x}+C .$$

4．计算下列极限.

解　（1） $\displaystyle\lim_{x\to 0}\dfrac{\int_0^x(\sin t-t)\mathrm{d}t}{x(\mathrm{e}^x-1)^3}=\lim_{x\to 0}\dfrac{\int_0^x(\sin t-t)\mathrm{d}t}{x\cdot x^3}$

$$=\lim_{x\to 0}\dfrac{\int_0^x(\sin t-t)\mathrm{d}t}{x^4}$$

$$=\lim_{x\to 0}\dfrac{\sin x-x}{4x^3}$$

$$=\lim_{x\to 0}\dfrac{\cos x-1}{12x^2}$$

$$= \lim_{x \to 0} \frac{-\sin x}{24x} = -\frac{1}{24} \; ;$$

（2）$\lim\limits_{x \to 0} \dfrac{\displaystyle\int_0^{\sin^2 x} \ln(1+t)\mathrm{d}t}{\sqrt{1+x^4}-1} = \lim\limits_{x \to 0} \dfrac{\displaystyle\int_0^{\sin^2 x} \ln(1+t)\mathrm{d}t}{\dfrac{1}{2}x^4}$

$$= \lim_{x \to 0} \frac{\ln(1+\sin^2 x) \cdot 2\sin x \cos x}{2x^3}$$

$$= \lim_{x \to 0} \frac{2x^3 \cos x}{2x^3} = 1 \; ;$$

（3）$\lim\limits_{x \to 0} \dfrac{\displaystyle\int_0^{x^2} \sin t\,\mathrm{d}t}{\displaystyle\int_x^0 t\ln(1+t^2)\mathrm{d}t} = \lim\limits_{x \to 0} \dfrac{\sin x^2 \cdot 2x}{-x\ln(1+x^2)}$

$$= \lim_{x \to 0} \frac{x^2 \cdot 2}{-x^2} = -2 \; .$$

5．计算下列定积分.

解　（1）令 $\sqrt{x}=t$，则 $x=t^2$，$\mathrm{d}x=2t\mathrm{d}t$，则

$$\int_1^4 \frac{1}{\sqrt{x}(1+x)}\mathrm{d}x = \int_1^2 \frac{2t\mathrm{d}t}{t(1+t^2)}$$

$$= \int_1^2 \frac{2\mathrm{d}t}{1+t^2}$$

$$= \left[2\arctan t\right]_1^2 = 2\arctan 2 - \frac{\pi}{2} \; ;$$

（2）令 $x=\sin t$，$\mathrm{d}x=\cos t\mathrm{d}t$，则

$$\int_{\frac{1}{\sqrt{2}}}^1 \frac{\sqrt{1-x^2}}{x^2}\mathrm{d}x = \int_{\frac{\pi}{4}}^{\frac{\pi}{2}} \frac{\cos t}{\sin^2 t} \cdot \cos t\mathrm{d}t$$

$$= \int_{\frac{\pi}{4}}^{\frac{\pi}{2}} (\csc^2 t - 1)\mathrm{d}t$$

$$= (-\cot t - t) \Big|_{\frac{\pi}{4}}^{\frac{\pi}{2}} = 1 - \frac{\pi}{4} \; ;$$

（3）$\displaystyle\int_1^2 x\log_2 x\mathrm{d}x = \frac{1}{2}\int_1^2 \log_2 x\mathrm{d}x^2$

$$= \frac{1}{2}(x^2 \log_2 x) \Big|_1^2 - \frac{1}{2}\int_1^2 x^2 \cdot \frac{1}{x\ln 2}\mathrm{d}x$$

$$= 2 - \frac{1}{2\ln 2} \cdot \frac{1}{2} x^2 \Big|_1^2 = 2 - \frac{3}{4\ln 2} ;$$

（4）$\displaystyle\int_{-\frac{1}{2}}^{\frac{1}{2}} \frac{x\arcsin x}{\sqrt{1-x^2}} \mathrm{d}x = -\int_{-\frac{1}{2}}^{\frac{1}{2}} \arcsin x \mathrm{d}\sqrt{1-x^2}$

$$= (-\sqrt{1-x^2}\arcsin x)\Big|_{-\frac{1}{2}}^{\frac{1}{2}} + \int_{-\frac{1}{2}}^{\frac{1}{2}} \sqrt{1-x^2}\,\mathrm{d}\arcsin x$$

$$= -\frac{\sqrt{3}}{6}\pi + \int_{-\frac{1}{2}}^{\frac{1}{2}} \mathrm{d}x = -\frac{\sqrt{3}}{6}\pi + 1 ;$$

（5）$\displaystyle\int_1^{\mathrm{e}} \frac{1}{x\sqrt{1-\ln^2 x}} \mathrm{d}x = \int_1^{\mathrm{e}} \frac{1}{\sqrt{1-\ln^2 x}} \mathrm{d}\ln x$

$$= \arcsin\ln x\Big|_1^{\mathrm{e}} = \frac{\pi}{2} ;$$

（6）$\displaystyle\int_{\frac{1}{\mathrm{e}}}^{\mathrm{e}} |\ln x| \mathrm{d}x = -\int_{\frac{1}{\mathrm{e}}}^{1} \ln x \mathrm{d}x + \int_1^{\mathrm{e}} \ln x \mathrm{d}x$

$$= (x\ln x)\Big|_{\frac{1}{\mathrm{e}}}^{1} + \int_{\frac{1}{\mathrm{e}}}^{1} \mathrm{d}x + (x\ln x)\Big|_1^{\mathrm{e}} - \int_1^{\mathrm{e}} \mathrm{d}x = 2 - \frac{2}{\mathrm{e}} ;$$

（7）$\displaystyle\int_{-\infty}^{\frac{2}{\pi}} \frac{1}{x^2}\sin\frac{1}{x} \mathrm{d}x = \int_{-\infty}^{0} \frac{1}{x^2}\sin\frac{1}{x} \mathrm{d}x + \int_0^{\frac{2}{\pi}} \frac{1}{x^2}\sin\frac{1}{x} \mathrm{d}x ,$

而 $\displaystyle\int_{-\infty}^{0} \frac{1}{x^2}\sin\frac{1}{x} \mathrm{d}x = -\int_{-\infty}^{0} \sin\frac{1}{x} \mathrm{d}\frac{1}{x} = \cos\frac{1}{x}\bigg|_{-\infty}^{0}$ 不存在

故 $\displaystyle\int_{-\infty}^{\frac{2}{\pi}} \frac{1}{x^2}\sin\frac{1}{x} \mathrm{d}x$ 发散；

（8）令 $t=\sqrt{x-1}$，则 $x = t^2 + 1$， $\mathrm{d}x = 2t\,\mathrm{d}t$， 故

$$\int_1^2 \frac{x}{\sqrt{x-1}} \mathrm{d}x = \int_0^1 \frac{t^2+1}{t} 2t\,\mathrm{d}t$$

$$= 2\int_0^1 (t^2+1)\mathrm{d}t$$

$$= 2\left[\frac{t^3}{3} + t\right]_0^1 = \frac{8}{3} .$$

6．解　$y' = -2x + 4$，如图 5.17 所示，过点 $(0,-3)$ 处的切线的斜率为 4，切线方程为 $y = 4(x-3)$，过点 $(3,0)$ 处的切线的斜率为 -2，切线方程为 $y = -2x+6$，两切线的交点为 $\left(\dfrac{3}{2}, 3\right)$，所求的面积为

$$A = \int_0^{\frac{3}{2}} [4x-3-(-x^2+4x-3)]\mathrm{d}x + \int_{\frac{3}{2}}^3 [-2x+6-(-x^2+4x-3)]\mathrm{d}x = \frac{9}{4}.$$

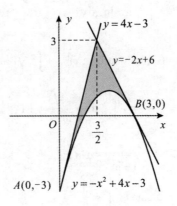

图 5.17

7. **解**　如图 5.18 所示，所求旋转体的体积为

$$V = 128\pi - \pi\int_0^8 x^2\mathrm{d}y$$

$$= 128\pi - \pi\int_0^8 y^{\frac{4}{3}}\mathrm{d}y$$

$$= 128\pi - \frac{3}{7}\pi y^{\frac{7}{3}}\Big|_0^8$$

$$= 128\pi - \frac{3}{7}\pi \times 2^7 = \frac{512}{7}\pi.$$

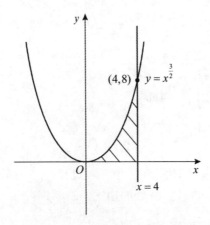

图 5.18

8. **解**　需求量关于价格的弹性函数为 $Q = \int -2 \times 10^3 \mathrm{e}^{-\frac{P}{5}} \mathrm{d}P = 10^4 \mathrm{e}^{-\frac{P}{5}} + C$，据题意，$P = 0$ 时，$Q = 10^4$，代入上述函数得 $C = 0$，故所求的需求量关于价格的弹性为 $Q = 10^4 \mathrm{e}^{-\frac{P}{5}}$.

9. **解**　收益函数 $R(x) = R(0) + \int_0^x R'(x) \mathrm{d}x$

$$= \int_0^x (a - bx) \mathrm{d}x = ax - \frac{b}{2} x^2.$$

上册自测题

自测题 A

一、单项选择题（将正确选项的序号填在题中横线上，每小题3分，共18分）

1. 当 $x \to 0$ 时，与 x 是等价无穷小量的是（ ）.

   A. $\sin 2x$
   B. $\ln(1-x)$
   C. $x(x+\sin x)$
   D. $\sqrt{1+x}-\sqrt{1-x}$

2. $x=0$ 是函数 $f(x)=\dfrac{e^x-e}{x(x-1)}$ 的（ ）.

   A. 可去间断点
   B. 跳跃间断点
   C. 无穷间断点
   D. 振荡间断点

3. 函数 $f(x)=\begin{cases} x\sin\dfrac{1}{x}, & x\neq 0 \\ 0, & x=0 \end{cases}$ ，在 $x=0$ 处是（ ）.

   A. 不连续的
   B. 连续的，但不可导
   C. 不连续的，但可导
   D. 连续且可导的

4. 已知生产某产品 Q 个单位，需求函数为 $Q=16-\dfrac{P}{3}$ ，当 $P=8$ 时，若价格上涨 1% ，则收益将（ ）.

   A. 增加 0.8%
   B. 减少 0.8%
   C. 增加 0.2%
   D. 减少 0.2%

5. 不定积分 $\displaystyle\int \mathrm{d}f(x)=$（ ）.

   A. $f(x)$
   B. $f(x)+C$
   C. $f'(x)$
   D. $f'(x)+C$

6. 设 $g(x)=\displaystyle\int_3^{x^2}\sqrt{1+t^2}\,\mathrm{d}t$ ，则 $g'(2)=$（ ）.

   A. $4\sqrt{17}$
   B. $\sqrt{17}$
   C. $\sqrt{5}$
   D. $4\sqrt{5}$

二、填空题（将正确答案填在题中横线上，每小题 3 分，共 21 分）

1. 若 $\lim\limits_{x\to\infty}\left(\dfrac{x+2}{x-1}\right)^{kx}=8$ ，则 $k=$ _____.

2. 设函数 $f(x)=\begin{cases}\dfrac{x^2-2x-3}{x+1}, & x\neq-1 \\ a, & x=-1\end{cases}$ ，在 $x=-1$ 处连续，则 $a=$ _____.

3. 已知 $f(x)$ 在 $x=a$ 处可导，且 $\lim\limits_{h\to0}\dfrac{h}{f(a-2h)-f(a)}=-\dfrac{1}{4}$ ，则 $f'(a)=$ _____.

4. 设函数 $y=y(x)$ 由参数方程 $\begin{cases}x=\ln\sqrt{1+t^2} \\ y=\arctan t\end{cases}$ 所确定，则 $\dfrac{\mathrm{d}y}{\mathrm{d}x}=$ _____.

5. 设 $y=\ln(1+3^{-x})$ ，则 $\mathrm{d}y=$ _____.

6. 不定积分 $\displaystyle\int xf(x^2)f'(x^2)\mathrm{d}x=$ _____.

7. 定积分 $\displaystyle\int_{-1}^{1}(x+\sqrt{1-x^2})^2\mathrm{d}x=$ _____.

三、计算题（每小题 9 分，共 54 分）

1. 求极限 $\lim\limits_{x\to1}\left(\dfrac{1}{\ln x}-\dfrac{1}{x-1}\right)$.

2. 求极限 $\lim\limits_{x\to0^+}(\cot x)^{\sin x}$.

3. 设 $y=\arctan\dfrac{1+x}{1-x}$ ，求 y'' .

4. 求曲线 $x\cos y+\mathrm{e}^y=1$ 在 $x=0$ 对应点处的切线方程.

5. 求函数 $f(x)=2x^3-3x^2-12x+13$ 的单调区间和极值.

6. 求不定积分 $\displaystyle\int x\sqrt{x+1}\,\mathrm{d}x$.

7. 求定积分 $\displaystyle\int_0^{\frac{\pi}{2}}x\sin 2x\,\mathrm{d}x$.

8. 求曲线 $x=y^2$ 与直线 $x=2$ 所围成的平面图形绕 x 轴旋转一周所得的旋转体的体积.

9. 设船在海上匀速航行，船在航行中的燃料费与其速度 v 的立方成正比，已知 $v=10$（公里/小时）时的燃料费是 6（元/小时），而其他与 v 无关的费用是 96（元/小时），问 v 为何值时航行每公里所需费用的总和最小.

四、证明题（本题 7 分）

当 $a > b > 0$ 时，证明：$\dfrac{a-b}{a} < \ln \dfrac{a}{b} < \dfrac{a-b}{b}$.

自测题 B

一、单项选择题（将正确选项的序号填在题中横线上，每小题 3 分，共 18 分）

1. 极限 $\lim\limits_{x \to 1} \dfrac{\sin(x^2-1)}{x-1} = $（　　）.

　A. 0　　　　　　　　B. $\dfrac{1}{2}$　　　　　　　C. 1　　　　　　　D. 2

2. 当 $x \to 0$ 时，$\sin x(1-\cos x)$ 是 x^3 的（　　）无穷小.

　A. 同阶但不等价　　　B. 等价　　　　　C. 高阶　　　　D. 低阶

3. $x = 0$ 是函数 $f(x) = x\sin\dfrac{1}{x}$ 的（　　）.

　A. 可去间断点　　　　　　　　　　B. 跳跃间断点

　C. 无穷间断点　　　　　　　　　　D. 振荡间断点

4. 设 a，b 满足 $a < b$，$ab < 0$，$f(x) = \dfrac{1}{x}$，则当 $a < x < b$ 时，使得 $f(b) - f(a) = f'(\xi)(b-a)$ 成立的 ξ（　　）.

　A. 只有一点　　　　　　　　　　B. 只有两点

　C. 不存在　　　　　　　　　　　D. 是否存在与 a，b 取值有关

5. 已知 $f(x)$ 的导函数是 $\sin x$，则 $f(x)$ 的一个原函数为（　　）.

　A. $1 + \sin x$　　　B. $1 - \sin x$　　　C. $1 + \cos x$　　　D. $1 - \cos x$

6. 设 $F(x) = \dfrac{x^2}{x-a}\displaystyle\int_a^x f(t)\mathrm{d}t$，其中 $F(x)$ 为连续函数，则 $\lim\limits_{x \to a} F(x) = $（　　）.

　A. a^2　　　　　　　B. $a^2 f(a)$　　　　　C. 0　　　　　　D. 不存在

二、填空题（将正确答案填在题中横线上，每小题 3 分，共 21 分）

1. $\lim\limits_{x \to \infty}\left(\dfrac{x-1}{x+1}\right)^{2x} = $ _____.

2. 设 $a > 0$，函数 $f(x) = \begin{cases} \dfrac{\cos x}{x+2}, & x \geq 0 \\ \dfrac{\sqrt{a} - \sqrt{a-x}}{x}, & x < 0 \end{cases}$ 在 $x = 0$ 处连续，则 $a = $ _____．

3. 当 $a = $ _____时，函数 $f(x) = a \sin x + \dfrac{1}{3} \sin 3x$ 在 $x = \dfrac{\pi}{3}$ 时取得极大值．

4. 曲线 $\begin{cases} x = 1 + t^2 \\ y = t^3 \end{cases}$ 在 $t = 2$ 处的切线方程为_____．

5. 设 $\int f(x) \mathrm{d}x = x^2 + C$，则 $\int x f(1 - x^2) \mathrm{d}x = $ _____．

6. 已知销售量 Q 与价格 P 的函数关系为 $Q = 3\mathrm{e}^{-2P}$，则销售量 Q 关于价格 P 的弹性函数为 $\eta = $ _____．

7. 定积分 $\displaystyle\int_{-1}^{1} \dfrac{\sin x}{1 + x^2} \mathrm{d}x = $ _____．

三、计算题（每小题 6 分，共 54 分）

1. 求极限 $\displaystyle\lim_{x \to 0} \dfrac{(\sec x - 1)^2}{3x^2 \sin x^2}$．

2. 求极限 $\displaystyle\lim_{x \to +\infty} (x + \mathrm{e}^x)^{\frac{1}{x}}$．

3. 设 $y = f(\sin^2 x)$，其中 $f(u)$ 二阶可导，求 y''．

4. 设方程 $\mathrm{e}^{x+y} + \cos(xy) = 0$ 确定了 y 是 x 的函数，求 $\mathrm{d}y$．

5. 求曲线 $y = \ln(1 + x^2)$ 的凹凸区间与拐点．

6. 求不定积分 $\displaystyle\int \dfrac{\mathrm{d}x}{\sqrt{2x-3} + 1}$．

7. 求定积分 $\displaystyle\int_0^1 x \arctan x \mathrm{d}x$．

8. 求由抛物线 $y^2 = 2x$ 与直线 $y = x - 4$ 所围成的平面图形的面积．

9. 某商品进价为每件 20 元，根据经验，当销售价为每件 60 元时，每日可售出 100 件．市场调查表明，销售价下降 10% 可使日销售量增加 30%．如果商家决定一次性降价售出这批商品，问当销售价定为多少时，商家才能获得最大利润．

四、证明题（本题 7 分）

当 $x \neq 0$ 时，证明：$\mathrm{e}^x > 1 + x$．

自测题 A 答案

一、单项选择题（将正确选项的序号填在题中横线上，每小题 3 分，共 18 分）

1．D． 　　2．C． 　　3．B． 　　4．A． 　　5．B． 　　6．A．

二、填空题（将正确答案填在题中横线上，每小题 3 分，共 21 分）

1．$\ln 2$． 　　2．-4． 　　3．2． 　　4．$\dfrac{1}{t}$．

5．$-\dfrac{\ln 3}{1+3^x}\mathrm{d}x$． 　　6．$\dfrac{1}{4}f^2(x^2)+C$． 　　7．$2$．

三、计算题（每小题 6 分，共 54 分）

1．解　$\lim\limits_{x\to 1}\left(\dfrac{1}{\ln x}-\dfrac{1}{x-1}\right)=\lim\limits_{x\to 1}\dfrac{x-1-\ln x}{(x-1)\ln x}=\lim\limits_{x\to 1}\dfrac{1-\dfrac{1}{x}}{\ln x+\dfrac{1}{x}(x-1)}$

$$=\lim\limits_{x\to 1}\dfrac{x-1}{(x-1)+x\ln x}=\lim\limits_{x\to 1}\dfrac{1}{1+\ln x+1}=\dfrac{1}{2}.$$

2．解　$\lim\limits_{x\to 0^+}(\cot x)^{\sin x}=\lim\limits_{x\to 0^+}\mathrm{e}^{\sin x\ln\cot x}=\mathrm{e}^{\lim\limits_{x\to 0^+}\sin x\ln\cot x}$

$$=\mathrm{e}^{\lim\limits_{x\to 0^+}x\ln\cot x}=\mathrm{e}^{\lim\limits_{x\to 0^+}\frac{\ln\cot x}{\frac{1}{x}}}=\mathrm{e}^{\lim\limits_{x\to 0^+}\frac{\tan x\cdot(-\csc^2 x)}{-\frac{1}{x^2}}}$$

$$=\mathrm{e}^{\lim\limits_{x\to 0^+}\frac{x^3}{\sin^2 x}}=\mathrm{e}^0=1.$$

3．解　$y'=\dfrac{1}{1+\left(\dfrac{1+x}{1-x}\right)^2}\cdot\left(\dfrac{1+x}{1-x}\right)'$

$$=\dfrac{(1-x)^2}{(1-x)^2+(1+x)^2}\cdot\dfrac{(1+x)'(1-x)-(1+x)(1-x)'}{(1-x)^2}$$

$$=\dfrac{1-x+1+x}{2+2x^2}=\dfrac{1}{1+x^2},$$

$$y''=\left(\dfrac{1}{1+x^2}\right)'=-\dfrac{2x}{(1+x^2)^2}.$$

4. **解**　对方程两边同时求导，得　$\cos y - xy' \sin y + \mathrm{e}^y \cdot y' = 0$，

即　$y' = \dfrac{\cos y}{x \sin y - \mathrm{e}^y}$，$x = 0$ 时，$y = 0$，此时 $y'|_{x=0} = -1$，则曲线在 $x = 0$ 对应点处

的切线方程为 $y = -x$.

5. **解**　定义域 $x \in (-\infty, +\infty)$，$f'(x) = 6x^2 - 6x - 12 = 6(x+1)(x-2)$，

令 $f'(x) = 0$，得 $x_1 = -1$，$x_2 = 2$，函数的单调区间和极植的关系，见下表

x	$(-\infty,-1)$	-1	$(-1,2)$	2	$(2,+\infty)$
$f'(x)$	$+$	0	$-$	0	$+$
$f(x)$	↑	极大值 20	↓	极小值 -7	↑

故函数的单调递增区间为 $(-\infty, -1]$ 和 $[2, +\infty)$，单调递减区间为 $[-1, 2]$，极大值

为 $f(-1) = 20$，极小值为 $f(2) = -7$.

6. **解**　令 $\sqrt{x+1} = t$，则
$$\int x\sqrt{x+1}\,\mathrm{d}x = \int t(t^2-1) \cdot 2t\,\mathrm{d}t = 2\int (t^4 - t^2)\,\mathrm{d}t$$
$$= \frac{2}{5}t^5 - \frac{2}{3}t^3 + C$$
$$= \frac{2}{5}(x+1)^{\frac{5}{2}} - \frac{2}{3}(x+1)^{\frac{3}{2}} + C.$$

7. **解**　$\displaystyle\int_0^{\frac{\pi}{2}} x\sin 2x\,\mathrm{d}x = -\frac{1}{2}\int_0^{\frac{\pi}{2}} x\,\mathrm{d}\cos 2x$
$$= -\frac{1}{2}x\cos 2x\Big|_0^{\frac{\pi}{2}} + \frac{1}{2}\int_0^{\frac{\pi}{2}} \cos 2x\,\mathrm{d}x$$
$$= \frac{\pi}{4} + \frac{1}{2}\left(\frac{1}{2}\sin 2x\Big|_0^{\frac{\pi}{2}}\right) = \frac{\pi}{4}.$$

8. **解**　所求旋转体的体积为 $V = \pi\displaystyle\int_0^2 \left(x^{\frac{1}{2}}\right)^2 \mathrm{d}x = \pi\frac{1}{2}x^2\Big|_0^2 = 2\pi$.

9. **解**　设燃料费 $W_1 = kv^3$，由已知 $v = 10$ 时，$W_1 = 6$，所以 $k = 0.006$，每公

里的总费用为 $W = 0.006v^3 \cdot \dfrac{1}{v} + \dfrac{96}{v} = 0.006v^2 + \dfrac{96}{v}$，$(v > 0)$，$W' = 0.012v - \dfrac{96}{v^2}$，令

$W' = 0$，得 $v = 20$. 又因为 $W'' = 0.012 + \dfrac{192}{v^3}$，$v = 20$ 时，$W'' = 0.036 > 0$，故航行速

度为 20（公里/小时）时，每公里所需费用的总和是最小的.

四、证明题（本题 7 分）

证　令 $f(x)=\ln x$ ，则 $f(x)$ 在区间 $[b,a]$ 上连续，在 (b,a) 上可导，由拉格朗日中值定理可得，至少存在一点 $\xi\in(b,a)$ ，使得 $f'(\xi)=\dfrac{1}{\xi}=\dfrac{\ln a-\ln b}{a-b}$ ，由于 $b<\xi<a$ ，所以 $\dfrac{1}{a}<\dfrac{1}{\xi}<\dfrac{1}{b}$ ，从而 $\dfrac{1}{a}<\dfrac{\ln a-\ln b}{a-b}<\dfrac{1}{b}$ ，即当 $a>b>0$ 时， $\dfrac{a-b}{a}<\ln\dfrac{a}{b}<\dfrac{a-b}{b}$.

自测题 B 答案

一、单项选择题（将正确选项的序号填在题中横线上，每小题 3 分，共 18 分）

1. D.　　2. A.　　3. A.　　4. B.　　5. C.　　6. B.

二、填空题（将正确答案填在题中横线上，每小题 3 分，共 21 分）

1. e^{-4} .　　2. 1 .　　3. 2 .　　4. $y=3x-7$.

5. $-\dfrac{1}{2}(1-x^2)^2+C$.　　6. $2P$ 　　7. 0

三、计算题（每小题 6 分，共 54 分）

1. **解**　$\lim\limits_{x\to 0}\dfrac{(\sec x-1)^2}{3x^2\sin x^2}=\lim\limits_{x\to 0}\dfrac{(1-\cos x)^2}{3x^2\cdot x^2\cdot\cos^2 x}$

$$=\lim\limits_{x\to 0}\dfrac{\left(\dfrac{x^2}{2}\right)^2}{3x^4}=\dfrac{1}{12}.$$

2. **解**　$\lim\limits_{x\to+\infty}(x+e^x)^{\frac{1}{x}}=\lim\limits_{x\to+\infty}e^{\frac{\ln(x+e^x)}{x}}=e^{\lim\limits_{x\to+\infty}\frac{\ln(x+e^x)}{x}}$

$$=e^{\lim\limits_{x\to+\infty}\frac{1+e^x}{x+e^x}}=e^{\lim\limits_{x\to+\infty}\frac{e^x}{1+e^x}}=e^{\lim\limits_{x\to+\infty}\frac{e^x}{e^x}}=e.$$

3. **解**　$y'=f'(\sin^2 x)\cdot 2\sin x\cdot\cos x=\sin 2x f'(\sin^2 x)$ ，

$y''=2\cos 2x f'(\sin^2 x)+\sin 2x f''(\sin^2 x)\cdot 2\sin x\cos x$

$=2\cos 2x f'(\sin^2 x)+\sin^2 2x f''(\sin^2 x)$.

4. **解**　方程两边对 x 求导，得 $e^{x+y}\left(1+\dfrac{dy}{dx}\right)-\sin(xy)\left(y+x\dfrac{dy}{dx}\right)=0$ ，

解得 $\dfrac{\mathrm{d}y}{\mathrm{d}x}=\dfrac{y\sin(xy)-\mathrm{e}^{x+y}}{\mathrm{e}^{x+y}-x\sin(xy)}$ ，所以 $\mathrm{d}y=\dfrac{y\sin(xy)-\mathrm{e}^{x+y}}{\mathrm{e}^{x+y}-x\sin(xy)}\mathrm{d}x$ ．

5．**解**　定义域 $x\in(-\infty,+\infty)$ ， $y'=\dfrac{2x}{1+x^2}$ ， $y''=\dfrac{2(1+x^2)-2x\cdot 2x}{(1+x^2)^2}=\dfrac{2(1-x^2)}{(1+x^2)^2}$ ，令

$y''=0$ ，得 $x_1=-1$ ， $x_2=1$ ，曲线凹凸区间与拐点的关系，见下表：

x	$(-\infty,-1)$	-1	$(-1,1)$	1	$(1,+\infty)$
$f''(x)$	$-$	0	$+$	0	$-$
$f(x)$	$\cap$	拐点 $(-1,\ln 2)$	$\cup$	拐点 $(1,\ln 2)$	$\cap$

从而可知函数 $y=\ln(1+x^2)$ 的凸区间为 $(-\infty,-1]$ 和 $[1,+\infty)$ ，凹区间为 $[-1,1]$ ，拐点为 $(-1,\ln 2)$ 和 $(1,\ln 2)$ ．

6．**解**　令 $\sqrt{2x-3}=t$ ，

$$\int\dfrac{\mathrm{d}x}{\sqrt{2x-3}+1}=\int\dfrac{t\mathrm{d}t}{t+1}=\int\left(1-\dfrac{1}{t+1}\right)\mathrm{d}t=t-\ln|t+1|+C$$
$$=\sqrt{2x-3}-\ln(\sqrt{2x-3}+1)+C.$$

7．**解**　$\displaystyle\int_0^1 x\arctan x\mathrm{d}x=\int_0^1\arctan x\mathrm{d}\left(\dfrac{x^2}{2}\right)=\dfrac{1}{2}x^2\arctan x\ \bigg|_0^1-\int_0^1\dfrac{1}{2}x^2\cdot\dfrac{1}{1+x^2}\mathrm{d}x$

$$=\dfrac{\pi}{8}-\dfrac{1}{2}\int_0^1\left(1-\dfrac{1}{1+x^2}\right)\mathrm{d}x=\dfrac{\pi}{8}-\dfrac{1}{2}(x-\arctan x)\bigg|_0^1$$
$$=\dfrac{\pi}{4}-\dfrac{1}{2}.$$

8．**解**　抛物线和直线的交点分别为 $(2,-2)$ ， $(8,4)$ ，故所求的平面图形的面积为

$$S=\int_{-2}^4\left(y+4-\dfrac{y^2}{2}\right)\mathrm{d}y=\left(\dfrac{y^2}{2}+4y-\dfrac{y^3}{6}\right)\bigg|_{-2}^4=18.$$

9．**解**　设商品的销售价为 P ，此时商品的销售量为 Q ，则

$$\dfrac{60-P}{60\times 10\%}=\dfrac{Q-100}{100\times 30\%}，\quad 即\ Q=400-5P$$

所以总利润

$$L(P)=(P-20)(400-5P)=-5P^2+500P-8000，\quad L'(P)=-10P+500，$$

令 $L'(P)=0$ ，得 $P=50$ ．

又 $L''(P)=-10<0$ ，所以销售价定为 50 元时，商家可以获得最大利润．

四、证明题（本题 7 分）

证   设 $f(x)=e^x-1-x$，$x\in R$，则 $f'(x)=e^x-1$，
当 $x>0$ 时，$f'(x)>0$，所以 $f(x)$ 在 $[0,+\infty)$ 上单调递增，
故当 $x>0$ 时，$f(x)>f(0)=0$，即 $e^x>1+x$；

当 $x<0$ 时，$f'(x)<0$，所以 $f(x)$ 在 $(-\infty,0]$ 上单调递减，
故当 $x<0$ 时，$f(x)>f(0)=0$，即 $e^x>1+x$．

所以 $x\neq 0$ 时，有 $e^x>1+x$．